计算机前沿技术丛书

Orleans

构建高性能
分布式 Actor服务

吴哲昊 / 编著

机械工业出版社

CHINA MACHINE PRESS

Orleans 是由微软公司基于 .NET 平台构建的跨平台、分布式开源应用框架，可用于快速搭建面向大数据吞吐量和高并发场景的互联网应用服务。

本书主要介绍了虚拟 Actor 模型和 Orleans 运行时、资源管理、消息传递、集群构建、数据持久化及可靠性管理等组件，还对 Orleans 的流式处理、分布式事务、多集群配置与部署等功能进行了介绍。全面介绍了 Orleans 的主要功能与特点，并结合实际互联网应用场景给出了多个应用实例。

本书可作为软件开发及测试工程师、架构师在设计构建分布式应用服务时的参考用书，适合对大型互联网应用服务开发感兴趣的读者阅读学习，还可以作为大中专院校分布式软件开发相关课程的教学用书。

图书在版编目（CIP）数据

Orleans 构建高性能分布式 Actor 服务 / 吴哲昊编著 . —北京：机械工业出版社，2021.9

（计算机前沿技术丛书）

ISBN 978-7-111-69109-9

Ⅰ . ①O⋯　Ⅱ . ①吴⋯　Ⅲ . ①程序设计　Ⅳ . ①TP311.1

中国版本图书馆 CIP 数据核字（2021）第 184718 号

机械工业出版社（北京市百万庄大街 22 号　邮政编码 100037）

策划编辑：张淑谦　责任编辑：张淑谦

责任校对：徐红语　责任印制：张　博

中教科（保定）印刷股份有限公司印刷

2021 年 10 月第 1 版第 1 次印刷

184mm×240mm · 18 印张 · 434 千字

标准书号：ISBN 978-7-111-69109-9

定价：119.00 元

电话服务　　　　　　　　网络服务

客服电话：010-88361066　机 工 官 网：www.cmpbook.com

　　　　　010-88379833　机 工 官 博：weibo.com/cmp1952

　　　　　010-68326294　金 书 网：www.golden-book.com

封底无防伪标均为盗版　机工教育服务网：www.cmpedu.com

前 言

PREFACE

    随着移动通信技术的发展与普及，全球互联网产业蓬勃发展，移动互联网场景下的实时在线服务已经在社交、购物、支付、娱乐、出行、医疗、政务等各个方面深刻改变了人们的日常生活。但与此同时，移动应用服务用户的爆炸式增长也给应用服务的开发与构建带来了新的挑战：开发人员一方面需要保证应用服务在高并发场景下具有良好的伸缩性及可靠性，另一方面还需要根据实际业务场景及功能设计变更，对应用服务进行快速迭代和更新。为了满足上述需求，应用服务的软件架构及业务模型都需要具备良好的扩展性与通用性。

    Actor 模型作为针对高并发服务设计的编程模型，可以将复杂业务场景抽象并简化为多个简单独立实体对象间的相互作用，它提供了对高吞吐量实时服务场景下的系统性能优化策略，开发人员可以直接根据业务逻辑的聚合、从属等关系快速搭建应用服务。Orleans 应用服务框架于 2015 年 1 月开源，并于 2021 年 4 月发布了 3.4.2 版本，Orleans 开发者社区已经吸引了众多软件开发人员的关注，其所提出的虚拟 Actor 模型使开发人员能够更加专注于应用服务逻辑的设计而无须过多关注分布式系统内诸如数据一致性、系统可靠性、业务吞吐量等通用组件的性能优化问题，非常适用于快速搭建高性能应用服务，已成功应用于多个大型互联网服务系统中。

    Orleans 基于 .NET Core 运行时开发，具备原生的跨平台部署能力，开发人员仅需完成简单的 .NET Core 运行时配置即可开发并运行 Orleans 分布式应用服务。Orleans 开发者社区还为开发人员提供了丰富多样的扩展程序组件，使 Orleans 应用服务能够与 AWS、Azure、Google Cloud 等公用云服务无缝集成，从而构建适用于任意规模的面向各类互联网场景的云服务应用。

    基于 Orleans 灵活便捷的开发能力，本书通过对 Orleans 运行时的内部组件原理及实际应用服务搭建过程的介绍，帮助读者迅速熟悉高并发场景下互联网应用服务的设计与开发过程。

本书特色

1. 基于实际互联网场景的应用构建实例

本书提供了多个以实际互联网应用场景为背景的实例，带领读者完成需求分析、模型设计、架构优化、代码编写和系统部署等完整的应用服务搭建流程，从而让读者熟悉并领略 Orleans 应用服务框架的便捷性。这些应用构建实例也可成为读者在实际构建与设计应用系统时的参考。

2. 深入浅出的技术体系介绍

本书的章节安排尽量做到了由浅至深。 在对 Actor 模型与及 Grain 对象进行讲解时，使用实际应用场景作为类比，让读者能够迅速理解其设计思路与特性；在对 Orleans 运行时组件进行介绍时，详细剖析了各类组件对象的作用与设计思路，使读者能够迅速了解 Orleans 运行时各类功能的实现原理，并结合实际场景更好地利用 Orleans 的各项功能。

3. 结合前沿技术，贴近实战

本书通过多个实例对 Orleans 应用服务的搭建过程做了详尽的介绍，并结合 Azure 云服务组件构建了可直接应用实际场景的互联网服务。读者既可以了解 Azure 公用云服务内各类常用组件的特性，也可以在实际开发过程中利用 Orleans 框架优秀的扩展性快速与各类系统组件进行集成开发，按需搭建并优化应用服务。

本书内容

本书共 9 章，主要内容如下。

第 1 章主要介绍了 Actor 编程模型的特点与设计思路、.NET 平台与 Orleans 应用框架的开发及应用背景、虚拟 Actor 模型的概念及行业内相关技术发展的趋势；第 2 章主要介绍了 Orleans 框架内部的最小处理单元 Grain，包括 Grain 的服务模型、寻址方式、生命周期和内部状态存储等概念，并介绍了 Orleans 框架对 Grain 对象的管理策略及状态存储 API，同时结合自动售货机库存管理示例，展示了如何利用 Grain 状态按需维护并存储业务数据；第 3 章主要介绍了 Orleans 运行时组件的基本架构模型、任务调度模型及单线程执行语义的实现方式，以及 Orleans 运行时内部组件（Grain 对象及 Silo 服务节点）的生命周期管理的实现方式；第 4 章主要介绍了 Orleans 运行时内数据传输过程，包括消息对象格式、运行时序列化管理器、连接对象与网关服务和消息中心与调度策略，以及 Orleans 运行时内部的远程过程调用流程；第 5 章主要介绍了 Orleans 的流式处理功能的相关内容，包括虚拟数据流的实现、数据的订阅与发布及相关流式处理 API 的特性及应用场景，并通过系统状态的遥测与监控示例展示了 Orleans 流式处理的特点；第 6 章主要介绍了 Orleans 框架的多种高级功能，包括异步任务处理、Grain 请求拦截器、多种特殊类型的 Grain 对象、事件溯源模型、分布式事务及多集群 Orleans 应用服务等；第 7 章主要介绍了 Orleans 集群的构建过程及相关组件，包括 Membership 协议、集群内负责均衡和多版本服务接口管理，并对分布式应用服务升级策略及 Orleans 性能监控方式进行了介绍；第 8 章通过 4 个实际案例详细介绍了基于 Orleans 框架搭建互联网应用服务的最佳实践和构建流程。 例如，通过工单处理系统及企业会议管理系统实例介绍了如何使用联合托管（Co-hosting）技术搭建基于 ASP. NET Core Web API 的 Orleans Web 应用服务，通过网页流量计数及活跃度奖励系统展示了如何利用 Orleans 流式处理功能快速构建实时数据处理应用等；第 9 章主要介绍了通过云平台构建 Orleans 应用服务的方法，以及构建容器化分布式 Orleans 应用服务的步骤，介绍了与 Orleans 框架类似的 Azure Service Fabric Reliable Actors 应用程序框架的编程模型，并通过共享单车管理平台示例展示了利用 Orleans 框架的扩展能力，以及基于各类 Azure 云服务组件快速搭建大型互联网应用服务平台的完整设计、部署、维护和持续集成过程。

关于作者

　　本书由吴哲昊编写，苏宝君、顾雨婷、周新宇、彭亦然、李持航和叶心静等人参与了文稿的审核和校对，在此感谢家人、同学和同事们在本书编写期间所给予的大力支持。

　　另外，在本书编写期间，还得到了张淑谦编辑的悉心指导，他对书稿的审核和建议，使得本书能够以更加清晰易懂的语言及章节编排出版，在此表示深深的感谢！

　　虽然我们对书中所述内容都尽量核实，并多次进行了文字校对，但因水平所限，本书出现疏漏在所难免，敬请各位同行专家及读者指正批评，作者的邮箱：zhehao. wu@ fox-mail. com。

作　者

CONTENTS 目录

第 6 章

Orleans 高级功能 / 91

第9章

Orleans 与云服务 / 237

Orleans与Actor编程模型

1.1 什么是 Actor 编程模型

Actor 模型于 1973 年由 Carl Hewitt 在论文 "A Universal Modular ACTOR Formalism for Artificial Intelligence" 中首次提出，最初是面向具有大量处理器的高并发计算机的并行计算模型，其核心思想是将系统中独立的计算过程抽象为 Actor（意为执行单元、响应元或激活帧）。如果说计算机程序中面向对象（Object Oriented）的建模方式是将业务实体（Entity）的状态及行为进行聚合，那么 Actor 模型则是程序运行时的执行逻辑和业务实体状态的聚合模型。

在传统编程模型中，开发人员一般是以服务调用者的角度通过程序对业务数据进行更改，从而完成相应的逻辑操作的；而当多个服务调用者需要在同一时刻对共享数据进行修改时，即会产生数据的并行访问冲突。为了解决冲突，应用程序开发人员需要在应用程序逻辑中显式增加额外逻辑（如使用 volatile 关键字标注共享变量、使用原子操作或在并发操作前后增加内存屏障等），以保证共享数据的并发读写一致性。这些附加逻辑一方面会给应用程序的执行过程带来额外的性能损耗（CPU 缓存同步、线程切换、资源锁竞争等），另一方面也引入了应用逻辑与数据操作的耦合关系，降低了应用程序的可维护性。可以看出，使用上述模型和设计思路构建的应用程序，在高并发场景下很容易由系统内大量的并发冲突而导致运行效率降低。

为了解决此类问题，Actor 模型将数据和与其相关的行为逻辑聚合为一个 Actor 实例（或状态对象）：当应用程序需要修改数据时，约定只能通过该数据所属的 Actor 对象进行操作，并限定每个 Actor 对象在同一时刻仅响应一个外部调用请求（即 Actor 实例的内部执行逻辑工作在单线程环境中）；当 Actor 对象同时接收到多个外部调用请求时，将通过一定的规则（通常是先入先出 FIFO）对外部请求进行排序并依次执行（见图1-1）。同时，应用程序通过数据对象的 ID 标识其所属的 Actor 实例，以区分不同 Actor 实例内所聚合的状态数据和行为逻辑，并通过该标识访问特定的 Actor 实例，外部或 Actor 实例间的逻辑调用通过消息的形式发送至对应 Actor 实例，调用结果同样以消息的形式返回至调用者。Actor 实例可以看作是逻辑可寻址的独立运算及存储单元，使用 Actor 模型实现的应用程序是由多个 Actor 实例组成的存储运算阵列，具备了天然的并发调用处理能力。

可以看出，Actor 模型在对 Actor 实例状态数据进行隔离的同时，以单线程语义约束 Actor 实例对状态数据点操作，并通过 Actor 间可寻址消息将复杂应用服务场景下的资源竞争转化为消息有序的投递与消费，通过 Actor 实例级别的有序队列减少了高并发场景下由资源竞争带来的运算性能损耗。因此，Actor 模型是一种非阻塞的消息驱动模型，且各 Actor 实例间的弱耦合性也为应用程序带来了良好的伸缩性，因此非常适用于构建高并发场景下的分布式互联网应用服务。

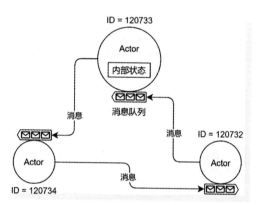

● 图1-1　Actor 实例间的消息传递与功能调用

目前，在各种语言平台下已有多种基于 Actor 模型实现的应用程序开源框架，见表1-1。

表1-1　常见的 Actor 模型框架

框 架 名 称	支 持 语 言	开 源 协 议
CAF（C ++ Actor Framework）	C ++	Boost Software License
Quasar	Java/Kotlin	GNU GPL v3.0
Proto Actor	Go/C#	Apache License 2.0
Orbit	Java	BSD
Akka	Scala/Java	Apache License 2.0
Akka.NET	C#/F#	Apache License 2.0
Orleans	C#	MIT License

1.2　.NET 平台与 Orleans 服务框架

.NET 是由微软公司开发的免费、开源的应用程序开发平台，可运行在多种处理器架构（x64、x86、ARM32 及 ARM64）及多种操作系统（Windows、Linux 及 macOS）上，开发人员在

. NET 平台上使用多种语言（C#、F#或 Visual Basic）构建桌面程序、云服务、嵌入式应用及机器学习应用。

　　. NET 技术是多种 . NET 运行时、应用程序框架及相应 SDK 实现的总称，通过一组名为 . NET Standard 的基础 API 集合进行规范，实现 . NET 应用程序的多平台兼容性。当前，由微软公司开发并维护的 . NET 技术实现方案如下。

- . NET Core：具有跨平台特性的 . NET 实现形态，可以运行在 Windows、macOS 和 Linux 系统中，支持 ASP. NET Core、Windows Form 及 Windows Presentation Foundation（WPF）应用程序，最新版本为 . NET Core 3.1。
- . NET Framework：. NET 平台的原始实现形态，仅面向 Windows 系统，适用于 Windows 桌面应用程序开发，最新版本为 . NET Framework 4.8。
- Mono：主要用于驱动 Xamarin 应用程序的 . NET 运行时，其可以运行在 Android、macOS、iOS、tvOS 和 watchOS 系统上，最新稳定版本为 Mono 6.8.0。
- UWP：适用于物联网及触控式 Windows 设备的 . NET 运行时，主要应用在 Xbox 及便携式 Windows 10 设备中，最新版本为 10.0。

　　由于 . NET Core 平台具有开源和跨平台特性，在业界已受到广泛关注。目前，微软正在尝试基于 . NET Core 及 . NET Framework 对 . NET 平台的技术实现进行统一（即 . NET 5），实现完整的跨平台、跨架构 . NET 应用程序生态。

　　Orleans 应用服务框架是 . NET 平台下针对可伸缩分布式应用设计的 Actor 编程模型框架，该项目最初由 Microsoft Research 在 2010 年发起，并主要用于支撑 Azure 云平台上的多种应用服务（如 *Halo* 系列游戏）。Orleans 框架于 2015 年 1 月正式开源，它使用 C#语言编写，并通过虚拟 Actor（Virtual Actor）模型提供了一种简明的服务构建方式，使应用开发人员在进行应用开发时可以专注于实现业务逻辑，无须依赖复杂的应用程序编码解决数据的并发访问、异常处理及系统资源分配等问题。

　　传统 Actor 模型框架（如 Akka）虽然通过对行为和状态的聚合抽象对并发场景下的数据共享操作性能进行了优化，但应用程序仍然需要显式对 Actor 实例进行管理：应用服务在处理业务请求时，应用程序需要显式地创建处理请求所需的独立响应单元（即 Actor 实例），并在响应完成时主动释放并回收该 Actor 实例所占用的系统资源；在运行阶段，应用程序还需要对 Actor 实例的运行时异常进行监控，并在异常恢复时通过一定的方式重建该 Actor 实例。传统的 Actor 模型框架都定义了系统内各 Actor 对象间的从属关系，使开发人员能够在应用代码层面管理每个 Actor 实例的运行时生命周期（如在 Akka 中，通过 Actor 实例间的树状从属关系来处理资源申请、释放策略并确定 Actor 运行时异常的监督链路）。在构建应用程序服务时，这种实现策略引入了与实际应用逻辑无关的额外考量因素和逻辑，会在一定程度上增加服务设计和实现的复杂程度。

为了解决以上问题，Orleans 框架提出了虚拟 Actor 模型，将 Actor 实例的资源、异常及生命周期管理统一交由 Orleans 运行时进行处理（即将 Actor 实例托管于 Orleans 框架运行时），应用程序无须增加烦琐的资源管理及异常监控逻辑，并可以直接通过 Orleans 运行时 API 访问 Actor 服务，从而简化了应用服务的搭建过程。

虚拟 Actor 模型具有以下特点。

- 在虚拟 Actor 应用程序中任意 Actor 对象都逻辑（虚拟）存在于程序内部，但 Actor 实例对象仅在需要对外提供服务时，由框架运行时负责创建并实例化运行于应用程序内。
- Actor 实例对象在完成外部服务请求后，由框架运行时负责资源回收。
- 应用程序在访问 Actor 实例时无须关心其实际所处位置（如具体存在于服务集群中的某一节点中）。
- Actor 实例的运行时异常处理由框架运行时保证，若某 Actor 实例在运行时发生异常（如服务器崩溃或通信中断），框架运行时将自动重新创建该 Actor 实例而无须应用程序介入。

可以看出，Orleans 框架的虚拟 Actor 模型极大地简化了应用程序的实现逻辑，开发人员在使用 Orleans 框架进行应用服务设计和实现时，只需关心和处理业务场景中不同实体间的数据划分方式及操作行为逻辑，即可使用 Actor 模型快速构建适用于高并发场景的分布式应用程序。

1.3　Orleans 的应用现状及相关资源

在微软公司内部，已经有许多工程项目使用了 Orleans 框架，包括 *Halo*、*Halo 4* 及《帝国时代》等游戏、Skype 及 Azure 应用等服务的后端服务平台，此外，Visa、Lebara、Mesh Systems 等多家公司也在使用 Orleans 框架搭建应用服务。Orleans 的虚拟 Actor 模型也被广泛应用在其他语言平台下的 Actor 模型框架（如 Orbit、Proto Actor 等）中。Orleans 框架已于 2019 年 10 月发布了 3.0 版本，其源代码托管于 GitHub 中，项目地址为 https：//github.com/dotnet/orleans。

1.4　本章小结

Actor 编程模型是一种用于简化高并发场景下应用程序逻辑的设计模型，基于.NET 平台的 Orleans 服务框架所实现的虚拟 Actor 模型通过 Orleans 运行时管理 Actor 对象的生命周期与任务调度，将资源管理逻辑与应用程序逻辑解耦，更进一步简化了服务的构建过程，多家大型公司已经基于 Orleans 框架搭建了各种类型的在线应用服务。

第2章

▶▶▶▶▶▶▶

Grain的定义与实现

在 Orleans 框架中，Actor 模型的基础响应单元被称为 Grain，开发人员在 Grain 类型中实现应用程序的具体逻辑，并在运行时由 Grain 类型的对象实例响应外部服务请求。与传统 Actor 模型应用服务框架（如 Akka）不同，在 Orleans 框架的虚拟 Actor 模型中，Grain 实例的生命周期完全由 Orleans 框架运行时管理，应用服务在尝试访问 Grain 实例对象时，可以直接通过 Orleans 运行时发起请求并无须关心资源分配及服务初始化等问题。因此，每个 Grain 对象实例都"虚拟"存在于 Orleans 运行时内，并可随时响应外部服务请求。

2.1 Grain 的定义

作为 Orleans 框架的基础响应单元，每一个 Grain 实例由服务（Service）、状态（State）及标识（Identity）组成：Grain 实例通过服务承载并实现应用程序逻辑，并将应用程序数据作为 Grain 状态进行保存，外部应用可以通过 Grain 标识对特定 Grain 实例进行访问。

以图 2-1 中的 Student Grain 为例，当外部服务（Teacher Grain 或其他 Student Grain 实例）请求获取某学生的联系方式时，需要通过 Orleans 运行时向该学生（以学号为标识）发送请求消息，通过服务接口（IStudent）读取该 Student Grain 的内部状态（即联系方式字段），并同样以消息的形式返回至调用方；每个 Student Grain 负责维护其内部状态数据（分数、排名等），并运行外部应用通过服务接口对其进行修改；Orleans 框架负责承载 Grain 的运行逻辑、管理 Grain 状态的变更及保存并提供 Grain 间请求的寻址、路由和异常处理等服务。

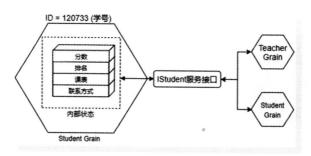

● 图 2-1　Student Grain 的状态、服务与标识示意图

2.2　Grain 的服务模型

▶▶2.2.1　服务接口与实现

在 Actor 模型中，每个 Actor 实例通过服务接口对外发布功能，因此在 Orleans 内实现 Grain 服务时，开发人员应当首先定义每个 Grain 类型所提供的服务接口，以此作为服务调用过程中 Grain 实例与调用方间的服务契约（Service Contract）。

在 Orleans 内的所有 Grain 服务接口方法都为异步方法，这是由于 Orleans 运行时是通过异步消息传递的方式实现对 Grain 实例的服务调用的。因此，Grain 服务接口中所有方式的返回值类型都应被声明为 Task（对应同步场景下的无返回值函数）或 Task <T>/ValueTask <T>（对应同步场景下返回值类型为 T 的函数）。以下代码为一个 Grain 服务接口的声明示例：

```
public interface ITalker: Orleans.IGrainWithIntegerKey
{
        Task<string> TalkAsync(string words); // 双向对话服务接口
        TaskSayHiAsync(string name); // 单向对话服务接口
}
```

Grain 服务接口的实现逻辑通常被定义在 Grain 类型内，开发人员可以使用 async/await 关键字对服务流程中异步逻辑的实现进行简化。例如，以下代码在 EchoTalkerGrain 类型中实现了 ITalker 服务接口的处理逻辑：

```
public class EchoTalkerGrain: Orleans.Grain, ITalker
{
    private readonly ILogger _logger;
    public EchoTalkerGrain(ILogger<EchoTalkerGrain> logger)
```

```
    {
        this._logger = logger;
    }
    public async Task<string> TalkAsync(string words)
    {
        await Task.Delay(1000); // 模拟异步操作,在服务调用返回前等待1秒
        return words;
    }
    public async Task SayHiAsync(string name)
    {
        await Task.Delay(2000); // 模拟异步操作,在服务调用返回前等待2秒
    }
}
```

▶▶ 2.2.2 Grain 服务的调用

在 Orleans 应用程序内部，Orleans 客户端或 Grain 实例是通过 Grain 实例的引用对象 (Grain Reference) 向特定 Grain 实例发起服务请求的。如图 2-2 所示，Grain 引用对象作为远程 Grain 实例的本地代理对象，是处理调用方与 Grain 实例间的数据交互的系统组件，Grain 引用对象仅存在于 Orleans 客户端或调用方 Grain 内部，并由服务调用方根据 Grain 服务接口及目标 Grain 标识在运行时动态创建。

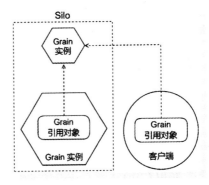

● 图 2-2　Grain 实例与 Grain 的引用对象

开发人员可以通过 IGrainFactory. GetGrain <T> 方法分别在 Grain 实例和 Orleans 客户端应用服务内创建 Grain 实例的引用对象，以下代码展示了在应用程序中，Grain 实例及 Orleans 客户端创建特定类型 Grain 实例引用对象，并通过 Grain 引用对象向远程 Grain 实例发起异步服务请求的过程：

```
// 从 Grain 实例内部发起服务请求
var friend = GrainFactory.GetGrain<ITalker> (0);
var response = await friend.TalkAsync("Morning!");


//从 Orleans 客户端发起服务请求
var friend = client.GetGrain<ITalker> (0);
var response = await friend.TalkAsync("Hi!");
```

2.3 Grain 的标识方法

Orleans 应用程序中的 Grain 实例对象与面向对象程序（OOP）中的类实例对象有着许多相似之处，例如，它们实际都存在于应用服务器内存区块中，外部服务都需要通过对象的"引用"访问其内部数据及方法。

在 .NET、Java 等 OOP 语言中，当开发人员使用 new 关键字创建一个对象实例时，运行时所返回的引用对象值即指向内存区块中的对象实例，外部服务可使用该地址访问对象实例。相比而言，在 Orleans 运行时内，由于每一个 Grain 实例都虚拟存在于 Orleans 运行时内，外部服务在对任意 Grain 实例进行访问时并不需要显式地创建模板 Grain 实例，而仅需通向 Orleans 运行时传递该 Grain 实例的逻辑标识，在 Orleans 运行时内部对该标识进行解析并完成 Grain 实例的寻址过程，并在服务集群中确定该 Grain 实例的实际位置（服务节点位置）即可。在 Orleans 中该逻辑标识被称为 Grain ID，开发人员可以使用一个全局唯一标识符（GUID）、长整数或字符串作为 Grain 实例的逻辑标识。

Orleans 运行时采用了一个名为 UniqueKey 的内部类作为每个 Grain 实例的逻辑标识键：

```
internal class UniqueKey
{
    public UInt64 N0 { get; private set; }
    public UInt64 N1 { get; private set; }
    public UInt64 TypeCodeData { get; private set; } // 类型编码
    public string KeyExt { get; private set; } // 扩展键
}
```

当程序使用 GUID 进行 Grain 寻址时，N0 及 N1 分别由 GUID 字节数组的 0 ~ 7 及 8 ~ 15 位生成；采用长整数寻址时，N1 即为地址值，同时 N0 恒为 0。而 TypeCodeData 的最低 4 字节标识了其所标识的对象类别，UniqueKey 类型编码的定义见表 2-1。

表 2-1　UniqueKey 类型编码定义

类 别 名	枚举值（Byte）
未知类别（None）	0
系统目标对象（SystemTarget）	1
系统级 Grain（SystemGrain）	2
用户级 Grain（Grain）	3
Orleans 客户端（Client）	4
具有扩展主键的 Grain（KeyExtGrain）	6
异地远程 Orleans 客户端（GeoClient）	7
具有扩展主键的系统目标对象（KeyExtSystemTarget）	8

UniqueKey 中的 KeyExt 字段存储了用户为 Grain 实例指定的扩展字符串，该字段将与 N0、N1 及 TypeCodeData 字段一起作为 Grain 实例的逻辑标识，而当用户仅使用自定义字符串进行寻址时，UniqueKey 中的 N0 及 N1 字段将被自动置为 0。

开发人员可以通过指定 Grain 服务接口类型的基类接口来定义 Grain 服务类型的标识方式。

```
//使用字符串作为主键的 Worker 服务接口
public interface IWorkerWithName: IGrainWithStringKey
{
    TaskDoWorkAsync(string workId);
}
//使用 int 字段作为主键的 Worker 服务接口
public interface IWorkerWithIntegerId: IGrainWithIntegerKey
{
    TaskDoWorkAsync(string workId);
}
//使用 GUID 作为主键的 Worker 服务接口
public interface IWorkerWithGuid: IGrainWithGuidKey
{
    TaskDoWorkAsync(string workId);
}
//使用 GUID 及扩展字符串作为联合主键的 Worker 服务接口
public interface IWorkerWithGuidEx: IGrainWithGuidCompoundKey
{
    TaskDoWorkAsync(string workId);
}
//使用 int 字段及扩展字符串作为联合主键的 Worker 服务接口
public interface IWorkerWithIntegerIdEx: IGrainWithIntegerCompoundKey
{
    TaskDoWorkAsync(string workId);
}
```

在以上示例中，Worker 接口展示了 5 种采用不同标识方式的 Grain 类型定义，在对 Worker Grain 发起服务请求时，调用方需要向 Orleans 运行时传递相应格式的 Grain ID 对 Grain 实例进行寻址，如：

```
//从 Orleans 客户端发起服务请求
//使用字符串作为主键的 Worker Grain
var workerWithName = client.GetGrain<IWorkerWithName> ("worker01");
await workerWithName.DoWorkAsync("abc");
//使用 int 字段作为主键的 Worker Grain
var workerWithId = client.GetGrain<IWorkerWithIntegerId> (123);
await workerWithId.DoWorkAsync("abc");
//使用 GUID 作为主键的 Worker Grain
var workerWithGuid = client.GetGrain<IWorkerWithGuid> (Guid.NewGuid());
```

```
await workerWithGuid.DoWorkAsync("abc");
//使用 GUID 及扩展字符串作为联合主键的 Worker Grain
var workerWithGuidEx = client.GetGrain<IWorkerWithGuidEx>(Guid.NewGuid(), "factory01");
await workerWithGuidEx.DoWorkAsync("abc");
//使用 int 字段及扩展字符串作为联合主键的 Worker Grain
var workerWithIntegerIdEx = client.GetGrain<IWorkerWithIntegerIdEx>(456,"factory02");
await workerWithIntegerIdEx.DoWorkAsync("abc");

//从 Grain 实例内部发起服务请求
//使用字符串作为主键的 Worker Grain
var workerWithName = GrainFactory.GetGrain<IWorkerWithName>("worker01");
await workerWithName.DoWorkAsync("abc");
//使用 int 字段作为主键的 Worker Grain
var workerWithId = GrainFactory.GetGrain<IWorkerWithIntegerId>(123);
await workerWithId.DoWorkAsync("abc");
//使用 GUID 作为主键的 Worker Grain
var workerWithGuid = GrainFactory.GetGrain<IWorkerWithGuid>(Guid.NewGuid());
await workerWithGuid.DoWorkAsync("abc");
//使用 GUID 及扩展字符串作为联合主键的 Worker Grain
var workerWithGuidEx = GrainFactory.GetGrain<IWorkerWithGuidEx>(Guid.NewGuid(), "facto-
ry01");
await workerWithGuidEx.DoWorkAsync("abc");
//使用 int 字段及扩展字符串作为联合主键的 Worker Grain
var workerWithIntegerIdEx = GrainFactory. GetGrain < IWorkerWithIntegerIdEx > (456, "
factory02");
await workerWithIntegerIdEx.DoWorkAsync("abc");
```

2.4　Grain 的内部状态与生命周期管理

▶▶ 2.4.1　Grain 的唤醒与休眠

Orleans 应用程序通过虚拟 Actor 机制，确保了任意 Grain 实例可以即时响应外部服务请求。但由于实际系统资源的限制，在 Orleans 应用程序内部，Grain 实例对象实际会自动在休眠态（Persisted）与活跃态（Volatile）间进行切换，在空闲状态下释放对系统资源的占用。处于休眠态的 Grain 实例对象不占用任何运行时资源（CPU 及内存），其内部状态由 Orleans 运行时通过存储服务（数据库或本地磁盘）进行存储，当 Orleans 应用程序首次启动时，其内部所有的 Grain 实例都默认处于休眠态；当 Grain 实例接收到外部服务请求时，Orleans 运行时将主动处理对该实例对象的唤醒过程，即将其状态数据通过存储服务载入运行时内存中，使其从休眠态转换至活跃态，并完成服务请求的执行与响应；Orleans 运行时会定期监控系统内所有活跃态的 Grain 实例对象，主动清理并休眠空闲时间过长的活跃态 Grain 对象，并释放其占用的运行时资源。

如图 2-3 所示，Grain 实例由休眠态转变为活跃态的过程被称为唤醒（Activate）过程，唤醒过程由对该 Grain 实例的服务请求触发，Orleans 运行时在唤醒 Grain 实例的过程中，首先会在应用程序内部动态创建一个空白 Grain 实例对象（Grain Activation），并从外部存储服务中载入对应 Grain 的状态信息，并将 Grain 实例对象标记为活跃态，开始响应等待中的外部服务请求。与唤醒过程不同，

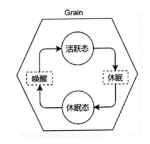

● 图 2-3　Grain 实例的状态转移过程

Grain 对象的休眠过程仅由 Orleans 运行时触发：当 Orleans 运行时监测到活跃态 Grain 实例的闲置时间超过阈值时，Orleans 运行时将自动保存其当前状态并对其所占用的运行时资源进行回收。

在互联网应用场景中，通常需要对热点数据及服务进行缓存以提高其读取及写入的效率，并根据一定的逐出机制，在数据对象的读写频次降低后将其保存至大容量的低速存储系统中。虚拟 Actor 模型的唤醒/休眠策略同样可以看作是在 Actor 维度的缓存/序列化过程，在 Actor 模型划分较为合理时，每个 Actor 实例所承载的业务流量通常具有天然的时序集中性，虚拟 Actor 模型则可由此减少对 Actor 实例频繁的唤醒/休眠操作，从而提高 Orleans 集群的资源利用率。例如，若将用户的银行账户定义为 Grain 对象，并使用银行账号作为该 Grain 对象的逻辑标识，则特定用户的账户余额查询及转账服务都由账户对应的 Grain 实例提供，而该 Grain 实例将在用户使用银行账户功能时被唤醒，并在用户退出该银行账号后由 Orleans 运行时自动触发休眠操作，以回收其所占用的系统资源。

▶▶ 2.4.2　显式控制 Grain 状态

Grain 对象的激活是 Orleans 运行时根据外部服务请求自动创建 Grain 类的过程，而 Grain 实例的休眠实际上是 Orleans 运行时对空闲 Grain 实例的垃圾回收（Garbage Collection，GC），这与 .NET/Java 等高级语言运行时中的 GC 过程非常相似，两者的区别在于：.NET/Java 等高级语言运行时是基于系统内存的使用情况触发 GC 过程的，而 Orleans 运行时是通过计算 Grain 实例的空闲时间来进行休眠状态的判定与标记的。

然而，在某些业务场景下，开发人员可能需要在 Grain 实例运行阶段对 Grain 实例的活跃周期进行延长。例如，在对可预测的流量高峰到达前，通过内部 API 对集群进行预热，以减少

系统冷启动所造成的性能损失。在这种情况下，开发人员可以在 Grain 实例逻辑内部调用 De-layDeactivation( )方法延缓该 Grain 实例被运行时回收的时间（实际是延后该实例被标记为空闲的时间）：

```
protected void DelayDeactivation(TimeSpan timeSpan)
```

在调用 DelayDeactivation 函数后，Orleans 运行时将确保该 Grain 实例所占有的系统资源在指定的时间段内不被回收，对 DelayDeactivation 函数的调用会覆盖开发人员在 Orleans 服务端所配置的全局 GC 策略，但并不会禁用 Orleans 运行时对该 Grain 实例的回收监测过程。若开发人员需要在下一次 GC 过程中回收 Grain 实例，则可以调用 Grain 类的 DeactivateOnIdle( )方法，该方法会提示 Orleans 运行时在下一次 Grain 实例闲置时回收该 Grain 实例的资源：

```
protected void DeactivateOnIdle()
```

Grain 实例将在其处理完所有消息任务时，被 Orleans 运行时标识为空闲实例，若在响应外部业务逻辑调用时执行 DeactivateOnIdle 方法，则该 Grain 实例会在处理完此次请求后被立即回收，其他任何待处理请求都将被 Orleans 运行时调度转发至该 Grain 的下一个激活实例对象中响应。

例如，以下 Sentinel Grain 类型可以按照外部服务请求控制其自身的 GC 策略。

```
public class Sentinel: Orleans.Grain, ISentinel
{
    // 延缓 Sentinel Grain 实例的 GC 时间
    public Task StandBy(int standByMinutes)
    {
        /* 省略若干业务逻辑 */
        if (standByMinutes> 0)
        {
            DelayDeactivation(TimeSpan.FromMinutes(standByMinutes));
        }
        return Task.CompletedTask;
    }
    // 将 Sentinel Grain 实例标记为空闲,并等待 Orleans 运行时在下一次 GC 时释放资源
    public Task Dismiss()
    {
        /* 省略若干业务逻辑 */
        DeactivateOnIdle();
        return Task.CompletedTask;
    }
}
```

若在 DelayDeactivation 函数中传入一个大于零的 timeSpan 值，意味着"在该时间段内不对

此 Grain 实例执行垃圾回收",而一个小于零的 timeSpan 值则表明"取消之前对于该 Grain 实例的生命周期配置,使该 Grain 实例按照全局运行时垃圾回收配置进行生命周期管理"。例如:

1)运行时全局垃圾回收策略配置为 Grain 闲置时间大于 10 分钟,某一 Grain 实例在最后一次业务请求时调用了 DelayDeactivation(TimeSpan. FromMinutes(20)),该 Grain 实例将不会在 20 分钟之内被垃圾回收。

2)运行时全局垃圾回收策略配置为 Grain 闲置时间大于 10 分钟,某一 Grain 实例在最后一次业务请求时调用了 DelayDeactivation(TimeSpan. FromMinutes(5)),则该 Grain 实例将在空闲后的 10 分钟后被 Orleans 运行时回收。

3)运行时全局垃圾回收策略配置为 Grain 闲置时间大于 10 分钟,某一 Grain 实例在 0 时刻调用了 DelayDeactivation(TimeSpan. FromMinutes(5)),而在第 7 分钟时该 Grain 实例又接收到了一个新的业务请求,在此之后该 Grain 实例闲置,则该实例将在 0 时刻后的第 17 分钟后被 Orleans 运行时回收。

4)运行时全局垃圾回收策略配置为 Grain 闲置时间大于 10 分钟,某一 Grain 实例在 0 时刻调用了 DelayDeactivation(TimeSpan. FromMinutes(20)),而在第 7 分钟时该 Grain 实例又接收到了一个新的业务请求,在此之后该 Grain 实例闲置,则该实例将在 0 时刻后的第 20 分钟后被 Orleans 运行时回收。

在此需要开发人员注意的是,通过 DelayDeactivation 及 DeactivateOnIdle 对 Grain 实例生命周期的显式配置都只是针对该 Grain 实例对象,而不影响其他 Grain 实例;通过调用 DeactivateOnIdle 所设置的垃圾回收配置优先级不仅比 Orleans 运行时的全局配置高,也高于通过 DelayDeactivation 方法配置的延缓回收的配置。因此,若在同一 Grain 实例内先后调用 DelayDeactivation 及 DeactivateOnIdle 方法,则该 Grain 实例状态将被标识为需要立即回收。

2.5 Grain 的状态保存

Grain 实例在 Orleans 运行时中并不是常驻于内存的,且 Grain 实例的激活/休眠过程仅由运行时决定(对开发人员不可见),为了保证在某些实际业务场景中请求处理上下文的连续性,Orleans 运行时提供了 IPersistentState <TState> 及 Grain <TState> 两种方式用以持久化 Grain 实例的运行时状态。图 2-4 中描述了一个在线购物服务内部负责处理用户交互逻辑的 Grain 实体 UserGrain,UserGrain 需要存储当前用户信息(Profile)及用户购物车信息(Cart)以允许用户通过客户端 API 对自身的用户信息进行修改,同时操作账户购物车中的商品清单。

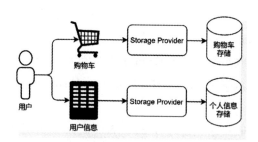

● 图 2-4　使用外部持久化存储的 User Grain

在此业务场景下，UserGrain 的标识即可为系统中的 UserId，对于某一用户的请求也将由该用户所对应的 UserGrain 实例进行响应。如图 2-5 所示，若采用传统后端系统模型设计，通常需要在慢速的持久化存储（SQL 集群）和后端服务器间搭建高缓存服务，并依据一定策略将缓存服务中的数据刷写至数据库中，以减少高并发场景下后端数据库服务的连接及读写压力。

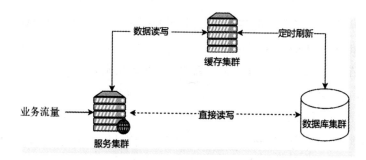

● 图 2-5　采用独立缓存服务构建系统存储模型

相比而言，若采用图 2-6 所示的 Orleans 状态持久化逻辑，应用服务可以将服务器集群的运行内存作为外部存储和业务集群的缓存中间件，所有的业务数据修改实际都只发生于服务器集群的本地内存中，当服务器集群内存资源耗尽时，Orleans 运行时会自动触发对空闲 Grain 实例的休眠及资源回收，并在强制休眠过程中自动将需要持久化的状态变量写入外部存储中，不需要业务系统额外增加同步逻辑；当需要在运行时环境中激活新 Grain 实例时，也将由 Orleans 运行时自动从外部存储中恢复状态，而不需要在系统增加任何额外逻辑。

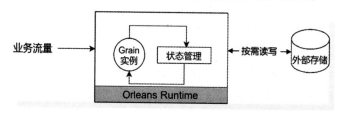

● 图 2-6　Orleans 运行时托管的系统存储模型

▶▶ 2.5.1 Grain 内部状态的持久化

Orleans 运行时提供了两种标识有状态 Grain 的方法：

1）通过 IPersistentState <TState> 类型及 PersistentStateAttribute 特性标注从 Grain 类型的构造
函数中注入。

2）将 Grain 类型直接派生自 Grain <TState> 基类。

采用第一种方式进行 Grain 内部状态的存储具有更强的灵活性及可配置性，Orleans 运行时
推荐开发人员在应用程序中优先使用。以下代码展示了如何使用 IPersistentState <TState> 类型
的内部属性，将 UserGrain 中的购物车状态和用户信息状态分别存储于不同 StorageProvider 中。

```
public class UserGrain: Orleans.Grain, IUser
{
    private readonly IPersistentState<HashSet<long>> itemCart;
    private readonly IPersistentState<Profile> userProfile;

    public UserGrain([PersistentState("cart", "Cart")]
IPersistentState<HashSet<long>> itemCart,
[PersistentState("profile", "Profile")]IPersistentState<Profile> userProfile)
    {
        this.itemCart = itemCart;
        this.userProfile = userProfile;
    }
    public Task AddItemToCart(long itemId)
    {
        itemCart.State.Add(itemId);
        return Task.CompletedTask;
    }
    public Task UpdateProfileStatus(string status)
    {
        userProfile.State.UserStatus = status;
        return Task.CompletedTask;
    }
    public Task RemoveItemFromCart(long itemId)
    {
        itemCart.State.Remove(itemId);
        return Task.CompletedTask;
    }
}
```

若采用直接继承自 Grain <TState> 基类的实现方式，Orleans 运行时则只支持通过 Stor-
ageProviderAttribute 特性标注绑定单一种类的外部存储接口。

```
[StorageProvider(ProviderName = "store1")]
public class MyGrain: Grain<MyGrainState>, /* ... */
{
  /* ... */
}
```

▶▶ 2.5.2　状态同步 API

在业务开发中，开发人员通常会根据业务需要手动同步/刷新持久化的状态，Orleans 的 Grain <TState> 及 IPersistentState <TState> 类中都提供了相应的 API 调用。

Grain <TState> 基类中为派生类提供了以下可重载 API。

```
protected virtual Task ReadStateAsync() { /* ... */ }
protected virtual Task WriteStateAsync() { /* ... */ }
protected virtual Task ClearStateAsync() { /* ... */ }
```

IPersistentState <TState> 类则具有以下 API 可供调用及重载。

```
TaskClearStateAsync();
TaskWriteStateAsync();
TaskReadStateAsync();
```

▶▶ 2.5.3　状态持久化服务的注册

当开发人员使用状态持久化服务 API 存储内部状态时，需要在 Orleans 应用服务启动时向 Orleans 运行时注册持久化存储服务所依赖的 StorageProvider。以下代码示例中为 Orleans 运行时服务器注册了 2 个不同名称的基于运行时内存存储的 MemoryGrainStorage，Orleans 框架也在 Microsoft. Orleans. OrleansProviders 扩展程序包内提供了多种基于 Azure Storage/AWS DynamoDb/Ado. Net 等存储技术的 StorageProvider，开发人员可以按需在应用程序内部进行配置并注册使用。

```
private static async Task<ISiloHost> StartSilo()
{
    // 定义集群配置
    var builder = new SiloHostBuilder()
        .UseLocalhostClustering()
        .Configure<ClusterOptions> (options =>
        {
            options.ClusterId = "dev";
            options.ServiceId = "OrleansBasics";
        })
```

```
        .ConfigureApplicationParts(parts => parts.AddApplicationPart(typeof(EchoTalk-
er).Assembly).WithReferences())
        //将 Memory Grain 存储配置为 Silo 的默认 Grain 存储服务,并将 Profile 存储服务和 Cart 存储
服务所能容纳的最大 Grain 实例上限数分别设置为 255 和 1000
        .AddMemoryGrainStorage("Profile", config => config.NumStorageGrains = 255)
        .AddMemoryGrainStorage("Cart", config => config.NumStorageGrains = 1000)
        .ConfigureLogging(logging => logging.AddConsole());

    var host = builder.Build();
    await host.StartAsync();
    return host;
}
```

▶▶ 2.5.4　自定义状态读写逻辑的实现

若用户需要自定义 Grain 在状态存储时的行为逻辑,可以通过实现 IGrainStorage 接口并在 Orleans 运行时初始化时对自定义存储行为对象进行注册,IGrainStorage 接口中的 ReadStateAsync、WriteStateAsync 及 ClearStateAsync 函数分别对应于对 Grain 状态(即持久化数据)的读取、写入和清除操作。

```
///<summary>
/// Interface to be implemented fora storage able to read and write Orleans grain state data.
///</summary>
public interface IGrainStorage
{
    ///<summary>Read data function for this storage instance.</summary>
    ///<param name="grainType">Type of this grain [fully qualified class name]</param>
    ///<param name="grainReference">Grain reference object for this grain.</param>
    ///<param name="grainState">State data object to be populated for this grain.</param>
    ///<returns>Completion promise for the Read operation on the specified grain.</returns>
    TaskReadStateAsync(string grainType, GrainReference grainReference, IGrainState grain-
State);

    ///<summary>Write data function for this storage instance.</summary>
    ///<param name="grainType">Type of this grain [fully qualified class name]</param>
    ///<param name="grainReference">Grain reference object for this grain.</param>
    ///<param name="grainState">State data object to be written for this grain.</param>
    ///<returns>Completion promise for the Write operation on the specified grain.</returns>
    TaskWriteStateAsync (string grainType, GrainReference grainReference, IGrainState
grainState);
```

```
/// <summary> Delete / Clear data function for this storage instance.</summary>
/// <param name="grainType">Type of this grain [fully qualified class name]</param>
/// <param name="grainReference">Grain reference object for this grain.</param>
/// < param name = " grainState " > Copy of last-known state data object for this
grain.</param>
/// < returns > Completion promise for the Delete operation on the specified grain.
</returns>
    TaskClearStateAsync ( string grainType, GrainReference grainReference, IGrainState
grainState);
}
```

实际上在 Orleans 运行时内部，通过 IPersistentState <T> 及 Grain <T> 所提供的状态存储 API 最终都将使用 IGrainStorage 接口中的 ReadStateAsync、WriteStateAsync 及 ClearStateAsync 函数对实际状态进行序列化存储。因此在业务逻辑中无论采用何种方法定义了有状态的 Grain，都会通过 IGrainStorage 接口中定义的逻辑进行实际存储。

需要特别注意的是，Grain 的状态初始化过程是先于 OnActivateAsync 函数调用的，因此，在 StorageProvider 中任何读取错误都将直接导致 Grain 实例的激活失败，在此之后 Orleans 运行时并不会继续调用 OnActivateAsync 函数，并会导致后续任何包含 ReadStateAsync 方法的服务接口出现执行异常（在 Orleans 运行时中，向读取状态失败的 Grian 实例发送请求时，会由运行时抛出 Orleans.BadProviderConfigException 异常）。对于状态写入场景而言，StorageProvider 中的任何错误也都将由 WriteStateAsync 方法抛出，开发人员在业务逻辑中需要对依赖 WriteStateAsync 方法的逻辑分支进行单独的异常处理。

▶▶ 2.5.5 IGrainState 接口中的状态版本约束

IGrainStorage 接口的所有 API 参数列表中都接受一个类型为 IGrainState 的输入参数，而 IGrainState 接口中定义了一个字符串类型的属性 ETag，该字段在 IPersistentState <T> 接口中是可见的，实际上 ETag 是存储服务在并发读写场景下用以区分状态版本的"数据版本标识位"字段：当需要对外部存储状态进行刷新时，可以将状态的 ETag 指定为上一次读取该状态时获得的 ETag 值，若该 ETag 与当前实际存储的 ETag 值相同，则证明在上一次状态读取到当前时刻外部存储的状态值没有发生变化，可以进行直接状态的刷新；若 ETag 不相符，则表明在此段时间内有其他逻辑对外部存储的状态进行了更新，此次状态更新操作面临数据不一致的情况（类似于 CPU 并发场景下的 CAS 操作）；若业务场景中需要跳过外部状态的版本校验逻辑，则可以在调用外部状态写入 API 时将状态的 ETag 值保留为 null。而在实现 IGrainStorage 接口时，任何在读写 API 方法中检测到读写 ETag 约束不一致时都需要抛出一个 InconsistentStateException 异常以终止该 API 调用并将异常信息传递给上层调用者。

```
public class InconsistentStateException: OrleansException
{
    public InconsistentStateException(
    string message,
    string storedEtag,
    string currentEtag,
        ExceptionstorageException)
    : base(message, storageException)
    {
    this.StoredEtag = storedEtag;
    this.CurrentEtag = currentEtag;
    }

    public InconsistentStateException (string storedEtag, string currentEtag, Exception
storageException)
    : this(storageException.Message, storedEtag, currentEtag, storageException)
    { }

    ///<summary>The Etag value currently held in persistent storage.</summary>
    public string StoredEtag { get; private set; }

    ///<summary>The Etag value currently held in memory, and attempting to be updated.</sum-
mary>
    public string CurrentEtag { get; private set; }
}
```

▶▶ 2.5.6 定义状态的序列化选项

考虑到实际开发中的业务代码及数据的存储类型都会随着时间的推移而发展，而为了在自
定义的状态持久化服务中动态适配业务层数据定义的修改，在实际实现过程中可以为状态持久
化服务配置适当的序列化选项。例如，对于大多数的数据化持久服务，可以使用 UseJson 选项
将 Json 用作序列化格式以确保在发展数据合同时向前兼容已经实际存储在外部存储仓库中的数
据。使用 Azure Table 或 Azure Blob 作为 Grain 状态持久化服务时，可以在 Orleans 应用程序初始
化过程中增加如下配置。

```
siloBuilder.AddAzureTableGrainStorage(
    name: "AzureTableStorage",configureOptions: options =>
    {
        options.UseJson = true;
        options.ConnectionString = "AzureTableConnectionString";
    });
siloBuilder.AddAzureBlobGrainStorage(
```

```
name: "AzureBlobStorage",
configureOptions: options =>
{
    options.UseJson = true;
    options.ConnectionString = "AzureBlobConnectionString";
});
```

2.6 案例：自动售货机的库存管理

Grain 的状态内聚及虚拟寻址特性非常适合智能家居、安防、线下广告等多终端的服务互联应用。在零售行业中，开发人员仅需实现简单的业务逻辑，即可运用 Orleans 搭建适用于任意规模的自动售货机网络的库存管理系统。

如图 2-7 所示，在自动售货终端网络中，各终端通过公有网络与 Orleans 服务集群进行连接，在用户购买、线下补货时通过调用管理后台服务运行时内部的 Grain 实例方法增减库存信息，服务管理员可直接在库存管理后台中通过各终端 Grain 实例进行库存的监测与管理。

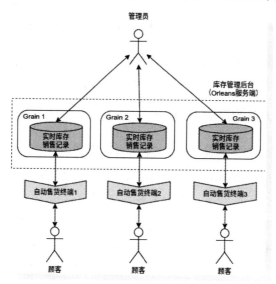

● 图 2-7　基于 Orleans 的自动售货终端库存管理系统示意图

在 Orleans 服务端内可以定义以字符串为唯一标识的 VendingMachineGrain，每个 Vending-MachineGrain 的内部通过 Orleans 持久化状态存储服务维护一个 Dictionary <string, int> 容器以记录当前售后终端内各类产品的库存，VendingMachineGrain 中定义了 SellAsync、RestockAsync、ShowInventoryAsync 及 ListAllInventoriesAsync 方法，以对外提供售卖时库存扣减、补货时库存刷

新及查询产品库存功能的 API。

```
public class VendingMachineGrain: Grain, IVendingMachine
{
    // 本地库存存储对象
    private readonly IPersistentState<Dictionary<string, int>> _localInventory;

    public VendingMachineGrain(
        // 在 InMemoryStorage 持久化服务中以状态名 localInventory 存储的本地库存信息
        [PersistentState("localInventory", "InMemoryStorage")]
        IPersistentState<Dictionary<string, int>> localInventory)
    {
        _localInventory = localInventory;
    }

    /// <summary>
    /// 列出本地库存信息
    /// </summary>
    public async Task<Dictionary<string, int>> ListAllInventoriesAsync()
    {
        return _localInventory.State;
    }

    /// <summary>
    /// 在本地库存中查询对应产品库存
    /// </summary>
    /// <param name = "productName">产品名</param>
    public async Task<int> ShowInventoryAsync(string productName)
    {
        return _localInventory.State.TryGetValue(productName, out var inventory) ? inven-
tory: 0;
    }

    /// <summary>
    /// 补充产品库存
    /// </summary>
    /// <param name = "productName">产品名</param>
    /// <param name = "inventory">补货库存</param>
    public async Task RestockAsync(string productName, int inventory)
    {
        if (_localInventory.State.TryGetValue(productName, out var currentInventory))
        {
```

```csharp
            _localInventory.State[productName] = inventory + currentInventory;
        }
        else
        {
            _localInventory.State[productName] = inventory;
        }
    }

    ///<summary>
    /// 售卖产品
    /// </summary>
    /// <param name = "productName">产品名</param>
    /// <param name = "amount">购买数量</param>
    public async Task<bool> SellAsync(string productName, int amount)
    {
        if (_localInventory.State.TryGetValue(productName, out var currentInventory) &&
currentInventory>= amount)
        {
            _localInventory.State[productName] = currentInventory-amount;
            return true;
        }
            return false;
    }
}
```

自动售货终端只需在售卖及补货操作时通过 Orleans Client 同步调用上述服务接口，即可完成设备信息的互联与同步。

```csharp
private static async Task DoClientWork(IClusterClient client)
{
    // 连接至对应 Grain 实例
    var machine = client.GetGrain<IVendingMachine> ("A001");

    // 产品补货
    await machine.RestockAsync("Cola", 50).ConfigureAwait(false);
    await machine.RestockAsync("Soda", 30).ConfigureAwait(false);

    // 产品售卖
    var success = await machine.SellAsync("Soda", 2).ConfigureAwait(false);

    // 显示当前所有产品库存
    var inventories = await machine.ListAllInventoriesAsync().ConfigureAwait(false);
}
```

2.7 本章小结

本章主要介绍了 Orleans 框架内的最小逻辑处理单元 Grain 的相关概念，开发人员在不同类型 Grain 对象上定义的服务接口即可作为外部请求时的服务契约，调用方通过 Grain ID 初始化 Grain 引用对象，并将其作为本地服务代理访问 Grain 实例的各类方法；Grain 实例的实际状态由 Orleans 运行时基于其空闲时长进行统一管理，开发人员可以通过 Orleans 运行时 API 延长特定实例的闲时激活态时间或主动触发其强制休眠过程；Grain 实例在激活/休眠过程中，其内部状态通过 Orleans 状态同步 API 进行持久化存储；Orleans 状态同步 API 还为开发人员提供了数据状态版本管理接口和自定义状态序列化配置，也支持在 Grain 服务方法内直接调用，对数据存储服务中的 Grain 状态对象数据进行修改。

第3章

>>>>>>>

任务调度与组件生命周期管理

第 2 章介绍了 Orleans 中最小逻辑处理单元 Grain。Orleans 运行时会基于客户端请求，动态地创建 Grain 对象实例，触发相应的业务处理逻辑，并在 Grain 实例空闲时释放其所占有的运行时系统资源以提高整体系统的资源利用率，本章将详细介绍 Orleans 运行时和实际承载 Orleans 服务的 Silo 主机。

3.1 Orleans 运行时

Orleans 运行时是一个自组织的分布式程序框架，Orleans 运行时框架是一个由若干逻辑同构的 Orleans 主机节点 Silo 组成的集群（见图 3-1），每个 Silo 节点都是一个 .Net 服务进程，物理上可以承载于物理服务器、虚拟机或是 Docker 实例中。与分布式微服务集群（如 ZooKeeper）类似，由于每一个 Silo 节点都是逻辑同构的，且所有 Silo 节点都使用基于 TCP/IP 的点对点（P2P）通信链路相互连接，Orleans 集群支持 Silo 节点的动态加入、转移和故障恢复，可以在保证 Orleans 集群整体服务正常运行的前提下对系统容量进行动态伸缩。

每个 Silo 节点中同时承载着若干个响应外部业务请求的 Grain 实例，Silo 节点进程通过使用任务调度器（Task Scheduler）、流管理器（Stream Manager）、持久化管理器（Persistence Manager）、Grain 实例管理器（Activations Manager）、Grain 目录管理器（Actor Directory Manager）、集群成员管理器（Cluster Membership Manager）、消息及序列化管理器（Messaging Serialization Manager）、客户网关（Client Gateway）实现了业务请求响应、集群内消息通信、任务调度、数据流管理、持久化储存及系统性能监控等功能，构成了 Orleans 运行时的最小逻辑单元，并可以提供完整的 Orleans 运行时服务。

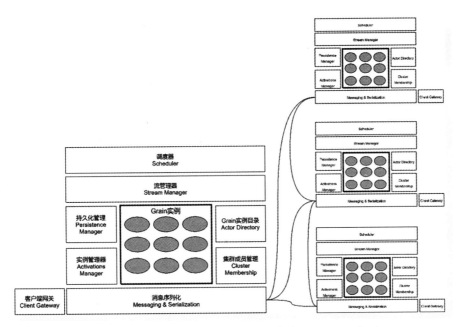

● 图 3-1　由 Silo 集群组成的分布式 Orleans 运行时

- 任务调度器为整个 Orleans 运行时中的任务调度提供服务，与 .NET Core 运行时中的任务调度不同的是，在 Orleans 任务调度器内实现了一套定制化的异步任务调度模型，向外层提供了一套在同一逻辑任务组内线程安全的任务框架，为单个 Grain 实例的并发请求处理提供了线程安全的保证。
- 数据流管理器为 Orleans 的流式处理提供了事件流驱动的数据流管理功能。
- 持久化管理器为 Orleans 系统提供了可靠的持久化读写接口，Grain 实例的状态保存即通过调用持久化管理器所提供的服务进行保存和读取。
- 实例管理器主要处理 Grain 实例的生命周期管理任务，如 Grain 实例的激活/休眠及 Grain 实例在执行业务逻辑时的异常处理等任务。
- Grain 实例目录主要负责记录 Silo 中所管理的 Grain 实例列表，在 Silo 接收到客户端请求时提供 Grain 实例的查询服务。
- 集群成员管理器主要用于 Orleans 服务集群中各 Silo 主机间的服务发现、注册、路由、健康信息记录和管理，为 Orleans 服务器集群中和集群间通信提供必要的上下文及动态路由信息。
- 消息及序列化管理器直接为 Silo 提供了可靠、透明的内部通信服务，保证 Silo 与客户端及 Silo 与 Silo 之间具有可靠的数据交换信道。
- 客户网关通过 TCP/IP 将 Silo 所提供的服务接口暴露给 Orleans 引用实例（即 Grain Reference）。

3.2 任务模型及调度管理

在 .NET 环境中，异步编程模型的核心思想是通过 Task 和 Task <T> 对象对异步操作进行抽象，在 C# 5.0 及后续版本中，开发人员可以通过使用 async/await 关键字，按照同步语义编写并实现异步执行的代码逻辑。Orleans 运行时依托于 .NET 异步任务编程模型并大量使用了 async/await 关键字以简化任务的新建、处理和等待逻辑，在 Grain 实例层面保证处理并发请求时的线程安全，使开发人员可以更加专注于业务逻辑的开发而无须处理烦琐的异步任务调用关系。

在 Orleans 运行时内部，通过 Orleans 消息组件发送到同一个 Grain 实例的所有客户端服务请求都将在该 Grain 实例上下文中被依次执行（见图 3-2），即正在处理外部服务请求的活跃 Grain 实例对象都会占用 Silo 节点中的一个线程对象，并在该线程中依次处理外部服务请求：

在数据模型层面，开发人员可以认为每一个 Grain 实例对象都有一个与之对应的待

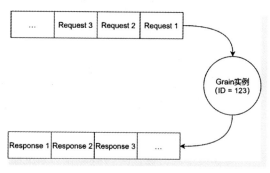

● 图 3-2　Grain 实例的请求及响应过程

处理请求消息队列，Grain 实例对象会从待处理请求队列中依次取出任务并执行，所有等待处理的请求消息都将被阻塞。因此，Grain 对象在服务接口中所提供的方法都需要被声明为异步方法，Grain 引用对象会将远程请求封装成一个异步完成的任务（Task）对象执行，运行客户端程序进行异步调用以提高执行效率。

在 .NET 环境中，一个任务对象实际代表着一段可以独立参与线程调度的程序片段（即任务逻辑）和约定的返回值类型、任务执行所需上下文和当前任务的执行状态。当用户提交一段异步执行逻辑时，.NET 运行时将自动根据代码逻辑构造出对应的任务对象并提交给对应的执行线程进行处理，而负责将任务对象分配给执行线程的管理器则为任务调度器（见图 3-3），因此通过定制化的任务调度器可以实现上层业务所需的并行任务执行模型（如 Orleans 中 Grain 实例粒度的线程安全模型）。

▶▶ 3.2.1　.NET 任务调度器与内置线程池

.NET Core 运行时提供了一个使用 .NET 内置线程池（即 ThreadPool 类所代表的线程池对

象）进行任务执行的默认的任务调度器，在默认任务调度器中 . NET Core 运行时提供了基于任务窃取（Work-Stealing）的负载均衡调度算法，并通过监控整体线程池的任务执行吞吐量将工作线程加入/移出运行时线程池以优化系统的全局性能。在 . NET 内置线程池中，通过任务对象提供的逻辑上下文支持业务逻辑中常见的需要并行执行的查询和运算任务（通常是执行期较短的业务逻辑），如图 3-4 所示。

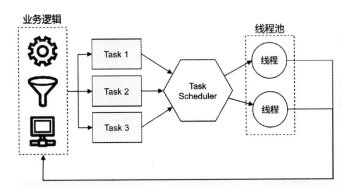

● 图 3-3　. NET 运行时中的任务对象、任务调度器与线程

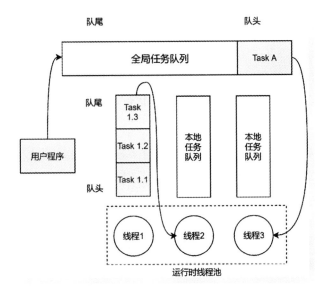

● 图 3-4　. NET 运行时的任务调度过程

1. 全局任务队列与本地任务队列

. NET Core 运行时线程池在每一个应用程序域（Application Domain）中维护了一个先进先出（FIFO）的全局任务队列，每当应用程序调用 ThreadPool. QueueUserWorkItem（或

ThreadPool. UnsafeQueueUserWorkItem）方法时，任务对象将被放置于此全局任务队列的队尾，并最终被下一个空闲线程选出队以执行响应的任务逻辑。从 . NET Framework 4 之后的 . NET 运行时将一种已经在 ConcurrentQueue <T> 类中运用的无锁算法应用于全局任务队列，因此运行时线程池可以更高效地从全局任务队列中实现任务对象入队/出队，从而提高所有依赖于运行时线程池的应用程序效率。

顶层的任务对象（即不是从某一任务对象执行过程/上下文中产生的任务对象）也和其他任务对象一样将在全局任务队列中依次排序等待调度执行，但那些在工作线程执行某一任务过程中所产生的子任务或嵌套任务对象将被区别对待。在工作线程处理任务对象时，将把该任务对象所产生的子任务和嵌套任务按照后进先出（LIFO）的顺序放入工作线程本地的私有任务队列中依次执行。以后进先出的方式对子任务和嵌套任务进行排序是为了提高缓存的命中率。例如，工作线程按照任务逻辑依次创建了 A、B、C 三个嵌套任务，则在当前任务处理完成后，在本地缓存未被强制刷新的情况下，任务 C 相关的变量存在于缓存中的概率最高。因此，工作线程遵循子任务和嵌套任务后进先出的顺序排列于本地任务队列中执行，本地任务队列从该工作线程的角度看来即类似于本地任务栈。

使用本地任务队列的优势并不仅限于减轻全局任务队列在出队/入队时的计算压力，还高效地利用了线程本地缓存数据。本地任务队列中的任务对象所引用的对象通常都存储于相邻的物理内存中，在这些情况下某些后续任务所需的数据已经被缓存于线程本地，因此可以加速数据的存取速度。. NET 运行时自带的 Parallel LINQ（PLINQ）和 Parallel 类在实现过程中都广泛地使用了子任务和嵌套任务并由此显著提升了整体运行效率。

2. 任务窃取

. NET Framework 4 之后的 . NET 运行时采用了任务窃取算法以提高线程池整体的运行效率。当运行时引入了线程本地任务队列的概念后，很容易出现这样一种情况：线程 A 的本地任务队列中存在大量待处理任务（都为某一全局任务或顶层任务产生），这些任务按照上述任务排序原则将不会被排入全局任务队列中等待调度执行，而另一线程 B 则处于空闲（idle）状态，此时线程池中的线程并未被充分利用，而多余的空闲线程也会增加操作系统内核的线程调度压力。

任务窃取算法旨在解决上述问题，当某一工作线程处理完本地任务列表中的所有任务时，它将首先尝试扫描其他工作线程的本地任务列表，并在其他工作线程的本地任务列表的队尾取得某一任务对象并尝试确保该任务逻辑可以在其本地高效运行，如若可以，该工作线程将使该任务从其他线程的本地任务列表队尾中出队并在本地执行（即从其他工作线程处理队列中"偷窃"任务，如图 3-4 中线程 2 所示），由于工作线程总是从本地任务队列的对头获取待执行任务，因此从其他工作线程的任务列表队尾"偷窃"任务将很大程度上降低并发风险，并可以以无锁（Lock-Free）的形式高效运转。当任务窃取算法失败时，该工作线程会尝试从全局任务队列中获取待处理任务并执行。任务窃取算法实际上帮助整个运行时线程池在任务分配不均时达到了动态负载均衡，并显著提高了线程利用率。

3. 任务内联

在实际任务处理中也存在以下情况：某父级/顶层任务 A 在被线程 T1 执行的过程中创建了若干子任务 B/C/D，并在 B/C/D 任务对象创建完成之后需要同步等待子任务执行完成，继而继续执行后续逻辑。工作线程 T1 在处理上述情况时，B/C/D 将被顺序地压入线程本地任务队列中等待执行，但由于任务 A 需要等待子任务 B/C/D 执行完毕，线程 T1 在此情况下将被阻塞挂起（Blocking），等待线程池中其他线程 T2 从 T1 的本地队列中窃取任务 B/C/D 并执行完成后，T1 才能继续父级任务 A 的执行。从线程池的角度看来，这种情况下需要更多的工作线程以完成内联任务的处理。

为了进一步提高线程池的执行效率并减少线程池中的线程数量（线程数量增多将增加操作系统的内核调度压力），实际上可以使用当前线程 T1 直接执行子任务 B/C/D 以避免额外的线程消耗（如前文所述，得益于本地任务队列的后进先出原则，执行子任务 B/C/D 所需的数据很大概率上已经存在于高速缓存之中）以提高系统性能。为了防止线程重入所产生的错误，任务内联机制只在同步等待的任务对象存在于本地任务队列中时才会启用。

4. 线程池容量调节

在 .NET 运行时中，线程池管理器通过监控每个工作线程的任务吞吐量来判断线程池的工作状态，并在适当的时间点将新的线程加入线程池或将空闲线程销毁并回收系统资源。.NET Framework 4 之后的 .NET 运行主要有两种主要的线程池容量调整机制：饥饿规避机制和 Hill-Climbing 算法。

饥饿规避机制主要是为了避免"死锁"的出现，当线程池中的所有线程都被挂起并同步等待某一处于等待执行队列中的任务执行完毕时，将会引发线程阻塞类"死锁"，若此时线程池内线程容量固定，则所有线程都将被阻塞并陷入"死锁"，此时加入新的线程执行任务将避免此种类型的"死锁"发生。

而启发式 Hill-Climbing 算法则主要应用于线程池容量的调节以在使用最少线程的情况下最大化当前线程池的吞吐量。HC 算法是一种隶属于本地搜索的数学优化技术，它基于迭代算法并从问题的任意一个可行解开始，通过逐步更改解决方案中的单个元素变量取值找到更优解。在线程池容量条件中，HC 算法的一个目标是在当线程被 I/O 操作或其他等待条件阻塞时提高内核利用率。在默认情况下 .NET 运行时的托管线程池将为每个 CPU 分配一个工作线程，但某一工作线程被阻塞时，则会造成 CPU 的利用率不足。但线程池管理器并不能区分线程是被 I/O 操作阻塞还是正在执行一个较为耗时的 CPU 密集型任务，只要线程池的全局或本地任务队列中仍存在着待执行任务，且任何正在被执行的任务花费了较长的时间（超过 500 毫秒）时，都可以触发线程池管理器将新的线程加入线程池中。事实上，.NET 托管线程池管理器在每个任务执行结束时或最长间隔 500 毫秒的时间点内都有机会尝试调节线程池的线程数量，若基于当前所观察到的任务吞吐量，增加线程有益于提高线程池吞吐量，则线程池管理器将对线程池进行扩容，反之将尝试在某个线程处理完当前的任务对象逻辑后对线程池进行缩容。

▶▶3.2.2　Orleans 任务调度器

Orleans 调度器是一个定制化的 TPL 任务调度器，它是 Orleans 运行时保证其所承载的应用程序逻辑（Grain 中开发者所定义的业务逻辑）和部分运行时逻辑能够以单线程语义运行的核心组件。它由两级调度器组合而成：第一级为负责调度执行系统活动的全局 Orleans 任务调度器（Orleans Task Scheduler, OTS）；第二级为各 Grain 实例自身的实例任务调度器（Activation Task Scheduler, ATS），ATS 保证了 Grain 实例内部逻辑的单线程执行语义。

1. 工作项与调度上下文

Orleans 使用了一种称之为工作项（Work Item）的概念来描述调度器的输入对象，每个新请求都将以工作项的形式入队调度，该工作项实际上只是对该请求响应逻辑中的第一个任务进行的简单转换和包装，并加入了一些任务调度所需的公共上下文信息（包括调用者、活动名称及日志对象等）以及一些后续调度动作所需的额外信息（如调用型工作项在执行后的任务逻辑），在 Orleans 运行时中共有以下 5 种类型的工作项。

- 调用型工作项（Invoke Work Item）：这是最常见的工作项类型，表示对应用程序请求的执行。
- 请求/响应工作项（Request/Response Work Item）：代表对系统级别请求（即对系统目标的请求）的执行。
- 任务工作项（Task Work Item）：表示在 OTS 调度器中可以直接执行的任务，它实际上只是 .NET 运行时所定义的 Task 对象的简单数据封装。
- 工作项组（Work Item Group）：通过一定的数据封装包含了一组共享同一个任务调度器的工作项，通常用来表示同一个 ATS 下的所有工作项。
- 闭包工作项（Closure Work Item）：闭包逻辑（任意 Lambda 表达式）封装成的工作项，用于将闭包逻辑在系统上下文中调度执行。

调度上下文（Scheduling Context）实际上是对任务逻辑执行目标的一种标识，在 Orleans 运行时中实际只存在三种调度上下文类型：Grain 激活实例数据（代表工作项需要在 Grain 激活实例上运行）、系统目标（代表工作项的执行目标是系统对象）和空白上下文（对应普通任务工作项）。

2. 应用程序任务的调度

对于常规的应用程序请求的响应任务，即业务逻辑中客户端通过 Grain Reference 对 Grain 实例发起的远程过程调用请求，Orleans 任务调度器将以图 3-5 所示的步骤对该请求/响应任务进行调度执行：

1）Orleans 运行时将客户端请求的目标函数与 Grain 实例包装成一个待执行的调用型工作项，并通过 QueueWorkItem 方法提交给 OTS 进行任务调度。

2）OTS 根据同时传入的任务调度上下文将任务对象转发至该 Grain 实例对应的 ATS 对象进行任务调度。

3）该 Grain 实例的 ATS 对象有一个与之唯一绑定的工作项组对象，该工作项组对象中维护了一个先进先出（FIFO）的本地任务项队列，ATS 将接收到的任务对象放入任务项队列中。

4）工作项组对象在接收到新的任务请求时，将通过 ScheduleExecution 方法通知 OTS 本地有待执行的请求任务。

5）OTS 接收到工作项组对象调度请求后，将工作项组对象放入 Orleans 的私有线程池中等待运行。

6）Orleans 私有线程池线程从任务队列中拾取工作项组对象后，调用该对象的 Execute 方法，再将此任务队列中队首的工作项投递至与该任务组对象绑定的 ATS。

7）ATS 在接收到请求任务对象调度请求后，将该对象放入 .NET 运行时托管线程池中执行。

8）任务执行完毕后，若工作项组对象队列中仍有待执行的请求任务，则将再次通知 OTS 并等待后续任务调度。

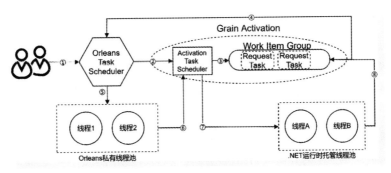

● 图 3-5　Orleans 运行时的应用程序任务调度过程

3. 系统任务的调度

由于 Orleans 运行时对内部系统调用逻辑并不需要保证单线程执行语义，因此 Orleans 运行时对系统请求及系统任务的调度逻辑相对应用程序请求的任务调度而言要精简不少，其调度过程如图 3-6 所示。与应用程序请求的任务调度过程类似，系统任务调度的入口仍然是 OTS 的 QueueWorkItem 方法：

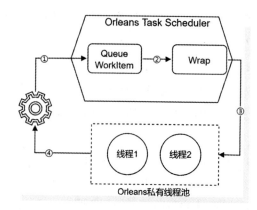

● 图 3-6　Orleans 运行时中系统任务的调度过程

1）OTS 通过任务调度上下文对系统任务的调度请求进行识别，并通过标准 TPL 调度器逻辑调用自身 QueueTask 方法进行处理。

2）OTS 在 QueueTask 方法内部将系统任务对象包装成任务工作项。

3）待执行的任务工作项将交给 Orleans 的私有线程池直接执行。

4）任务对象将在 Orleans 私有线程池中执行完毕并返回。

4. Orleans 线程模型

在 Orleans 运行时中实际存在着两组固定大小的线程池（见图 3-7），即系统线程池和应用线程池。其中，系统线程池直接接受并执行 OTS 本地调度的系统级工作项，而应用线程池则实际执行通过 ATS 调度入队的工作组任务项，应用线程池内的工作线程实际只是将工作组任务项队列中的队首工作项取出，并交由 .NET 运行时的托管线程池运行，在任务执行期间该工作线程将被阻塞，而在 .NET 托管线程池中执行的任务是响应外部请求的调用工作任务流中的任务，任何 .NET 任务的内联/子任务都将默认由父级任务的调度器调度，因此调用工作任务所产生的后续任务也都将被排列于同一个任务组中依次执行。

通过上述任务调度逻辑可以看出，当有多个对 Grain 实例的应用的并发请求时，OTS 将会把所有请求转发至同一个 ATS 实例上，并以阻塞入队的方式依次存入与之绑定的工作组对象中，工作组对象作为所有请求任务的集合将再次被 OTS 放入应用线程池中运行。对于单个 Grain 实例上的并发请求，则会由应用线程池内的任务执行逻辑确保依次运行，从而实现了 Orleans 对于应用处理的单线程执行语义。

在此可以注意到，由于应用线程池线程是以阻塞的方式等待应用任务的执行，因此 Silo 服务器对不同 Grain 实例请求的并发度将由应用线程池的线程数目决定，与之类似，系统级工作项的最大并发度也由系统线程池内的线程数量决定。

从系统实现角度而言，应用线程池的存在起到任务缓冲的作用，即系统管理员可以通过调整应用线程池的大小限制单个 Silo 的实际应用请求并发度，若移除 Orleans 应用线程池，虽然仍然可以保证应用处理逻辑的单线程执行语义，但容易造成在大量针对不同 Grain 实例请求到来时给予 .NET 系统线程池较大的调度压力。实际上 Orleans 的系统线程池和应用线程池都是由 .NET 运行时线程池改造而来的，其线程对象内部也实现了全局/本地任务队列的任务窃取算法和响应的任务内联优化，从而进一步提高了 Orleans 系统的整体性能。

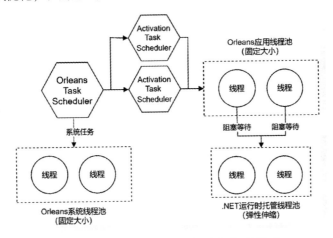

● 图 3-7　Orleans 运行时的线程模型

在 Orleans 系统中，系统线程池的大小被固定为 2，而应用线程池的大小默认为 max（4，服务器 CPU 数量），以最大程度减少线程切换造成的性能损失。

在最新版本的 Orleans 运行时中，已经将 Orleans 私有线程逻辑托管至 .NET 线程池中运行（即将 Orleans 私有线程池合并至 .NET 运行时的托管线程池中），并受益于 .NET 运行时的优化，Orleans 运行时的执行效率得到了显著提升。

3.3　Orleans 对象的生命管理

为了保证系统运行所依赖的各个模块在 Orleans 这样复杂的系统中能正常初始化、运转并关闭，Orleans 使用了一种通用的对象生命周期管理组件 Orleans Lifecycle 来管理系统组件在各个阶段的依赖服务注册、初始化、业务处理及服务终止逻辑。

对象在整个生命周期中的状态改变将会触发一个或多个相关组件相应的行为逻辑，这是一种典型的一对多的关系，因此 Orleans Lifecycle 采用观察者模式设计，Orleans Lifecycle Subject 对象负责保存生命周期的状态，各依赖组件将自身相应的运行逻辑作为 Observer 绑定到 Orleans

Lifecycle Subject 上，由于整个 Orleans Lifecycle 可以被分为很多阶段（Stage），因此各 Observer 组件在绑定时需要指定自身逻辑运行所在的阶段编号，当所有 Observer 组件绑定完毕后，Orleans Lifecycle Subject 将按照顺序依次执行在各个阶段上所注册的组件逻辑。

如图 3-8 所示，整个 Orleans Lifecycle Subject 分为启动和停止两个阶段，在启动阶段将会依照阶段编号递增顺序依次执行各状态下的组件启动逻辑，而停止阶段则按照阶段编号递减顺序依次执行相应的组件停止逻辑，因此各个需要与 Orleans Lifecycle Subject 状态关联的组件，都需要实现如下所示的 ILifecycleObserver 接口。

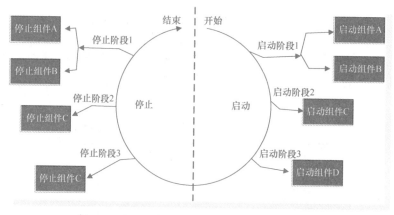

● 图 3-8　Orleans Lifecycle Subject 组件的执行过程

```
///<summary>
/// Lifecycle observer used to handle start and stop notification.
///</summary>
public interface ILifecycleObserver
{
    ///<summary>
    /// Handle start notifications
    ///</summary>
    ///<returns></returns>
    Task OnStart(CancellationToken ct);

    ///<summary>
    /// Handle stop notifications
    ///</summary>
    ///<returns></returns>
    TaskOnStop(CancellationToken ct);
}
```

该接口定义了两个异步方法 OnStart 和 OnStop，分别对应了该组件在启动和停止阶段所执行的方法。实现了 ILifecycleObserver 接口的对象通过 LifecycleSubject 对象的 Subscribe 方法将自身注册至对应的运行阶段中，若有多个对象注册在了同一个运行阶段，LifecycleSubject 在该阶段下将会并行执行响应的逻辑，并等待所有对象方法返回后再执行下一阶段任务，Lifecy-cleSubject 类的简要代码如下所示。

```csharp
public class LifecycleSubject: ILifecycleSubject
{
    //此处省略构造函数相关代码
    private readonly List<OrderedObserver> subscribers; //在构造函数内进行对象初始化
    public virtual async Task OnStart(CancellationToken ct)
    {
        try
        {
            foreach (IGrouping<int, OrderedObserver> observerGroup in this.subscribers
                .GroupBy(orderedObserver => orderedObserver.Stage)
                .OrderBy(group => group.Key))
            {
                if (ct.IsCancellationRequested)
                {
                    throw new OrleansLifecycleCanceledException("Lifecycle start canceled
by request");
                }
                var stage = observerGroup.Key;
                await Task.WhenAll(observerGroup.Select(orderedObserver => CallOnStart
(observerGroup.Key, orderedObserver, ct)));
            }
        }
        catch (Exception ex)
        {
            throw;
        }
        async Task CallOnStart(int stage, OrderedObserver observer, CancellationToken can-
cellationToken)
        {
            await observer.Observer.OnStart(cancellationToken);
        }
    }
    public virtual async Task OnStop(CancellationToken ct)
    {
        var loggedCancellation = false;
        foreach (IGrouping<int, OrderedObserver> observerGroup in this.subscribers
            .GroupBy(orderedObserver => orderedObserver.Stage)
            .OrderByDescending(group => group.Key))
        {
            if (ct.IsCancellationRequested && ! loggedCancellation)
            {
```

```
                loggedCancellation = true;
            }
            var stage = observerGroup.Key;
            try
            {
                await Task.WhenAll(observerGroup.Select(orderedObserver => CallOnStop(ob-
serverGroup.Key, orderedObserver, ct)));
            }
            catch (Exception ex)
            {
            }
        }
        async Task CallOnStop(int stage, OrderedObserver observer, CancellationToken can-
cellationToken)
        {
            await observer.Observer.OnStop(cancellationToken);
        }
    public virtual IDisposable Subscribe(string observerName, int stage, ILifecycleObserv-
er observer)
    {
        var orderedObserver = new OrderedObserver(stage, observer);
        this.subscribers.Add(orderedObserver);
        return new Disposable(() => this.subscribers.Remove(orderedObserver));
    }
    private class Disposable: IDisposable
    {
        //此处省略构造函数相关代码
        private readonly Action dispose;
        public void Dispose()
        {
            this.dispose();
        }
    }
    private class OrderedObserver
    {
        //此处省略构造函数相关代码
        public ILifecycleObserver Observer { get; }
        public int Stage { get; }
    }
}
```

▶▶ 3.3.1 Grain 的运行时管理

在 Orleans 中，Grain 实例本身的生命周期管理实际上只包括 4 个阶段：

```
public static class GrainLifecycleStage
{
    public const int First = int.MinValue;
    public const int SetupState = 1000;
    public const int Activate = 2000;
    public const int Last = int.MaxValue;
}
```

其中，在 First 和 Last 阶段只在 Orleans 运行分布式事务时使用，用以确保在事务运行时间内参与事务的 Grain 实例不被回收；SetupState 阶段包含了 Grain 实例在初始化过程中需要通知运行的组件逻辑，包括：

1）调用 ReadStateAsync 方法读取 Grain 状态。

2）初始化日志状态持久化 Grain（Jounaled Grain）所依赖的相关日志服务。

3）为参与分布式事务的 Grain 初始化事务状态资源。

4）在 Grain 实例上下文中添加分布式事务管理器并初始化事务运行所需的其他资源和组件。

Active 阶段即为实际的 Grain 激活阶段，在此阶段注册了 Grain 实例本身的 OnActivateAsync 和 OnDeactivateAsync 方法，由此确保 Grain 实例的 OnActivateAsync/OnDeactivateAsync 方法能够在 Orleans 运行时激活/休眠阶段被调用。对于多集群日志一致性类型的 Grain 而言，在 Active 阶段前后还分别增加了 PerActivate 阶段和 PostActivate 阶段，以在 Grain 实例激活/休眠前后进行对应的日志一致性记录。

对于一次 Grain 实例的初始激活（即从虚拟状态转为实际运行状态）过程而言，除了 Grain 实例的初始化（即工作流程）之外，Orleans 运行时还需要管理 Grain 实例注册与验证、空闲超时时间点刷新、实例注册失败回滚等运行时阶段，这些阶段并不由每个 Grain 实例的 GrainLifecycleSubject 管理，而是作为所有 Grain 实例激活逻辑的一部分由 Orleans 运行时进行管理。

应用程序的自定义逻辑也可以通过在 Grain 类型内部对 Participate 方法的重写注册到 GrainLifecycleSubject 上并在该类型的每一个 Grian 实例的生命周期中被触发运行。例如，若需要在 SetupState 阶段后加入自定义的 AfterSetupState 方法，则可以将该 Grain 类型的 Participate 方法重写为：

```
public override void Participate(IGrainLifecycle lifecycle)
{
    base.Participate(lifecycle);
    lifecycle.Subscribe(this.GetType().FullName, GrainLifecycleStage.SetupState + 1, AfterSetupState);
}
```

实际上在 GrainLifecycleSubject 开始执行时，Grain 实例本身已经通过构造函数创建，因此在 Grain 构造函数中初始化的所有组件都可以在 GrainLifecycleSubject 注册的方法中使用。由于 Grain 实例的激活上下文 IGrainActivationContext（实际着包含 Grain 实例 GrainLifecycleSubject 对象）也在 Grain Lifecycle 开始前被初始化完成，因此任何通过容器初始化并注入 Grain 实例的组件也可以在 GrainLifecycleSubject 注册的方法中使用。

虽然 Grain 实例的激活过程依赖于 Grain Lifecycle，但由于 Grain 实例仍然会在某些异常情况下（如 Silo 异常退出）被强制休眠，因此应用程序在 Grain 休眠阶段所注册的逻辑将有可能被跳过。

3.3.2　Silo 的生命周期管理

Orelans 运行时在 ServiceLifecycleStage 内为 Silo 服务的启动与停止的过程定义了若干阶段。

```
public static class ServiceLifecycleStage
{
    public const int First = int.MinValue;
    public const int RuntimeInitialize = 2000;
    public const int RuntimeServices = 4000;
    public const int RuntimeStorageServices = 6000;
    public const int RuntimeGrainServices = 8000;
    public const int AfterRuntimeGrainServices = 8100;
    public const int ApplicationServices = 10000;
    public const int BecomeActive = Active-1;
    public const int Active = 20000;
    public const int Last = int.MaxValue;
}
```

- First 阶段：即 Silo 服务的起始阶段，在 Orleans 默认环境中只负责日志服务的初始化。
- RuntimeInitialize 阶段：在此阶段执行运行时环境的初始化及 Silo 线程的初始化工作。
- RuntimeServices 阶段：运行时服务的开始阶段，Silo 在此阶段初始化网络及多种代理服务。
- RuntimeStorageServices阶段：运行时存储服务的初始化阶段，当前 Orleans 版本暂未被使用。
  - RuntimeGrainServices 阶段：启动有关 Grain 的运行时服务，包括 Grain 类型管理、Membership 服务及 Grain 目录服务等。
  - AfterRuntimeGrainServices 阶段：处理在应用层服务启动前需要处理的支撑服务。
  - ApplicationServices 阶段：应用层相关服务在此阶段启动。
  - BecomeActive 阶段：此阶段的 Silo 服务将尝试加入 Orleans 服务集群。
  - Active 阶段：在此阶段 Silo 服务器已经被集群接收并可以承载实际的业务请求。

● Last 阶段：Silo 服务的最后阶段，仅为占位符。

Silo 服务的启动过程严格按照上述阶段依次完成从低到高的服务组件搭建与链接，并保证所有组件正确、完整地初始化了逻辑；在 Silo 服务的停止阶段，对于常规的服务停止（Silo 主机完成所有正在进行的服务请求并退出）流程而言，Silo 服务在等待所有待处理任务执行完毕后，按照组件依赖树从上到下的顺序依次结束各组件服务，保证在退出过程中各个组件运转正常并释放所有系统资源，且尽最大努力更新集群状态表中自身服务状态，确保集群服务不受本机服务退出的影响。

1. First 阶段

由于 OrelansLifecycleSubject 并没有将 Silo 的生命周期分为若干确定的步骤，因此开发者可以通过 Participate 方法将自定义逻辑注册于 Silo 生命周期中的任意位置，但为了开发者及维护人员更加清晰地知悉 Silo 在其整个生命周期中的实际运行顺序，Orleans 运行时将 Silo 的日志服务的初始化注册在 First 阶段，以为后续任何阶段的服务逻辑提供日志服务，并以标准日志格式记录下在各个阶段编号中实际运行的业务逻辑，以下为部分日志示例：

```
Information, Orleans.Runtime.SiloLifecycleSubject, "Stage 2000:
Orleans.Statistics. PerfCounterEnvironmentStatistics,
Orleans.Runtime.InsideRuntimeClient, Orleans. Runtime.Silo"
Information, Orleans.Runtime.SiloLifecycleSubject, "Stage 4000: Orleans.Runtime. Silo"
Information, Orleans.Runtime.SiloLifecycleSubject, "Stage 10000:
Orleans.Runtime. Versions.GrainVersionStore,
Orleans.Storage.AzureTableGrainStorage-Default,
Orleans.Storage. AzureTableGrainStorage-PubSubStore"
Additionally, timing and error information are similarly logged for each component by stage.
For instance:
Information, Orleans.Runtime.SiloLifecycleSubject, "Lifecycle observer Orleans. Runtime.
InsideRuntimeClient started in stage 2000 which took 33 Milliseconds."
Information, Orleans. Runtime. SiloLifecycleSubject, "Lifecycle observer Orleans. Statis-
tics.PerfCounterEnvironmentStatistics started in stage 2000 which took 17 Milliseconds."
```

2. RuntimeInitialize 阶段

在启动流程的 RuntimeInitialize 阶段中，Silo 进程将并行运行以下逻辑，以初始化 Orleans 运行时。

1）Silo 实例：

● 注册进程退出处理逻辑，在 Silo 进程退出时执行任务中止等必要逻辑。

● 配置 .NET 线程池线程中的最小个数。

2）网络连接：

● 绑定服务器本地 Silo 连接侦听端口并启动外部 Silo 连接侦听服务 SiloConnectionListener。

- 初始化外部 Silo 连接状态维护服务 SiloConnectionMaintainer，开始监控外部 Silo 状态并维护相应的连接服务。
- 初始化网关连接侦听服务 GatewayConnectionListener，绑定外部网关服务端口。

3）Membership 服务：

- 完成本地 Membership 协议代理服务的初始化。
- 启动 ClusterMembershipService 并开始订阅集群 Membership 更新消息。

4）内部运行时：初始化内部组件，包括序列化管理器 SerializationManager、内部定时器 SafeTimer 及 Grain 类型管理器 GrainTypeManager。

5）系统性能监测：注册物理内存、CPU 利用率监测定时任务。

在服务停止流程的 RuntimeInitialize 阶段中，Silo 进程会并行执行以下组件的注销及释放逻辑。

1）Silo 实例：

- 停止所有传入消息代理服务，包括应用入站消息代理、系统入站消息代理及 Ping 消息代理服务。
- 停止系统心跳及自恢复服务看门狗计时器。
- 停止系统消息中心 MessageCenter。
- 停止 Silo 性能统计管理器 SiloStatisticsManager。
- 将自身状态标识为终止。

2）网络连接：

- SiloConnectionListener 服务取消对本地 Silo 连接侦听端口的绑定，并主动断开所有现存连接。
- SiloConnectionMaintainer 停止监控外部 Silo 连接状态。
- GatewayConnectionListener 服务取消对外部网关端口的绑定，并主动断开所有现存连接。
- 连接管理器 ConnectionManager 断开所有已知网络连接。

3）Membership 服务：

- ClusterMembershipService 停止订阅集群 Membership 更新消息。
- Membership 协议代理服务将 Membership 表中 Silo 状态置为 Dead，并停止定时更新 Silo 状态。
- Silo 状态监听管理器停止更新本地 Silo 状态。

4）系统性能监测：停止物理内存、CPU 利用率监测定时任务。

3. RuntimeServices 阶段

在 RuntimeServices 阶段的启动流程中，Silo 依赖的以下相关服务组件将会进行相应的构建、注册及启动。

1）Silo 内部消息中心 Message Center。

2）入站消息代理服务 Incoming Message Agents（即应用入站消息代理、系统入站消息代理及 Ping 消息代理）。

3）本地 Grain 实例索引服务 LocalGrainDirectory。

4）隐式流订阅表 ImplicitStreamSubscriberTable。

5）运行时流处理服务 StreamProvider。

6）其他各类系统内建服务对象，包括：

- Silo 实例管理服务 SiloControl。
- 多集群日志一致性协议网关服务 ProtocolGateway。
- Orleans 部署实例负载监测服务 DeploymentLoadPublisher。
- 远程 Grain 实例索引服务 RemoteGrainDirectory。
- 远程集群 Grain 实例索引服务 RemoteClusterGrainDirectory。
- 客户端请求网关注册服务 ClientObserverRegistrar。
- Orleans 运行时类型管理器 TypeManager。
- Membership 服务 MembershipOracle。
- 多集群 Membership 服务 MultiClusterOracle。

7）Silo 运行状态记录服务 SiloStatusOracle。

8）Reminder Grain 服务 LocalReminderService。

9）Grain 类目服务 Catalog。

在 RuntimeServices 阶段的终止流程则相对简单，Silo 服务器将通知内部消息中心 Message Center 拒绝所有对该 Silo 的应用请求消息，并停止所有正在运行的本地应用响应逻辑。

4. RuntimeGrainServices 阶段

在 RuntimeGrainServices 阶段，Silo 服务器已经完成了基础 Orleans 运行时中底层服务的启动，在 RuntimeGrainServices 阶段将对以下组件服务进行管理。

1）Silo 内置 Grain 客户端（启动阶段）：

- 将自身注册至客户端请求网关注册服务 ClientObserverRegistrar。
- 加入 Silo 消息中心，并开始处理消息循环。
- 初始化集群客户端并初始化连接。

2）Silo 内置 Grain 客户端（停止阶段）：

- 关闭入站消息管道并停止 Silo 消息中心内的消息循环。

- 关闭集群客户端连接。

3）Membership 服务（启动阶段）：开始定时刷新本地 Membership Table 任务。

4）Membership 服务（停止阶段）：停止定时刷新本地 Membership Table 任务。

5）Silo 核心服务（启动阶段）：

- 创建所有在容器中注册的 Grain 服务（默认 Silo 实现中仅包含本地 Reminder 服务）。
- 执行 Orleans 运行时类型管理器 TypeManager 的初始化逻辑。
- 启动多集群 Silo 状态监测服务 MultiClusterOracle。
- 启动 Silo 性能统计管理器 SiloStatisticsManager。
- 启动 Orleans 部署实例负载监测服务 DeploymentLoadPublisher。
- 启动系统心跳及健康监测服务看门狗定时器。

5. AfterRuntimeGrainServices 阶段

在 AfterRuntimeGrainServices 阶段，Silo 性能统计管理器 SiloStatisticsManager 及 Silo 本地 Membership 代理服务将会启动并尝试加入 Membership 协议。

6. ApplicationServices 阶段

ApplicationServices 阶段负责 Silo 中应用层服务组件的挂载，主要包括持久化组件和 Grain 版本管理所依赖的底层组件。

1）在启动阶段：

- Grain 版本管理存储服务检查并确保所依赖的 Grain 存储服务 GrainStorage 初始化完成。
- 启动内存持久化型提醒表单服务 InMemoryReminderTable。

2）在停止阶段：停止内存持久化型提醒表单服务 InMemoryReminderTable。

值得注意的是，各类持久化服务（AdoNet/DynamoDB/Azure Storage）、内置的内存持久化服务和持久化流服务的默认初始化挂载阶段都为 ApplicationServices 阶段，而对于内置的内存持久化服务而言，其初始化阶段必须要晚于 RuntimeGrainServices 以确保其所依赖的 Grain 服务初始化完成。

7. BecomeActive 阶段

在 BecomeActive 阶段，Silo 服务器将完成实际承载业务流量前的最终准备逻辑及停止处理业务请求的初步关闭逻辑，包括：

1）在启动阶段：

- 打开消息中心 MessageCenter 中的外部网关服务。
- 将自身状态标识为运行中（Running）。
- 将 Silo 状态在全局 Membership 表中更新为 Active。

- 注册心跳服务保证 Membership 表中的 Silo 状态更新。

2）在停止阶段：

- 停止本地 Grain 实例索引服务 GrainDirectory。
- 强制休眠所有 Grain 实例。
- 停止从外部网关接受新的客户端请求。
- 将 Silo 状态在全局 Membership 表中更新为正在停止状态（Stopping）。
- 停止 Membership 心跳服务。

8. Active 阶段

Active 阶段中包含了 Silo 服务准备阶段最高层的服务启动/停止过程，在启动阶段，Silo 的服务初始化过程将在 Active 阶段之后结束，Silo 本身也将成为集群内实际承载业务的逻辑节点，其影响的系统组件包括以下几个。

1）Silo 主服务（启动阶段）：

- 启动 Reminder 服务。
- 启动所有 Grain 服务（默认 Silo 实现中仅包含本地 Reminder 服务）。

2）Silo 主服务（停止阶段）：

- 停止 Reminder 服务。
- 停止所有 Grain 服务。

3）网关连接侦听服务 GatewayConnectionListener 开始接收外部客户端连接（启动阶段）。

4）本地 Membership 缓存列表服务：

- 注册并启动 Membership 缓存列表定时清理服务（启动阶段）。
- 停止 Membership 缓存列表定时清理服务（停止阶段）。

5）集群健康监控服务 ClusterHealthMonitor（启动阶段）：

- 开始根据 Membership 缓存列表内的更新维护集群健康状态对象。
- 开始集群内 Silo 服务器间定时心跳检测保活服务。

6）集群健康监控服务 ClusterHealthMonitor（停止阶段）：

- 停止维护集群健康状态并释放相关对象。
- 停止集群内定时心跳监测。

7）分布式事务代理统计监测服务 TransactionAgentStatisticsReporter：

- 启动定时性能监测上报任务（启动阶段）。
- 停止定时性能监测上报任务（停止阶段）。

此外，Orleans 持久化数据流服务 PersistentStreamProvider 的默认启动阶段也为 Active 阶段，

而所有通过 AddStartupTask 扩展方法注册到 Silo 启动过程中的任务也都默认会被注册到 Active 阶段执行。

3.4 本章小结

Orleans 应用是基于 Orleans 运行时搭建的分布式应用服务，由若干个承载 Grain 运行时实例的 Silo 服务节点组成，每个 Silo 节点都可以提供完整的 Orleans 运行时服务；在各 Silo 节点内部，Orleans 运行时基于高效的 .NET 运行时异步任务处理模型，通过 Orleans 线程模型为每个 Grain 实例对象的任务响应过程提供了单线程执行语义约束，从而可以最大化地利用系统资源，保证了 Orleans 程序的高效执行；Orleans 运行时采用了通用的对象生命周期管理组件 Orleans Lifecycle 对 Grain 对象及 Silo 服务节点的运行时进行管理，统一对运行时内部各类服务组件的相互依赖关系进行管控，完成了运行时内各类服务对象的统一注册、初始化、执行及终止逻辑。

第4章

▶▶▶▶▶▶

数据传输与远程过程调用

在 Silo 节点服务模型中，底层的客户网关及消息传递层需要为 Orleans 运行时提供可靠的 Silo 间及 Silo 与 Orleans 客户端间消息传递服务。在 Orleans 应用集群中，Silo 服务节点通过在 TCP/IP 上进行消息传递，实现集群内部点对点连接，并由此保证任意 Silo 服务节点间消息的双向连通性。除此之外，Orleans 应用框架还允许 Orleans 客户端通过任意 Silo 节点建立其与应用集群的服务类连接，因此 Silo 服务节点同时还需负责管理其本地的客户端连接及相应的消息路由与转发逻辑。

Orleans 的节点间点对点数据通信是通过传递 Orleans 消息（Message）实现的，Orleans 集群内的调用远程过程调用则是将请求上下文（请求接口、参数及调用方地址等信息）封装为一个 Orleans 消息并投递至目标 Silo 服务节点，再由目标 Silo 服务节点解析并执行。

4.1 Orleans 数据传输协议

▶▶4.1.1 Orleans 消息对象

Orleans 将节点间通信载体定义为消息（Message），每条消息由消息头（Header）及消息体（Body）两部分组成。与 HTTP 消息类似，Orleans 消息头中包含消息的基本属性、源节点地址及目标 Silo 地址等信息，而消息体中则包含此次消息所承载的数据内容。

1. 消息头

每一条 Orleans 消息都包含有一个消息头容器对象（Headers Container），其中包含了该条消息的基本路由信息（如消息类别、消息源地址及目标地址等）及状态数据（消息转发次数、消息投递上下文及相应状态等），消息头对象内的各字段定义如下所示。

```
public class HeadersContainer
{
    // 消息追踪上下文
    // 包含 Orleans 应用程序处理该消息的上下文信息
    public TraceContext TraceContext;
    // 消息类别
    // 包含 Ping(连通性心跳消息)、System(系统消息)、Application(应用消息)三种
    public Categories Category;
    // 消息发送方向
    // 包含请求类型(Request)、返回类型(Response)和单向消息(OneWay)三种
    public Directions? Direction;
    // 消息的只读标识位
    public bool IsReadOnly;

    // 消息交织处理标识位,用以向 Orleans 运行时声明该消息是否可以在目标 Grain 实例中被交织调度
执行
    public bool IsAlwaysInterleave;
    // 消息顺序标识位,用以区分有序/无序消息
    public bool IsUnordered;
    // 远程集群消息返回标识位,用以标识此消息是否被远程集群返回
    public bool IsReturnedFromRemoteCluster;
    // 事务消息标识位,向 Orleans 运行时声明在处理该消息时是否需要启用分布式事务上下文
    public bool IsTransactionRequired;
    // 消息编号
    public CorrelationId Id;
    // 消息转发计数,记录此消息在不同 Silo 节点间的转发次数
    public int ForwardCount;
    // 消息接收方的 Silo 节点地址信息
    public SiloAddress TargetSilo;
    // 消息接收方 Grain Id
    public GrainId TargetGrain;
    // 消息接收方 Grain 的运行时实例 Id
    public ActivationId TargetActivation;
    // 消息接收方的 Observer Id
    public GuidId TargetObserverId;
    // 消息发送方的 Silo 节点地址信息
    public SiloAddress SendingSilo;
    // 消息发送方 Grain Id
    public GrainId SendingGrain;
    // 消息发送方 Grain 的运行时实例 Id
    public ActivationId SendingActivation;
    // 触发新 Grain 实例创建标识位,向 Silo 节点声明在处理此消息时是否需要创建新的 Grain 实例
    public bool IsNewPlacement;
```

```
// 消息是否支持投递至多版本的服务接口中
public bool IsUsingIfaceVersion;
// 请求消息的响应类型
// 共有 Success(消息处理成功)、Error(消息处理错误)和 Rejection(请求处理被拒绝)三种
public ResponseTypes Result;
// 处理事务消息所需的事务上下文信息
public ITransactionInfo TransactionInfo;
// 消息的最大存活时间,超过最大存活时间的消息将被 Orleans 丢弃
public TimeSpan? TimeToLive;
// 缓存无效标头,包含有一组已失效的 Grain 地址
public List<ActivationAddress> CacheInvalidationHeader;
// 处理该消息需要创建的 Grain 实例的类型名称
public string NewGrainType;
// 目标 Grain 的泛型类型名,由消息发送者填入
public string GenericGrainType;
// 消息处理请求被拒绝的原因枚举值
// 主要有 Transient(临时性拒绝)、Overloaded(目标 Silo 节点已过载)、DuplicateRequest(重复消
息请求)、Unrecoverable(处理消息请求时目标 Silo 节点内发生了不可恢复的错误或异常)、GatewayToo-
Busy(网关节点忙)和 CacheInvalidation(缓存数据异常)等
public RejectionTypes RejectionType;
// 消息处理请求被 Silo 节点拒绝的额外信息
public string RejectionInfo;
// 消息请求的上下文信息
public Dictionary<string, object> RequestContextData;
// 消息所在的请求调用链编号
public CorrelationId CallChainId;
}
```

在消息发送的序列化阶段,Orleans 运行时将会根据消息头中各字段的值计算生成相应的消息头掩码(Head Mask),与消息头一同传输给消息接收方,消息接收方则会根据消息头掩码信息对消息头字节流中的数据进行依次解码和反序列化。消息头掩码的生成及使用如下所示。

```
//根据消息头字段值生成消息头掩码
internal Headers GetHeadersMask()
{
    // 初始化消息头掩码
    Headers headers = Headers.NONE;
    // 处理消息类别
    if(Category != default(Categories))
        headers = headers | Headers.CATEGORY;
    // 处理消息发送方向
    headers = _direction == null ? headers & ~Headers.DIRECTION: headers | Headers.DIREC-
TION;
    // 处理消息编号
```

```
    headers = _id == null ? headers & ~ Headers.CORRELATION_ID: headers | Headers.CORRELA-
TION_ID;
    // 处理消息转发次数
    if(_forwardCount != default (int))
        headers = headers | Headers.FORWARD_COUNT;
    // 处理其他字段
    [...]
    return headers;
}

//根据消息头掩码值反序列化消息头对象
public static object Deserializer(Type expected, IDeserializationContext context)
{
    // 初始化反序列化上下文
    [...]
    var headers = (Headers)reader.ReadInt();
    // 处理消息类别
    if ((headers & Headers.CATEGORY) != Headers.NONE)
        result.Category = (Categories)reader.ReadByte();
    // 处理消息发送方向
    if ((headers & Headers.DIRECTION) != Headers.NONE)
        result.Direction = (Message.Directions)reader.ReadByte();
    // 处理消息编号
    if ((headers & Headers.CORRELATION_ID) != Headers.NONE)
        result.Id = (Orleans.Runtime.CorrelationId) ReadObj(sm, typeof(CorrelationId),
context);
    // 处理消息转发次数
    if ((headers & Headers.FORWARD_COUNT) != Headers.NONE)
        result.ForwardCount = reader.ReadInt();
    // 处理其他字段
    [...]
    return result;
}
```

2. 消息体

Orleans 消息体实际承载着消息本身需要传递的数据内容，在 Orleans 集群中，消息体将以二进制数据流的形式在节点间通过 TCP 进行传递，并由 Silo 节点负责对消息体数据进行序列化及反序列化操作。Orleans 消息体主要用于承载 RPC 请求（InvokeMethodRequest）及响应（Response）数据，其中，方法调用请求消息的消息体中承载了 RPC 请求的上下文信息，而方法调用相应消息的消息体中则包含了 RPC 请求的返回值或异常数据：

```
// RPC 请求消息体
public sealed class InvokeMethodRequest
```

```
{
    // RPC 请求的目标接口编号
    public int InterfaceId { get; private set; }
    // RPC 请求的接口版本号
    public ushort InterfaceVersion { get; private set; }
    // RPC 请求的服务方法编号
    public int MethodId { get; private set; }
    // 本次 RPC 请求的参数
    public object[] Arguments { get; private set; }
}

// RPC 响应消息体
internal class Response
{
    // RPC 响应消息的异常标志位
    public bool ExceptionFlag { get; private set; }
    // RPC 响应消息的异常对象,若该 RPC 响应消息不为异常响应,则该字段值为 Null
    public Exception Exception { get; private set; }
    // RPC 响应消息的返回值
    public object Data { get; private set; }
}
```

3. 消息传输格式

Orleans 消息主要以二进制流的形式通过 Orleans 连接对象（Connection）进行传输，Orleans 消息的二进制数据流的传输格式如图 4-1 所示。

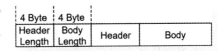

● 图 4-1　Orleans 消息传输格式

Orleans 运行时在传输每一条消息时，将首先计算该消息的消息头对象及消息体对象的数据流长度（两个 4Byte 的整形数值），并写入二进制数据流中，之后再依次写入消息头对象及消息体对象的二进制字节流编码；接收端在处理连接对象的入站信息流时，将首先解码前 8Byte 的消息长度信息，再依次对消息头和消息头字节流对象进行解码和反序列化操作，并在本地内存中重建 Orleans 消息对象后，交由上层组件进行后续处理。

▶▶ 4.1.2　Orleans 序列化管理器

在 Orleans 消息对象的定义中，Orleans 消息头对象是一个定义在 Orleans 运行时内部的强类型对象，而通过消息体字节流传递的数据（如 RPC 请求消息体中的请求参数对象数组）实际为弱类型的 .NET 对象（即被泛化为 object 的 .NET 对象），Orleans 运行时通过内置的序列化管理器（Serialization Manager）完成并处理数据传输过程中各类对象的序列化/反序列化逻辑，使

Silo 节点和 Orleans 客户端在通信过程中能够准确且高效地传输数据，并保证应用程序内的各类强类型对象在数据传输前后能被正确识别及重建。

1. Orleans 通用对象序列化管理器

Orleans 的内置通用对象序列化管理器的以下性质，保证了 Orleans 应用程序对象在进行数据传输时的 "所写即所得"：

- 支持动态类型及类的多态扩展。Orleans 运行时没有对传入 Grain 服务接口中的对象类型做任何假设或限制，因此，通用对象序列化管理器会保证数据对象在传输前后的实际类型一致。例如，若一个 Grain 接口的服务方法输入参数被声明为 IDictionary 类型，在实际运行中调用者所传入的是一个 SortedDictionary 类型的对象实例，处于 Orleans 应用集群内的远程 Grain 实例通过 Orleans 消息传输所接收到的输入对象仍将是一个由 Orleans 运行时本地重建后的 SortedDictionary 类型对象。

- 自动保存对象间的引用关系。如果同一个对象在 Grain 调用的不同参数中被重复使用，或在 Grain 调用的多个输入参数中使用了同一引用的对象，Orleans 将只会将该对象实例进行一次序列化运算，并在接收方以同样的引用关系重建并还原其他对象实例对该对象的引用关系（即将在不同对象内的对象引用指针重新指向该重建后的对象实例，如图 4-2 所示）。例如，若 Grain A 向 Grain B 传递了一个含有 100 个元素的列表对象，在列表内部有 10 个元素实际指向了同一个本地对象，而在 Grain B 一侧所接收到的 List 对象也将包含 100 个元素，且其中 10 个元素也会指向 Grain B 本地内存中的同一个重建对象。

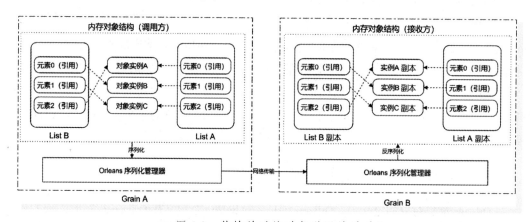

● 图 4-2 传输前后的对象引用关系对比

Orleans 序列化管理器将 Orleans 应用程序内部的对象类型分为预定义类型和自定义对象类型两类。

（1）预定义类型

预定义类型是 Orleans 运行时内部通用对象类型的集合，包括 . NET 运行时定义的基本数据类型、Orleans 运行时内部数据类型（如 Grain Reference 对象）及一些常用的 . NET 类型（Collection、IpEndPoint、Guid 等）。

在预定义类型中，基本数据类型和常用 . NET 类型的序列化逻辑被包含在 Orleans 运行时的源码内，其构建及初始化逻辑在通用对象序列化管理器（SerializationManager）初始化步骤中执行。其他类型的对象序列化逻辑则会根据 Orleans 应用程序类型的不同（Grain 客户端或 Silo 服务节点），在 Orleans 应用程序初始化过程中通过 Orleans 自动化代码生成逻辑与应用程序集类型的反射方式，按需注册至通用序列化管理器中。

（2）自定义类型

自定义类型是应用开发者在使用 Orleans 搭建应用服务时自定义的对象类型（如购物网站中的 User 类和 Item 类等），自定义类型的序列化逻辑是由 Orleans 通过代码生成器（Code Generator）在程序集编译时通过 Roslyn 编译器动态生成的，并在 Orleans 服务初始化过程中通过 IOC 容器注册到通用序列化管理器内部。

在生成用户自定义类型的序列化处理器时，Orleans 代码生成器将依据以下原则筛选需要处理的自定义对象类型集合。

- 对于定义在用户程序集内部并引用了 Orleans 核心库的类型，筛选出在 Grain 接口方法签名或状态类签名中使用的类型，以及带有［Serializable］特性标注的类型。
- 带有［KnownType］特性标注的数据类型及［KnownAssembly］特性标注程序集中定义的所有类型。

Orleans 通用对象序列化管理器实际上是维护了一组"类型 – 类型序列化处理器"键值对，通过传入的对象类型对对象进行相应的序列化/反序列化操作。而用户自定义对象的序列化/反序列化类型默认由代码生成器生成，极大地简化了业务的开发过程（开发人员无须在定义新的数据类型后，人工干预接口契约文件的生成及更新过程），并保证了数据类型在发送端和接收端的强一致性。Orleans 对于对象的序列化/反序列化过程实际可以分为深拷贝（Deep Copy）、序列化（Serializer）及反序列化（Deserializer）三个阶段。

1）深拷贝。对象的深拷贝逻辑由对象类型绑定的序列化处理器中的深拷贝方法实现，该方法需要返回一个该对象的深拷贝对象以保证后续序列化逻辑不影响对象数据本身。对象复制阶段的一个非常重要的职责是维持对象的引用，Orleans 运行时为该过程提供了一个帮助函数 CheckObjectWhileCopying，开发者可以在手工复制子对象之前调用该函数以确保子对象不被重复复制。

```
[CopierMethod]
static private object Copy(object input, ICopyContext context)
{
    // Copy input
    var fooCopy = context.CheckObjectWhileCopying(foo);
    if (fooCopy == null)
    {
        // Actually make a copy of foo
        context.RecordObject(foo, fooCopy);
    }
}
```

2）序列化。序列化方法包含了对深拷贝对象的序列化逻辑，其函数签名如下。

```
[SerializerMethod]
static private void Serialize(object input, ISerializationContext context, Type expected)
{
    ...
}
```

其中 input 对象类型由 Orleans 运行时保证与所绑定的类型对象一致，而序列化方法需要将对象序列化并写入 context. StreamWriter 中。

3）反序列化。反序列化实际为序列化过程的逆过程，其函数签名如下。

```
[DeserializerMethod]
static private object Deserialize(Type expected, IDeserializationContext context)
{
    ...
}
```

输入参数中的 expected 对象同样由 Orleans 运行时保证与所绑定的类型对象一致，反序列化方法需要通过 context. StreamReader 读取出对象的序列化数据并完成对象的重建。编写序列化处理器最简单的方式是通过构造一个字节数组，并将该数组的长度与数组一同写入数据流中，在反序列化过程中通过反向处理来回复对象，该方法在对象数据类型较为紧凑且没有重复引用的子对象时具有非常高的运行效率。

2. 扩展 Orleans 序列化管理器

除 Orleans 运行时自带的通用对象序列化管理器外，Orleans 运行时支持在 Orleans 应用程序内部使用第三方序列化管理器（需要实现 IExternalSerializer 接口），一些常用的第三方序列化协议已经通过 Nuget 包的形式在 Orleans 项目之外维护和发布，例如 Microsoft. Orleans. OrleansGoogleUtils 包中的 Orleans. Serialization. ProtobufSerializer 序提供了对 Google Protocol Buffers 协议的序列化逻辑支持；Microsoft. Orleans. Serialization. Bond 包中的 Orleans. Serialization. BondSerializer

提供了对 Bound 协议的序列化逻辑支持；若需要在应用程序中使用 Newtonsoft. Json（即 Json. NET）序列化，开发人员则可以直接使用 Orleans 核心库中的 Orleans. Serialization. Orleans-sJsonSerializer 程序集。

Orleans 应用开发人员也可以通过自定义的序列化逻辑来扩展对象的默认序列化方法，但请注意，由于自定义序列化管理器的性能通常只在非常罕见的情形下优于内置序列化处理器，开发人员应当仅在自定义序列化逻辑能够显著提升系统运行效率时，对默认序列化方法进行替换及重写。

当开发者需要自定义序列化管理器时需要注意以下几点。

1）若在序列化/反序列化过程中需要忽略目标类型中的某些特定字段或属性，可以使用 NonSerialized 特性对其进行标注，Orleans 代码生成器将自动跳过对应字段或属性的代码生成。

2）使用 Immutable <T> 类型或［Immutable］特性以优化不可变数据的复制过程；从 Orleans 运行时的角度来看，对象的不变特性声明意味着内存数据项的二进制不变性（而非逻辑不变性），即数据项的内容不会以任何形式被修改，且不会干扰并发访问该数据项的任意线程。因此 Orleans 序列化处理器将优化并省略对不可变数据项的复制操作（因为该数据项被声明为不可变）。

3）按需使用. NET 标准库中的通用集合类型，Orleans 运行时内部已经包含了对. NET 标准库中通用集合类型的序列化处理器，并在字节流中对多种类型进行了特殊的缩写表示以提高性能，例如 Dictionary <string, string> 类型的序列化过程比 List <Tuple <string, string>> 更快。

一般而言，自定义序列化处理器只在对象内存在大量可以直接通过数据类型编码（或特殊编码）获取的信息时，其性能才能优于默认序列化处理器，例如，使用序列化处理器编码一个较大维度的稀疏矩阵时，将该多维数组使用"索引 Z 值"键值编码的方式存储将有效提升序列化处理器的压缩效率。因此，在编写自定义序列化处理器之前，应用开发人员应当应用性能分析工具仔细评估以确保序列化管理器是系统性能的瓶颈所在，并通过实际业务环境中的性能、压力测试来验证自定义序列化处理器对系统整体性能带来的提升。Orleans 开发人员可以通过以下 3 种方式自定义指定类型的序列化处理器。

1）在自定义类型中实现序列化方法为对应的方法增加特定的特性标注（如 CopierMethod、SerializerMethod、DeserializerMethod），在可以直接修改目标类型代码的应用开发场景下推荐使用此方法。

2）实现 IExternalSerializer 接口，并在服务配置时将序列化逻辑注册至 IOC 容器中，在集成外部序列化库时推荐使用此方法。

3）编写一个独立的静态类型并增加［Serializer（typeof（目标类型名））］标注，该静态类型必须同时包含 3 种序列化处理器依赖的方法，并通过 CopierMethod、SerializerMethod、Deseri-alizerMethod 特性标注，此方法可以让开发人员对外部程序集内定义类型的序列化处理器进行替换。

4.2 Orleans 消息处理模型

Orleans 运行时在 Orleans 应用服务（包括客户端节点 Client 及服务节点 Silo）内使用了统一的消息处理模型来实现节点内消息的处理与派发逻辑。

Orleans 服务集群中的每个 Silo 服务节点需要同时在客户网关端口及集群内部通信端口上监听来自 Orleans 客户端的连接请求，以及来自集群内其他 Silo 服务器的连接请求。Silo 节点的应用层逻辑需要处理 Orleans 集群中传递的三类消息对象：连通性心跳消息 Ping、系统消息 System 和应用消息 Application，因此 Silo 服务节点采用了一种以消息调度器为中心的消息处理模型，将入站和出站消息按照消息类型及处理上下文交由不同的对象处理。

Orleans 运行时通过独立的端口监听组件在指定的网络服务端口上监听外部连接请求，并通过连接管理器集中管理本机与外部节点的通信连接，保证网络连接的高效复用及对各个节点间连接状况的实时监测。Orleans 运行时中的消息中心（Message Center）则将 Orleans 网络层抽象为一个只进行异步读写的简单组件，简化了消息调度器中处理消息发送及接收的逻辑。Silo 节点的消息处理模型如图 4-3 所示，其主要由连接监听器（Connection Listener，包含 Silo 连接监听器和网关连接监听器）、连接对象（Connection 包含 Silo 连接对象和网关连接对象）、连接管理器（Connection Manager）、消息中心（Message Center）、消息调度器（Dispatcher）和消息代理（Message Agent）组成。

而对于 Orleans 客户端节点而言，其在业务逻辑中总是主动向 Silo 节点发起并维护连接，而且客户端节点并不需要主动监听外部连接请求，因此客户端节点的消息处理模型相对较为简单（见图 4-4），只存在网关管理器（Gateway Manager）、连接对象（Connection）、连接管理器（Connection Manager）及消息中心（Message Center）。

▶▶4.2.1 连接与网关

Silo 节点通过连接对象与外部服务进行双向通信，并通过网关对象监听外部服务的连接请求；Orleans 的连接服务和网关服务都是建立在 .NET Core 运行时所提供的网络连接服务之上的，因此，其底层的消息发送、任务调度和数据链路层逻辑都由 .NET Core 运行时实现。

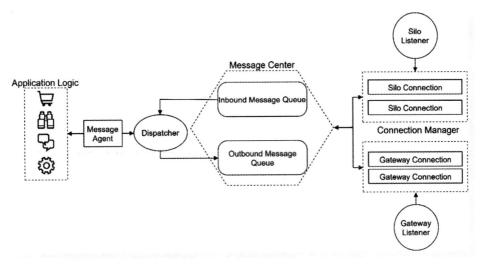

● 图 4-3　Silo 节点消息处理模型

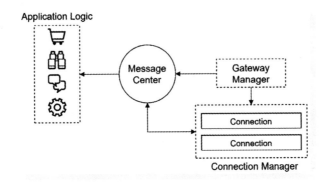

● 图 4-4　Orleans 客户端节点消息处理模型

1. 连接对象

在 Orleans 3.0 及后续版本中，每个 Orleans 连接对象都使用 ASP. NET Core Socket 对象进行实际数据传输，Orleans 消息对象的发送过程如下。

1）Orleans 消息调度器将某一 Message 对象交由一个现有连接对象发送。

2）连接对象将消息放入本地出站消息缓冲队列中等待依次发送。

3）连接对象循环发送任务从本地出站消息缓冲队列中取出消息对象，将其序列化为二进制数据流，并写入内存发送缓冲区。

4）底层 Socket 对象异步读取内存缓冲区中的数据并发送至远程节点。

对应的，Orleans 消息对象的接收过程为：

1）Socket 对象在连接端口异步等待接收缓冲区中的数据，该异步任务由 .NET Core 运行时进行统一调度（在 Windows 平台上通过 IOCP 模型实现）。

2）Socket 对象直接将接收数据流写入内存缓冲区中，并直接将内存缓冲区对象交由连接对象处理。

3）连接对象依次读取缓冲区中的消息头及消息体数据，通过序列化管理器反序列化为内存消息对象并交由上层组件处理。

在 Orleans 消息对象的发送及接收过程中使用了 ValueTask、Channel、Span 等 .NET 新特性及零拷贝技术，从而减少了系统堆内存分配压力并显著提升了服务的整体运行效率。

2. 网关服务

（1）Silo 服务节点的网关服务

在 Silo 服务节点中，网关服务的对象为网络端口的连接监听器（Connection Listener）和网关管理对象（Gateway），主要负责 Silo 服务节点所有入站连接的初始化和维护工作，主要包括 Silo 服务启动时的开放服务端口绑定、外部连接的监听与响应、连接对象运行上下文初始化、连接对象消息处理循环触发、外部客户端节点连接状态监控与维护、集群内 Silo 节点连接和连接对象路由表管理及 Silo 服务停止时的端口解绑与连接清理等工作。

Silo 服务节点中维护了两类连接对象：Silo 服务间连接对象（Silo Connection）和外部网关连接对象（Gateway Connection）。Silo 服务节点在集群内部公开 Silo 连接服务端口（默认端口号为 11111）并等待集群内其他 Silo 服务节点的连接，与此同时，Silo 服务节点也向集群外部客户端公开外部网关服务端口（默认端口号为 30000）等待外部 Orleans 客户端的服务连接请求。考虑到以上两类连接的应用场景差异，Silo 服务节点对以上两类连接对象采用了不同的管理策略。

1）Silo 间连接对象。在 Orleans 集群内，Silo 服务节点间的网络连接及拓扑结构相对稳定，且服务节点间信息流量较大，因此 Silo 节点通过专用的连接管理器（Connection Manager）对象管理 Silo 本地所有的 Silo 间连接对象，以提高 Silo 间连接对象的利用效率。连接管理器在 Silo 节点启动过程中初始化，并负责管理所有本地发起或接收的 Silo 间连接，Silo 连接监听器也在 Silo 节点初始化时启动，在 Silo 连接服务端口等待外部 Silo 连接请求，Silo 间的一次连接通信过程如下。

- Silo A 通过 Orleans 集群内分布式路由表查找到 Silo B 的网络地址信息。
- Silo A 尝试在本地连接管理器中查找与 Silo B 节点的现有连接，若存在可用连接则直接复用该连接对象，若无现有连接则尝试向 Silo B 节点的开放端口发起新的连接。
- Silo A 在创建连接对象成功后，将 Silo B 的网络地址信息和连接对象交由连接管理器管

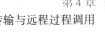

理后，使用该连接与 Silo B 通信。

Silo 连接管理器为每个外部 Silo 节点地址维护了一个连接对象池，连接池中的连接数量可以通过 ConnectionOptions. ConnectionsPerEndpoint 指定（默认为 1），当连接池中的连接数量小于该值时，Silo 将尝试在向目标 Silo 发送消息时新建连接对象并加入连接池中，而当连接池中连接数量充足时，连接管理器将在连接池依次使用可用的连接对象，当 Silo 连接对象在传输或连接过程中发生异常时（连接超时、网络异常或远程 Silo 主动断开连接），Silo 连接管理器将主动维护该 Silo 地址对应的连接池，移除所有不可用连接并更新该 Silo 地址的最近出错时间戳。若始终无法连接至某外部 Silo，Silo 连接管理器将抛出 ConnectionFailedException 异常。在 Silo 服务节点关闭阶段，Silo 连接管理器也将主动关闭所有已知的 Silo 连接对象，以确保集群内其他节点中的连接管理器正常工作。此外，当 Silo 服务节点中的 Orleans 集群管理服务监听到集群内远程 Silo 节点被标识为服务不可用时，也将通知 Silo 连接管理器主动断开与该 Silo 节点的连接，以保障本地消息的可靠传输并加快服务收敛速度。

2）外部网关连接对象。相对于 Silo 间连接对象，从 Silo 服务器的角色来看，外部 Orleans 客户端与 Silo 服务节点的连接更易受网络服务、客户端状态等因素的影响，因此 Orleans 运行时并没有采用池化技术提高网关连接对象的复用率，而是将网关连接对象看成是一种"临时"的连接服务。同时考虑到 Orleans 客户端与 Silo 服务器间的从属关系，Orleans 运行时将外部网关连接对象与发起连接的 Grain ID 一一对应，并在网关对象中进行统一管理。

由于外部网关连接对象将接收所有通过外部网关连接到本地 Silo 服务的所有客户端请求消息，因此外部网关连接对象需要根据 Silo 服务节点的当前负载情况动态接收或拒绝客户端请求。Silo 外部网关的另一个职责是负责 Orleans 客户端消息的代理转发。在分布式系统中，客户端通常只能与后端服务集群中的少数节点直接通信，在某些场景下，网络消息在发送至服务集群前将经过多层的负载均衡及路由。因此，在 Orleans 集群中 Silo 服务器需要承担内部消息的转发任务：在 Silo 服务器通过外部网关连接对象接收到客户端消息后，将首先判断本机是否为目标服务节点，若该消息需要投递给其他 Silo 服务器，则将通过代理转发服务将此消息转发，并将该转发路由规则写入本地临时缓存。

当客户端连接对象断开与 Silo 服务节点的连接时，Silo 服务器的网关对象将记录该连接的断开时间，并通过后台的定时清理任务（默认执行间隔为 1 分钟）将该连接对象及发起连接的 Grain ID 信息从本地缓存中清除。

（2）客户端网关管理器

Orleans 客户端的网关管理器主要负责 Orleans 客户端对外的连接对象，即 Orleans 客户端与 Silo 服务器间的连接管理。为了减少 Silo 服务器的网络连接压力，Orleans 客户端网关管理器也采用了连接池技术。

在 Orleans 环境中，客户端可以通过与服务集群中任何一个 Silo 节点的连接与集群内的任意活跃 Silo 节点进行通信（得益于每个 Silo 服务节点中内建的集群代理服务），因此客户端节点在与后端服务集群进行通信时，只需优先考虑使用与目标 Silo 服务节点的网络直连路径（以减少服务集群内部的消息转发负载并提高消息响应速度）即可。此外，客户端节点对后端的应用服务请求都是在 Grain 实例粒度层面的，客户端侧的 Grain 服务请求通过一致性 Hash 算法映射至固定的 Silo 网关连接对象上，实现了 Grain 请求的"黏性"（Stickiness）控制，其具体流程如下。

1）客户端应用逻辑将待发送消息传递至客户端消息中心（Client Message Center）。

2）若消息已指定路由 Silo 节点，则直接通过连接管理器获取本地客户端与远程 Silo 节点的连接。

3）若消息目标为系统实例或消息本身为可无序投递的消息，则依次使用本地连接池中的连接发送消息。

4）对于不满足上述条件的消息，Orleans 客户端消息中心将根据以下步骤确定该消息的发送连接对象：

- 将目标 Grain ID 根据一致性 Hash 算法映射至一个定长连接数组中（即 Grain Bucket，默认数组长度为 8196），该数组中的每个元素都为一个客户端 – Silo 连接的弱引用对象。
- 判断该连接对象是否仍可使用，若连接对象可用则直接使用该连接发送消息。
- 缓存连接对象不可用时，消息中心将直接从本地连接池中依次取出可用连接进行消息发送，并刷新该 Grain Bucket 所绑定的连接对象引用。

从上述逻辑可以看出，Orleans 应用中客户端发送至服务集群中一个 Grain 实例的所有服务消息都将被映射至同一 Grain Bucket 中，并在连接对象的引用未被释放时使用同一个本地连接进行传递，既保证了消息传输路径的相对稳定，也提高了 Silo 节点对消息处理及转发缓存的利用率。

▶▶4.2.2　消息中心与调度器

与网关连接对象类似，Orleans 的消息中心及调度器设计也根据 Silo 服务器及 Orleans 客户端的角色功能差异采取了不同的实现策略。作为网络传输层的抽象，消息中心与调度器需要完成对具体消息路由逻辑的封装、简单消息回复及转发逻辑的实现和消息收发接口的抽象与聚合。

1. Silo 消息中心调度器

对于 Silo 服务节点而言，消息中心将底层不同类型的连接对象接口进行抽象，并在消息中心内实现集群内消息代理逻辑，Silo 服务节点的消息调度器则将根据接收消息类别（系统消息、应用消息及连通性心跳消息）对接收到的消息进行单独处理，并为应用层逻辑提供发送各类消息的接口函数。

2. 客户端消息中心

对于 Orleans 客户端节点而言，客户端消息中心主要处理应用请求消息与底层连接的耦合逻辑（Grain Bucket 映射与管理），以及消息接收成功后的消息处理函数触发。而由于 Orleans 客户端内需要处理的消息种类较少（主要为服务请求响应消息及客户端订阅的应用层请求消息），因此消息调度器被简化为简单的消息类型与处理函数入口的简单映射，而客户端上层应用逻辑可以直接调用客户端消息中心进行服务请求消息的发送。

4.3 Orleans 的远程过程调用

Orleans 作为一个分布式应用服务平台，执行业务逻辑通常需要多个 Grain 实例协作完成，而在 Orleans 集群内 Grain 实例通常分布于不同 Silo 节点上，因此 Orleans 集群内需要通过远程调用（Remote Procedure Call，RPC）的方式完成应用服务的各个步骤。Orleans 的 RPC 调用过程是建立在 Orleans 消息通信层之上的应用协议，Orleans 运行时通过在本地节点创建 Grain 实例的引用对象作为 RPC 调用的入口，基于节点间的消息传递过程，将 RPC 调用参数、接口及上下文信息以应用请求消息的形式发送至目标节点，并在目标节点执行完毕后将返回值信息通过响应消息返回至调用节点。因此 Orleans RPC 调用过程实际包含以下三个步骤：RPC 接口初始化、目标 Grain 实例的寻址及 RPC 调用信息的传递（包括调用请求及结果响应）。

▶▶ 4.3.1 Grain 的引用对象

Grain 实例的引用对象作为 Orleans RPC 调用的接口对象，由 RPC 过程的调用方生成，该引用对象与 .NET 运行时中的引用对象类似，实际代表了 Orleans 运行时内一个 Grain 实例对象的引用，通过该引用对象可以访问 Grain 实例公开的服务接口。在 Grain 逻辑代码内部，通常使用 GrainFactory 静态类创建 Grain 实例的引用。

```
//为特定用户构造对应 Grain 引用
IChartGrain player = GrainFactory.GetGrain<IChartGrain>(userId);
```

而在 Orleans 客户端，可以直接由 GetGrain 方法创建引用对象：

```
IChartGrain player = client.GetGrain<IChartGrain>(userId);
```

Grain 引用对象的创建过程实际是调用方的本地化过程，与集群内其他节点无关，在 Orleans 运行时内，Grain 引用对象的基类实际只包含一些基本的标识字段（如 GrainId 和 Grain 引用的泛型参数类型等）。在 Orleans 应用编译过程中，Orleans 通过自动代码生成器基于自定义 Grain 类型的服务接口生成对应的引用对象类型代码；在 Orleans 应用运行时，Orleans 根据 Grain 的服务接口类型动态生成 Grain 引用对象实例。可以通过对比应用程序源代码和 Orleans 应用程序集代码了解 Orleans 代码生成器在应用编译过程中自动添加的 Grain 引用类。若使用 .NET 中间语言解析工具 ILSpy 对生成的 Grain 接口二进制文件进行解析，则可以看到 Orlean 代码生成器在编译时为 Grain 接口定义的封装。以 ITalker 接口为例，开发者代码中的接口定义为：

```
public interface ITalker: IGrainWithIntegerKey, IGrain, IAddressable
{
    Task<string> TalkAsync(string yourWord);
}
```

使用 ILSpy 工具对 Grain 接口工程生成的 DLL 文件进行反汇编后，实际 ITalker Grain 的引用对象定义为：

```
[Serializable]
[GeneratedCode("OrleansCodeGen", "2.0.0.0")]
[ExcludeFromCodeCoverage]
[GrainReference(typeof(ITalker))]
internal class OrleansCodeGenTalkerReference: GrainReference, ITalker, IGrainWithInteger-
Key, IGrain, IAddressable
{
    public override int InterfaceId => -392422786;
    public override ushort InterfaceVersion => 0;
    public override string InterfaceName => "ITalker";
    private OrleansCodeGenTalkerReference(GrainReference other)
      : base(other)
    {
    }
    private OrleansCodeGenTalkerReference(GrainReference other, InvokeMethodOptions in-
vokeMethodOptions)
      : base(other, invokeMethodOptions)
    {
    }
    private OrleansCodeGenTalkerReference(SerializationInfo info, StreamingContext con-
text)
      : base(info, context)
    {
    }
```

```
    public override bool IsCompatible(int interfaceId)
    {
        return interfaceId == -392422786;
    }
    public override string GetMethodName(int interfaceId, int methodId)
    {
        if (interfaceId == -392422786)
        {
            if (methodId == 1243851977)
            {
                return "TalkAsync";
            }
<GetMethodName>g__ThrowMethodNotImplemented|10_1(interfaceId, methodId);
            return null;
        }
<GetMethodName>g__ThrowInterfaceNotImplemented|10_0(interfaceId);
        return null;
    }
    Task<string> ITalker.TalkAsync(string yourWord0)
    {
        return InvokeMethodAsync<string>(1243851977, new object[1]
        {
            yourWord0
        });
    }
    // Ignore some static methods
}
```

同时，在接口文件内也为服务方（Silo 端）对 **ITalker** 接口方法调用的入口进行了封装：

```
[GeneratedCode("OrleansCodeGen", "2.0.0.0")]
[MethodInvoker(typeof(ITalker), -392422786)]
[ExcludeFromCodeCoverage]
internal class OrleansCodeGenTalkerMethodInvoker: IGrainMethodInvoker
{
    // 以上省略异步调用状态机代码
    public int InterfaceId => -392422786;
    public ushort InterfaceVersion => 0;
    public async Task<object> Invoke(IAddressable grain, InvokeMethodRequest request)
    {
        int interfaceId = request.InterfaceId;
        int methodId = request.MethodId;
        object[] arguments = request.Arguments;
        int num = interfaceId;
```

```
    if (num == -392422786)
    {
        ITalker casted = (ITalker)grain;
        int num2 = methodId;
        if (num2 == 1243851977)
        {
            return await casted.TalkAsync((string)arguments[0]);
        }
        <Invoke>g__ThrowMethodNotImplemented|0_1(interfaceId, methodId);
        return null;
    }
    <Invoke>g__ThrowInterfaceNotImplemented|0_0(interfaceId);
    return null;
}
// 以下省略部分静态方法
}
```

可以看到，在 Orleans 运行时中，对 Grain 引用对象实现的服务接口调用，实际是通过传递服务接口编号（Interface Id）及方法编号（Method Id）实现远程过程调用协议的。对开发者定义的不同接口类型和服务方法，Orleans 代码生成器将在编译时通过方法名及参数在前面自动生成 InterfaceId 及 MethodId。

▶▶ 4.3.2 Grain 实例寻址

Orleans 集群通过在运行时平台上动态创建并激活 Grain 实例以承载实际业务请求，在 Orleans 应用中，客户端只需向 Orleans 服务集群的任意 Silo 节点发送 RPC 调用请求（即应用请求消息），Orleans 运行时会自动将该请求路由至集群内的对应 Grain 实例并处理，该路由过程即为 Grain 实例的寻址过程。

从 Orleans 集群架构来看，Grain 实例的寻址过程可以描述为：从集群内任意一个 Silo 节点出发，根据 Grain ID 信息，在集群内找到该 Grain 实例所在的 Silo 节点地址。考虑到 Orleans 集群本身有着较高的动态性和扩展性，在 Orleans 系统内的实例寻址过程需要多个节点相互协作，这是一种通过集群底层节点间的 P2P 通信完成的高效分布式资源查找协议。

Orleans 的 Grain 实例寻址逻辑由 Orleans 运行时的 Grain 目录服务组件（Grain Directory）实现及管理，Grain 实例的寻址协议将 Grain ID 与宿主 Silo 的地址映射转换为一张分布式 Hash 表，将键值对信息按照 Chord 算法存储于集群内的各个 Silo 节点中，其具体过程如下。

1）将集群内的 M 个 Silo 节点 ID 作为 Chord 算法中的 NID（node identifier），根据一致性 Hash 算法映射为一个 m 位的数字（保证 M 个 Silo 节点的 hash 值不冲突）。

2）将 Grain 实例 ID 作为 Chord 算法中的 KID（key identifier），由一致性 Hash 算法映射为

一个 m 位的数字。

3）将 KID 和 NID 分配到一个大小为 2^m 的环上（即 Chord 哈希环），以确定 Grain 实例宿主信息的存放位置和集群内的 Silo 节点分布：

- Orleans 首先将 Silo 节点的位置在 Chord 哈希环中固定，M 个 Silo 节点将 Hash 环分为了 M 部分。
- 将当前 Grain 实例 ID 映射至 Chord 哈希环中，该 Grain 实例的宿主 Silo 信息将存放至第一个 NID≥KID 的 Silo 节点上，即在 Chord 环上顺时针起第一个 NID 对应的 Silo 节点。

4）当集群结构发生变化时，集群内各 Silo 节点主动维护 Chord 环中的节点位置变更及 NID 数据归属交接逻辑：

- 当 Silo N 加入 Orleans 集群时，其在 Chord 环中的前驱节点 K（第一个 NID_k≥NID_N 的 Silo 节点）将本地所有满足 NID_N≥KID 的 Grain 实例 ID 的宿主信息清除并交由 Silo N 管理。
- 当 Silo X 离开 Orleans 集群时，其前驱节点将自动接管分配给 Silo X 的 KID。

5）每个 Silo 节点同时维护了本节点的若干前驱节点及后继节点所管理的 KID 范围缓存。

当 Orleans 应用需要查询 Grain 实例的宿主 Silo 信息时，实际是从 Chord 环上任意一个 NID 节点出发，根据 KID 找到包含该 KID 信息的 NID 节点，并在 NID 节点本地查找数据并返回（见图 4-5），具体过程如下。

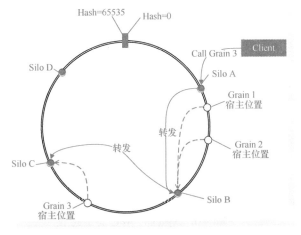

- 图 4-5 基于 Chord 环实现的 Grain 实例寻址过程

1）Silo A 接收到 Orleans 客户端对于 Grain 实例 G 的服务请求。

2）Silo A 根据 Grain 实例 G 的 Grain ID 计算出 KID，并开始 Grain 实例的路由查找过程：

- 若该 KID 由 Silo A 管理，直接在本地查询该 Grain 实例的位置并转发。

- 若管理该 KID 的 Silo 节点地址存在于本地缓存中，则将请求信息转发至该 Silo 节点处理。
- 若在本地缓存中无法找到所属 Silo 节点，则根据本地 Silo 节点缓存中的 NID 大小，将请求转发至距目标 NID 最近的 Silo 节点上继续查找。

3）Grain 实例路由查询过程在请求转发次数达到阈值或路由信息查找完毕时停止，其具体规则为：

- 对于转发次数过多的服务请求，Orleans 将直接向调用方返回调用异常信息。
- 对于 Grain 实例查找失败的服务请求，负责存储该 KID 路由信息的 Silo 节点将负责 Grain 实例的创建过程（即在集群内选取一个 Silo 服务节点作为该 Grain 实例的宿主节点，并在该 Silo 节点上创建并激活 Grain 实例），并将 Grain 实例的路由信息记录在本地。
- 成功查询到宿主 Silo 节点地址的服务请求则直接由该 Grain 实例进行处理并响应。

4.3.3 Orleans 的 RPC 过程

一次完整的 Orleans RPC 过程如图 4-6 所示。

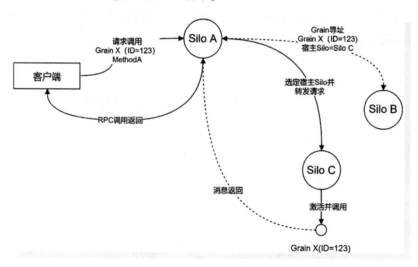

- 图 4-6　Orleans RPC 调用过程

其具体过程为：

1）Orleans 客户端（或 Grain 实例）通过 GetGrain 方法获得目标 Grain 的引用对象，并通过该引用对象的服务接口发起 RPC 请求。

2）Orleans 运行时将该 Grain 引用对象的接口类型编号及服务方法编号与 RPC 请求的输入

参数封装后作为 Orleans 消息，序列化后通过消息传输组件发送至 Orleans 集群内。

3）Orleans 集群内的 Silo 节点接收到 RPC 请求消息时，首先通过该请求的目的 Grain ID 在集群内检索其宿主 Silo。

4）若该 Grain ID 的宿主信息已被 Orleans 运行时缓存，则直接将该请求转发至目标 Silo 中处理。

5）若该 Grain ID 需要创建新的 Grain 实例，则根据集群的负载均衡策略选定该 Grain 的宿主 Silo 节点，并将请求转发至该节点。

6）若 Grain 实例在宿主节点中未被激活，Silo 节点会根据消息中的 Grain 类型编号在本地运行时内部动态创建并注册 Grain 实例，并将 RPC 消息通过消息中心投递至该 Grain 实例。

7）宿主 Silo 节点的消息中心调度器将 RPC 消息路由至对应 Grain 实例，根据消息中的服务方法编号创建对应服务的调用异步任务并传入相应的 RPC 请求调用参数，而后通过 Orleans 本地任务管理器调度执行。

8）当异步任务在 Silo 节点中执行完毕时，Orleans 运行时将 RPC 调用结果封装为 Orleans 消息，通过 RPC 请求网关返回至调用方。

可以看出，在整个 Orleans RPC 通信过程中，借助于编译时的代码生成，RPC 发起方无须进行复杂的 Grain 服务接口注册及参数、返回值的序列化过程，Orleans 集群内的消息转发、路由寻址及 Grain 实例创建、缓存及回收过程也完全由 Orleans 运行时托管，从而极大地简化了应用程序开发流程，使开发人员能够更加专注于应用程序的逻辑及其他性能优化。

4.4 本章小结

Orleans 运行时内的数据通过 Orleans 消息对象进行承载与传输：在数据层面，Orleans 序列化管理器可以将包含用户自定义对象在内的复杂对象序列化为二进制数据流，并在接收端完成数据对象的重建，同时 Orleans 允许开发人员使用自定义的对象序列化逻辑；在消息对象处理过程中，Orleans 运行时通过解耦连接对象与消息调度过程，实现了一种以消息中心为核心的消息处理模型，并根据使用场景及性能优化需求，在 Silo 与 Orleans 客户端内采用了不同的消息中心实现策略；在应用层，Orleans 的远程调用包含了 Grain 引用对象的创建、Grain 对象实例的寻址及实际请求及响应数据传输等过程，Orleans 运行时使用内建的 Grain 目录服务组件对分布式系统内的 Grain 对象实例进行寻址，开发人员无须介入 Orleans 应用程序的远程调用过程，底层数据的转发与错误处理完全由 Orleans 运行时管理。

第5章

流 式 处 理

▶▶▶▶▶▶▶

Orleans 从 1.0.0 版本开始添加对流式编程模型的扩展支持，Orleans 的流式处理扩展接口提供了一层数据模型抽象以及相应的系统级 API，使开发者更易于思考及使用数据流模型，并提升了流式处理的可靠性。在使用 Orleans 的流式处理扩展接口后，开发人员可以以结构化的编程方式构建数据流应用程序，以处理一系列的数据事件。得益于 Orleans 的服务接口扩展模型，Orleans 的流式处理应用可与现有的各类消息（数据）队列技术兼容（如 Azure Event Hubs、Azure Service Bus、Azure 存储队列以及 Apache Kafka 等）。因此，使用 Orleans 的流式处理框架，应用开发人员无须编写任何兼容性集成代码或使用额外的特定专用服务即可与上述消息传输中间件进行交互。

5.1　数据的流式处理

在传统的请求－响应（Request-Response）系统描述模型中，开发人员通常以单纯而宽泛的业务逻辑的视角理解和设计系统，即搭建或设计的系统需要满足一类业务的各类场景处理，即代码逻辑上的一套响应流水线需要应对多种类型的用户请求，宏观上的代码处理逻辑通常类似于：

```
public Response HandleRequest(Request req){
    if (req.Type == BusinessType.TypeA){
        return requestHanderForTypeA(req);
    } else if (req.Type == BusinessType.TypeB){
        return requestHanderForTypeB(req);
    } else if
```

```
    ...
    else {
        return requestHanderForUnknwonType(req);
    }
}
```

在基于上述服务模型实现的业务系统中，响应业务请求所需的逻辑运算及临时数据变量的存取过程都发生在单个服务节点内部，因此，其业务层执行代码具有较高的运行效率，而系统性能瓶颈则通常出现在需要频繁等待外部存储读写操作（如业务数据库的读写与系统信息的保存）或处理大量计算密集型（加密解密或压缩运算等）业务的场景中。此类系统在业务场景较为简单或业务处理逻辑分支较为固定的场景下能够很好地适应业务的纵向扩展需求（即在现有业务线上增加额外的处理逻辑）。

而随着实际应用中业务需求的不断迭代和发展,在高动态的业务逻辑变更场景下，此类较为固化的数据处理流描述方式会显著降低系统的可维护性。对于以上代码示例中的场景，若在实际应用中，业务场景 A 和业务场景 B 都需要在系统实现中支持按需开启及关闭，与此同时，业务场景 B 需要基于用户 ID 的内部白名单进行访问控制，则系统实现逻辑代码需要进行以下方式的变更：

```
public Response HandleRequest(Request req){
    if (req.Type == BusinessType.TypeA && DynamicConfig.IsFeatureAEabled){
        return requestHanderForTypeA(req);
    } else if (req.Type == BusinessType.TypeB && DynamicConfig.IsFeatureBEabled && IsUser-
InPilot(req.UserId)){
        return requestHanderForTypeB(req);
    } else if
    ...
    else {
        return requestHanderForUnknwonType(req);
    }
}
```

考虑到实际开发过程中，实际承载上述业务的服务集群通常共享同一应用镜像，对于新业务需求的逻辑变更需要依赖于应用程序版本的更新；与此同时，业务需求的变更通常较为随机，而应用代码的维护和上线通常需要较长的测试和部署时间，此类将所有处理逻辑固化至应用程序中的开发模式显然不足以支撑复杂业务场景下的业务横向扩展。

数据的流式处理则是基于数据的角度对业务系统进行描述，在实际应用系统中，对单条数据的处理过程实际可以抽象为一条数据处理流水线（Data Pipeline），对于不同的请求数据而言，应用系统在处理时实际为其选定了一条确定的数据流水线，并将该数据发送至流水线中进行处理。在数据处理流水线中，各个业务模块按照各自业务逻辑对接收到的数据进行清洗、封装、处理、合并等具体逻辑操作后，按需交由流水线上的后续业务模块处理或返回。因此，从数据流角度而言，变更系统逻辑实际是对系统中存在的多条数据流进行了逻辑拆分和重组，变更各业务模块间的拓扑结构及内部处理策略，并由此完成应用需求的控制与及实现。

在流式系统中，流即为系统中的数据流，其源头可以为外部用户的请求输入，也可以为系统内部定时器产生的定时触发信号，因此，数据流被定义为一个不断到达的无边际的数据元组，其具有连续性（同一数据流中的事件是连续到达的）、无界限（应用系统不可预知数据流的终止）、一定的顺序性（数据流中的数据元组可以具备一定的顺序性）等性质。应用系统可以抽象为一个有向无环图（DAG），而各个业务逻辑模块则为该图中的节点，应用系统对于到达数据的处理实际上为数据元组流经该 DAG 的过程。

从流式系统的 DAG 抽象模型（见图 5-1）可以看出，每一个抽象业务模块（即处理节点）只依赖于前序节点的输入及其当前的逻辑状态与内部实现，而描述业务逻辑的 DAG 实际可以拆分为处理内部数据流的子 DAG 的组合，只不过该内部数据流的数据源为上一业务模块的输出数据。因此，在搭建实际应用系统过程中，可以将各独立业务模块间相互传递的数据元组进行抽象，并通过统一的数据传输总线进行传递与派发，业务模块只需实现对特定数据元的读取与处理逻辑，数据总线则负责高可靠及一致性的数据流传输，并由此构成描述整体业务场景的 DAG。

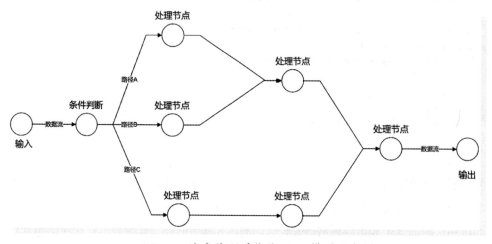

● 图 5-1　流式处理系统的 DAG 模型示意图

实际上，传统的业务逻辑视角模型可以视为流式处理的一种高耦合的单点实现，即业务模块为程序集中的处理函数，而数据流的传递与派发则由函数调用时的参数压栈及出栈过程完成，其对于高动态业务场景较低的适配性问题也是由此引发。考虑到函数调用的参数传递实际为一种极其高效的本地消息传递方式，因此在不同业务模块间进行消息传递的解耦过程会带来系统整体性能的降低，但相比于现有系统中的其他性能损耗（等待异步 IO 操作或密集计算业务中等待 CPU 任务调度），此类消息传递延时在一般应用场景中可以被忽略（企业内网或本机进程间轻量数据的通信延时通常在微秒及以下量级）。

5.2 Orleans 流式处理系统

▶▶5.2.1 设计目标

现有主流数据流式处理系统（如 Apache Storm 和 Apache Spark Streaming）通常适用于较大数据场景下固定逻辑的流式处理，使用上述数据流处理系统搭建的应用程序实际是对数据流中所有数据元组进行的一致性处理（包括转换、过滤及聚合操作），因此，开发人员需要保证在数据流中的数据元组结构是统一的，而且在数据流处理流水线提交至服务集群部署时，业务处理流程的拓扑结构及 DAG 中各节点间的数据流格式已经固定，对于流处理逻辑的变更，也需要对线上数据链路进行手工切换并整体部署。此外，若需要在数据流处理流程中增加额外的外部调用（如调用外部 Web API 或进行其他实时请求操作），上述系统对于此类应用场景的支持较为局限，而 Orleans 数据流系统的设计则着眼于此类对流数据的细粒度且需要与各类外部系统自由交互的场景。为了保证应用系统的高可用性及伸缩性，与 Orleans 的应用服务模型一样，Orleans 的流式处理系统也应部署在分布式的服务器集群中。

Orleans 流式处理模型的典型应用场景可以描述为：在应用程序内部为每一个用户创建一条传递该用户数据的专有数据流，而在业务场景中也允许基于特定用户的上下文实时调整流处理逻辑，以保证每个用户数据的定制化处理。以常见的门户网站为例，其每日活跃用户数（DAU）通常在百万量级，而每个用户对于数据的需求各不相同，一些人关注与气候相关的数据，并订阅了日常天气提醒，而另一些人则主要浏览新闻类数据，对突发事件的新闻关注度较高。更一般的情况下，在电商应用中，一些用户只对特定的商品感兴趣，并且仅当某个外部条件适用时（商品到货或打折）才需要对用户的输入数据进行处理，这类条件并不一定是流数据的一部分。在此场景下，信息流的维度随着产品的迭代和用户的特征在动态变化，因此在实际开发过程中，搭建专用的天气类和新闻类数据处理流集群时，在此类需求场景中并没有很高的可扩展性，而针对特定用户的定制化流式处理系统则可以很好地进行支持。另外，用户数据的处理逻辑在某些场景下也需要根据用户本身的输入进行动态变化，例如，对于游戏的作弊检测系统而言，当系统监测到新的作弊方法时，需要对用户的数据处理逻辑进行实时变化，而上述的新增监测过程并不应该中断正常用户的操作流程，在此场景下则需要流式处理系统支持对数据流处理逻辑的实时在线更新。

通过总结上述业务场景中的系统需求，可以发现此类流式处理系统需要具备以下特征。

（1）数据流处理逻辑

在现有流式处理系统中，通常要求开放人员编写声明式的数据流计算图（实际中一般使用函数式编程），而在 Orleans 流式处理应用中，并没有对流处理逻辑的表达方式进行约束，一个数据流处理逻辑可以表达为数据流图（如使用 . NET 的 Reactive Extensions 框架进行描述），也可以表达为一个功能性的程序，亦可以是一段声明式的查询语句，或是一般的业务逻辑。流式处理逻辑可以根据应用开发人员的需求被定义为有状态或无状态的，亦可以按需增加外部触发器，因此开发人员可以使用多种方式实现 Orleans 的流式处理逻辑。

（2）动态的逻辑拓扑结构

前文提到的现有流式处理系统通常仅限于使用静态的数据流拓扑结构，即数据流拓扑在应用部署时就被固定，在实际运行过程中无法动态扩展。例如，对于以下数据流处理逻辑：

```
Stream.GroupBy(x => x.Key).Select(x => x.FirstOrDefault(y => y> 0)).Extract(x =>x.Fiel-
dA).Select(x =>x + 2).AverageWindow(x, 10 seconds).Where(x =>x> 0.8)
```

若需要更改第一个 Select 语句中的选取条件或在滑动平均操作之后增加与其他数据流的聚合运算，或是在处理流图中插入一段新的处理逻辑以生成新的输出流，现有流式系统需要对新数据流图进行编译及部署，并从最近的数据流检查点开始对数据流进行重新启动。上述操作对于线上系统而言具有极大的代价，并会引入较大的运维风险，而当此类需求经常出现时，对数据流的重启则显得尤为不切实际。动态逻辑拓扑是 Orleans 流式处理系统的首要设计目标之一，Orleans 流式处理系统支持通过增加或修改计算节点的处理逻辑对正在运行的数据流拓扑进行动态修改。

（3）数据流粒度的拆分

在现有流式处理系统中，对于数据流的最小抽象粒度通常是整个拓扑图结构，而前文提到的许多业务场景则要求数据流拓扑中的某个技术节点（或链接）自身成为一个独立的逻辑实体，以实现对该部分场景的独立管理。例如，在整体拓扑流程中包含了多个逻辑执行链路，不同的逻辑执行链路针对不同的业务场景，甚至可以采用不同的底层实现技术进行搭建（如一些实时性数据链路可以基于 TCP 的消息传递实现，而另一些高可靠链路则使用可靠队列实现），不同的数据链路可以具有不同的消息可靠性保证，它们的逻辑处理也可以用不同的应用模型（甚至不同的程序语言）实现。这种灵活的数据拓扑抽象无法在上述数据流系统中实现。

（4）分布式的高可用性

流式处理系统同样需要具备一个好的分布式系统所需的所有特性，包括：

1）可扩展性，即支持大量的数据流和数据元组。

2）弹性容量，即支持根据现有负载状况动态添加或删除资源。

3）高可靠性，即对系统故障具有较高容错性。

4）高效性，即能充分利用系统资源。

5）低延迟，即支持近实时（Near Real Time）的业务场景。

Orleans 的流式处理系统完整满足了上述四个方面的需求。

▶▶ 5.2.2　系统模型

在 Orleans 流式系统中，可以将系统抽象为由数据发布者（Publisher）、订阅者（Subscriber）和数据流（Stream）组件构成的简单发布 – 订阅（Pub-Sub）模型。在发布 – 订阅模型中，一个数据流可以有多个发布者，也可以同时存在多个订阅者，数据流中的每一条消息都由数据流传递给所有订阅者（见图 5-2），因此发布 – 订阅模型是一个多播（Broadcast）的消息传递模型。

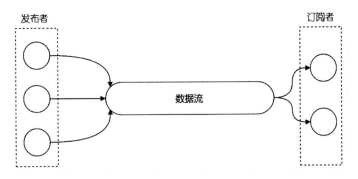

● 图 5-2　基于共享数据流的 Orleans 发布 – 订阅数据流模型

在流式系统中，数据流的发布者按照一定的应用逻辑产生对应的数据消息并向数据流中写入；订阅者通过对特定数据流消息的订阅，被动地接收发布者产生的消息，并进行相应的处理。因此流式系统的发布与订阅逻辑都需要由应用程序承载，在 Orleans 系统中，数据流的发布者与订阅者即为应用程序的 Grain 实例。

数据流在 Orleans 流式处理框架中被定义为一种逻辑消息集合，数据流实际可以被多种消息传递技术承载（如简单的 TCP 消息或具有持久化功能的 Kafka 队列等），与 Orleans 系统中的 Grain 类似，Orleans 数据流都是逻辑上虚拟存在的，只在实际传递数据时才会被实例化，因此数据流的生产者无须任何初始化步骤即可直接向目标数据流中写入数据，数据流的订阅者也可以直接订阅其所关心的数据流而无须检查数据流实例是否已经存在。

▶▶5.2.3 Orleans 数据流的实现

在 Orleans 流处理框架中，数据流组件负责对承载消息进行传输。Orleans 系统只对数据流组件的接口进行了定义，并允许应用开发人员将各类消息传输技术方案通过配置接入 Orleans 流处理系统中，以承载 Orleans 流处理应用中的消息传递业务。可以看出，Orleans 流处理框架的消息传输特性也因此直接与底层的消息传输技术关联：若在实际应用中，开发人员选择了高效但可靠性较低的消息传输技术（如 UDP 技术）且没有对消息的发送/接受状态进行维护，则 Orleans 流处理系统在应用层将表现为不可靠的消息处理系统；与之对应，若开发人员选择了支持消息流缓存重发或消息持久化技术的组件（如 Kafka、Azure Storage Queue 等），Orleans 流处理应用也可以基于消息中间件的特性构成具有可靠性及回溯性的应用系统。

为了使应用开发人员能够更便捷地接入和测试 Orleans 流处理应用，Orleans 流处理框架内置了一套名为简单消息流（Simple Message Stream）的消息传输技术，在底层直接使用了 Orleans 的消息传输组件（即基于 TCP 的消息传输）进行数据流消息的分发。而对于更一般的实际应用场景，应用开发人员可以将第三方数据传输组件封装为一种持久化消息流服务（Consist Stream Provider）接入 Orleans 系统。

1. 简单消息流

简单消息流（Simple Message Stream）服务作为 Orleans 内建的数据流传输服务，实现了简单的消息传递功能。应用开发人员可以通过以下代码在 Silo 服务器启动时向 Orleans 运行时注册简单消息流服务：

```
hostBuilder.AddSimpleMessageStreamProvider("SMSProvider1")
```

在程序逻辑中（即 Grain 内）根据消息流服务名称获取相应的简单消息流服务对象：

```
public class LazyEchoTalker: Orleans.Grain, ITalker
{
    public async Task AskName(Guid secretChannelGuid)
    {
        var privateStream = GetStreamProvider("SMSProvider1");
        var stream = privateStream.GetStream<string>(secretChannelGuid, "ask_name_chan-
nel");
        await stream.OnNextAsync("what's your name");
    }
}
```

在上述代码中,Grain 对象首先通过 GetStreamProvider 方法获得了一个在 Silo 服务中注册的简单消息流服务,通过指定数据流 ID 和命名空间获取到了一个可承载字符串类型消息的实际的数据流对象,并向该数据流中写入了一条消息。

Orleans 运行时在上述流程中,首先根据 StreamProvider 的名称为 Grain 实例解析了一个已注册的简单消息流服务,而简单消息流服务在其内部数据结构中维护了一个本地数据流集合,当 Grain 实例调用 OnNextAsync 方法进行实际消息发送时,简单消息流服务首先更新本地数据流集合状态,将新声明的数据流加入集合中,并向 Orleans 运行时注册该数据流。当 Grain 实例进行实际数据发送时,简单消息流服务将通过 Orleans 运行时查询该数据流的所有订阅 Grain,并通过 Orleans 消息中心向所有订阅者发送该条消息。当 Grain 实例通过简单消息流服务订阅特定数据流时,简单消息流服务首先根据数据流 ID 和命名空间向 Orleans 运行时注册数据流的订阅信息,从而在该数据流发布者发布下一条数据消息时被通知。

由于简单消息流服务的订阅和发布完全基于 Orleans 运行时,因此不具备对发送消息的存储、排序及重发功能,所有的消息发送和路由都依赖于 Orleans 运行时的基础消息组件,因此简单消息流所提供的是不可靠的消息流服务。

2. 持久化消息流

Orleans 流处理框架可以使用具有持久化功能的消息中间件技术搭建流处理应用,在 Orleans 系统中,将使用具有消息缓冲功能的消息中间件构建的数据流服务称为持久化消息流 (Persistent Stream),消息缓冲功能指的是实际消息发布者的消息发布过程只是将消息数据投递至消息中间件系统中,消息中间件系统为该消息数据提供一定级别的缓存服务(基于消息投递的过期时间或基于消息中间件内积压的消息数量等),而缓存的消息数据在投递至消息订阅方后可以从消息中间件中移除,消息中间件提供的可靠性消息暂存服务即为消息流的持久化服务。

对比基于推送的(Push Based)简单消息流,持久化消息流的消息传递模型中,实际的消息发送方并不负责将消息投递至该消息的所有订阅方,而是由消息订阅方根据自身订阅的数据流及数据类型,主动从消息中间件的缓冲区中拉取(Pull)消息并处理,即消息在产生或被订阅方异步消费。这实际代表了发布 – 订阅模型的两种实现:同步推送和异步拉取。

在同步推送的方式下,消息源生产的消息通过可靠信道直接投递至消息接收者,由于发布 – 订阅模型中通常存在多发布和多订阅场景,为了保证系统中消息的可靠投递,每一个消息发送方需要维护一个完整的消息接收列表,每一条消息的完整投递需要等待所有消息接收者的响应,这在 Orleans 的任务调度模型下,即意味着 Grain 实例(或负责消息投递的 Orleans 系统组件)在投递消息时,需要同步等待所有接收者的消息接收回复,在系统复杂度不断增加的情况下显然容易带来系统的性能问题（为了保证消息的可靠投递，消息队列中的下一条消息将被部分失败的接收方阻塞）。与此同时，当消息流需要新增消息订阅者时，也需要将消息订阅者的地址信息注册至每一个消息发布者，从而保证其接收数据的完整性，这在网络结构高动态的分布式系统实现中也会带来许多设计难点。在基于同步推送的流处理系统中，消息流的流量控制完全依赖于消息生产者，生产者在投递消息时必须保证数据流量不超过下游订阅系统的设计容量，否则可能直接导致下游系统的"雪崩式"过载。同步推送方式的优势在于系统结构简单，系统的整体可靠性并不依赖于除消息发布者和接受者之外的其他组件，且消息的投递可以保证较高的实时性。

由于同步推送的流式处理系统具有上述局限性，Orleans 运行时流式处理框架的消息传递组件采用了基于异步拉取的实现方式。异步拉取的数据流依赖于一个支持消息暂存功能的消息中间件，发送方将消息投递至消息中间件后，由消息中间件负责将消息进行持久化储存，发布者在接收到消息中间件返回的消息投递成功响应后即认为该条消息发送成功；消息订阅方则通过一个定时的消息拉取组件，从同一消息中间件中拉取其所订阅的数据流中的暂存消息，在消息进行处理之后通知消息中间件，以释放该条消息所占用的系统资源；消息中间件负责管理其所接收到的所有消息的暂存、排序等管理操作。在异步拉取模型中，上游的消息发布系统在投递消息时并不关心该条消息的实际订阅状态，而只需将消息投递至消息中间件的指定消息流中。下游的消息订阅系统只需根据设计的系统容量控制消息拉取的速度，即可保证消息的正常消费。对于整体数据流处理系统的性能评估可以简化为对消息发布系统、消息中间件和消息订阅系统的独立监控。

Orleans 流处理系统中的持久化消息流（见图 5-3）实现了上述消息发布–拉取模型中的消息投递、拉取及容量管理等基础服务组件，同时将消息中间件部分抽象为持久化消息服务，并允许应用开发人员根据使用场景自由选型。Orleans 持久化消息流组件主要由消息队列适配器（Queue Adapter）、消息队列管理服务（Queue Management）及消息队列代理（Pulling Agent）组成，其中消息队列管理服务中包含数据流–消息队列映射服务及消息队列均衡服务。

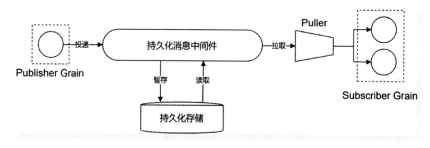

● 图 5-3　基于持久化消息中间件的 Orleans 持久化数据流

（1）消息队列适配器

Orleans 将任何可以进行数据消息的接收、存储及拉取或推送的持久化存储技术都抽象为消息队列。一般而言，此类消息中间件技术都提供了分区或分片队列技术以实现系统容量的伸缩性，例如 Kafka 系统中允许创建多个 Topics，Azure 存储队列服务中允许创建多个消息队列等。消息队列适配器实际封装了 Orleans 流处理框架与这些持久化消息中间件的交互接口，为上层数据流传递逻辑提供消息发布、获取及管理的语义转换。消息队列适配器的服务接口 IQueueAdapter 定义为：

```
public interface IQueueAdapter
{
    ///<summary>
    /// 消息队列适配器名,主要应用在相关日志记录中
    ///</summary>
    string Name { get; }
    ///<summary>
    /// 向消息队列中指定的消息流中写入一组消息
    ///</summary>
    Task QueueMessageBatchAsync <T> (Guid streamGuid, String streamNamespace, IEnumerable
<T> events, StreamSequenceToken token, Dictionary<string, object> requestContext);
    ///<summary>
    /// 创建一个指定消息队列的消息接收器
    ///</summary>
    IQueueAdapterReceiverCreateReceiver(QueueId queueId);
    ///<summary>
    /// 该消息适配器是否支持回溯式订阅,即从过去的某个时间点开始订阅消息
    ///</summary>
    bool IsRewindable { get; }
    ///<summary>
    /// 该消息队列适配器的读写方向(只读、只写或可读写)
    ///</summary>
    StreamProviderDirection Direction{ get; }
}
```

在 Orleans 运行时中已经实现了若干常用消息中间件的队列适配器，包括 AWS SQS、Azure Storage Queue、Azure Event Hubs、Google Cloud Service PubSub 等，应用开发人员可以在应用中直接使用对应的队列适配器。

（2）消息队列管理服务

消息队列管理服务主要提供物理消息队列的映射与管理：一方面，由于 Orleans 流处理系统的运行应用程序可建立任意数量的虚拟数据流（见图5-4），因此 Orleans 运行通过消息队列

管理服务需要对消息中间件的消息队列进行复用，即可以将若干 Orleans 流映射至同一个消息队列中进行传输。

另一方面，为了保证消息队列中的消息不被重复消费，Orleans 运行时需要对每一条消息队列指定唯一的消息代理服务实例（见图 5-5），而当 Orleans 流处理系统中同时存在多条消息队列时，Orleans 运行时还需要对集群内的消息代理服务进行负载均衡，以最大化集群的消息吞吐量。

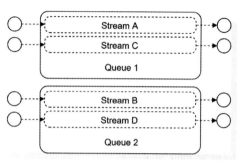

● 图 5-4　Orleans 虚拟数据流与物理消息队列的映射关系

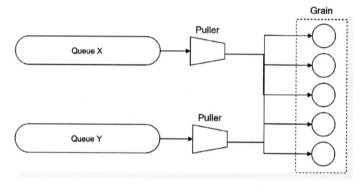

● 图 5-5　Orleans 运行时与多条消息队列的集成

为了保证逻辑数据流中消息传输的连续性和稳定性，Orleans 数据流 – 消息队列映射服务采用了一致性 Hash 算法将数据流 ID（Stream ID）映射至固定的消息队列上。Orleans 运行时为消息队列均衡服务提供了以下几种负载均衡策略。

- 基于租约的队列负载均衡器（Lease Based Queue Balancer），即 Silo 节点在启动阶段主动尝试管理某一消息队列，并对该管理服务进行定时续租，当 Orleans 集群结构发生变化时，主动刷新管理租约。
- 基于部署信息的负载均衡器（Deployment Based Queue Balancer），即通过部署信息中的预期 Silo 服务节点数量和 Silo 节点的服务状态，尝试将消息代理服务分配至最合适的 Silo 节点上，也就是排除集群中当前状态为非活动的 Silo 后，尝试将消息队列代理服务均匀分配至集群内的所有 Silo 节点中。
- 基于一致性哈希算法的负载均衡器（Consistent Ring Queue Balancer），即基于一致性哈希算法将消息代理服务进行统一分配。

（3）消息队列代理

消息队列代理是持久化信息流的核心组件，负责从若干外部持久化消息队列中拉取消息数据并投递至对应的 Grain 应用程序逻辑中。每一个 Silo 服务器在系统初始化阶段都将启动一个消息队列代理管理对象（Pulling Agent Manager），并管理消息队列管理服务所分配的消息队列。消息队列代理管理对象为每一个外部消息队列创建专用的消息代理服务，并在消息队列管理权限发生变更时动态地启动和停止相应的消息队列代理服务。

消息队列代理服务将定时从指定的消息队列中拉取一定数量的消息，并在 Silo 本地进行缓存（见图 5-6），当消息队列缓存不为空时，消息代理服务将依次对缓存的消息进行投递。由于 Orleans 运行时会对消息队列进行数据流的多路复用，因此，消息队列代理在投递消息时可以对不同消息流中的消息进行并行投递。消息队列代理的一次定时处理流程为：

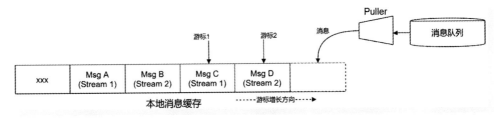

图 5-6　Orleans 消息队列代理服务示意图

1）尝试从本地缓存服务中清空已投递的消息缓存，并通过消息队列适配器通知外部消息队列服务清空已投递消息。

2）尝试从外部消息队列中拉取消息并存放至本地消息缓存中，若本地消息缓冲区已满，则等待下一次定时调度。

3）尝试为缓存中的每一个数据流新建一个消息游标，该消息游标指向了消息缓存队列中属于特定数据流的下一待处理消息，并在到达缓冲区末尾时自动释放。

4）为每一个新消息流创建消息投递子任务，该子任务依据消息游标所指向的消息，通过 Orleans 基础消息组件向集群内的所有订阅者投递该条消息。

可以看出，消息队列代理服务通过定时拉取消息队列中堆积的消息并创建投递子任务，保证了消息的持续消费，而当下游消费系统资源紧张造成本地消息积压时，缓存游标增长将放缓，本地消息缓冲区将被逐渐填满，从而形成对消息队列拉取逻辑的背压效应（Back-Pressure），消息代理也将减缓从消息队列中拉取消息的速率。不仅如此，Orleans 流式处理框架还通过使用池化缓冲区和时序缓存逐出策略进一步提高了消息队列代理服务的性能。

▶▶5.2.4　数据流的发布与订阅

为了使 Orleans 流式处理系统支持应用程序对数据流的动态订阅及发布，Orleans 流处理框架提供了一组完全托管于 Orleans 运行时的数据流发布/定义组件 PubSub，使应用程序内的数据流订阅关系对应用开发人员完全透明，开发人员只需在应用程序代码中按需通过 Orleans 流处理 API 进行数据的订阅和发布即可，Orleans 流处理框架将自动处理业务层中各个 Grain 实例对数据流的依赖关系，并在消息流的发布和订阅关系发生改变时更新内部消息路由。PubSub 组件的服务接口定义如下。

```
internal interface IStreamPubSub // Compare with: IPubSubRendezvousGrain
{
Task<ISet<PubSubSubscriptionState>> RegisterProducer(StreamId streamId, string stream-
Provider, IStreamProducerExtension streamProducer);

    TaskUnregisterProducer(StreamId streamId, string streamProvider, IStreamProducerEx-
tension streamProducer);

    TaskRegisterConsumer(GuidId subscriptionId, StreamId streamId, string streamProvider,
IStreamConsumerExtension streamConsumer, IStreamFilterPredicateWrapper filter);

    TaskUnregisterConsumer(GuidId subscriptionId, StreamId streamId, string streamProvid-
er);

    Task<int> ProducerCount(Guid streamId, string streamProvider, string streamNamespace);

    Task<int> ConsumerCount(Guid streamId, string streamProvider, string streamNamespace);

    Task<List<StreamSubscription>> GetAllSubscriptions(StreamId streamId, IStreamConsum-
erExtension streamConsumer = null);

    GuidId CreateSubscriptionId(StreamId streamId, IStreamConsumerExtension streamConsum-
er);

    Task<bool> FaultSubscription(StreamId streamId, GuidId subscriptionId);
}
```

可以看出，PubSub 组件作为 Orleans 运行时内部的订阅发布关系管理器，为应用程序提供了面向数据流的发布订阅关系注册和查询接口。

在数据发布侧，Grain 实例通过在运行时内注册的 IQueueAdapter 向消息队列中写入数据，从而运行应用程序流的动态数据发布；在定义侧，消息实际是通过 PullingAgent 根据系统内的数据流订阅路由表将消息投递至目标 Grain 的。Orleans 运行时提供了两种描述 Grain 实例对数据流的订阅方式：显式（Explicit）订阅和隐式（Implicit）订阅。在 Grain 实例中显式调用 SubscribeAsync 方法产生的数据流订阅即为显式订阅关系，而通过 ImplicitStreamSubscription 特性对 Grain 类进行订阅标注的数据流订阅为隐式订阅关系。

1. 显式订阅

与数据流的发布类似，当 Grain 实例在运行过程中需要订阅特定消息流中的数据时，可以通过 Orleans 流式处理 API 主动订阅该数据流。一般而言显式订阅逻辑由其他的消息或用户请求触发（如在一个即时通信系统中，用户需要在加入一个新的聊天群组时自动订阅该聊天群组的消息流），而 Grain 对数据流的显式订阅方式也允许 Grain 实例动态取消对数据流的订阅。

为了处理应用系统内部高动态消息路由关系，Orleans 运行时通过内置的 PubSubRendezvousGrain 进行管理：

```
internal interface IPubSubRendezvousGrain: IGrainWithGuidCompoundKey
{
    Task<ISet<PubSubSubscriptionState>> RegisterProducer(StreamId streamId, IStreamProducerExtension streamProducer);

    TaskUnregisterProducer(StreamId streamId, IStreamProducerExtension streamProducer);

    TaskRegisterConsumer(GuidId subscriptionId, StreamId streamId, IStreamConsumerExtension streamConsumer, IStreamFilterPredicateWrapper filter);

    TaskUnregisterConsumer(GuidId subscriptionId, StreamId streamId);

    Task<int> ProducerCount(StreamId streamId);

    Task<int> ConsumerCount(StreamId streamId);

    Task<PubSubSubscriptionState[]> DiagGetConsumers(StreamId streamId);

    Task Validate();

    Task<List<StreamSubscription>> GetAllSubscriptions(StreamId streamId, IStreamConsumerExtension streamConsumer = null);

    TaskFaultSubscription(GuidId subscriptionId);
}
```

可以看出，IPubSubRendezvousGrain 服务接口提供了 IStreamPubSub 中面向数据流的发布/订阅关系注册和查询接口，另一方面，PubSubRendezvousGrain 实际是一个支持状态持久化的 Grain，PubSubRendezvousGrain 使用 StreamId 作为 Grain 标准，因此在 Orleans 流处理框架中，每一个 PubSubRendezvousGrain 实例都负责维护特定 Orleans 消息流的发布订阅路由信息，并通过 Orleans 持久化服务保障路由信息的可靠存储。在其内部维护了一个名为 PubSubGrainState 的状态对象，该对象包含了一个数据发布者集合和一个数据订阅者集合，用以描述特定数据流上的发布和订阅关系：

```
[Serializable]
internal class PubSubGrainState
{
    public HashSet<PubSubPublisherState> Producers { get; set; } = new HashSet<PubSubPub-
lisherState>();
    public HashSet<PubSubSubscriptionState> Consumers { get; set; } = new HashSet<PubSub-
SubscriptionState>();
}
```

由于 PubSubRendezvousGrain 基于 Orleans 运行时的单线程执行语义保证，因此其内部的状态数据结构采用了无锁设计。在 PubSubRendezvousGrain 内部使用了一个名为 PubSubStore 的持久化服务，提供对数据流当前路由状态的持久化存储，应用开发人员可以在构建 Silo 节点时通过 Silo Host Builder 自定义该持久化服务的实际技术实现方案。例如，以下代码将 Silo 节点中的 PubSub 的持久化服务配置为 Azure Table：

```
hostBuilder.AddAzureTableGrainStorage("PubSubStore", options => {
    options.ConnectionString = "azure table connection string"; });
```

而在一般的测试场景中，开发人员也可以选用基于内存的持久化方式储存 PubSubRendez-vousGrain 中的发布订阅路由信息。

2. 隐式订阅

对于一些持久化订阅场景（如某种 Grain 需要响应式的处理特定流中的数据），Orleans 也提供了对数据流的隐式订阅方法，在编译时直接为 Grain 类添加订阅扩展接口，并在运行时内部通过静态消息路由表的方式记录数据流与 Grain 类型的映射关系。Orleans 隐式订阅模型实际是根据 GrainID 和 StreamID 的映射关系将 Grain 实例与特定的数据流进行静态绑定。Orleans 运行时通过 ImplicitStreamSubscriberTable 类维护了一份 Grain 类型和数据流 ID 的订阅关系，其核心方法是 GetImplicitSubscribers 方法，Orleans 运行时通过该方法获取订阅特定数据流的 Grain 实例：

```
///<summary>
///通过一个数据流 ID 获取一个隐式订阅的 Grain ID 到隐式订阅 Grain 引用的映射集合,若该数据流 ID 没
有被任何命名空间关联,该方法将抛出异常
///</summary>
/// <param name = "streamId">数据流 ID</param>
/// <param name = "grainFactory">Grain 工厂对象,通过该对象获取数据流订阅者的 Grain 引用</param
>
```

```
internal IDictionary < Guid, IStreamConsumerExtension > GetImplicitSubscribers (StreamId
streamId, IInternalGrainFactory grainFactory)
{
    if (! IsImplicitSubscribeEligibleNameSpace (streamId.Namespace))
    {
        throw new ArgumentException("The stream ID doesn't have an associated namespace.",
nameof(streamId));
    }

    HashSet<int> entry = GetOrAddImplicitSubscriberTypeCodes (streamId.Namespace);

    var result = new Dictionary<Guid, IStreamConsumerExtension> ();
    foreach (var i in entry)
    {
        IStreamConsumerExtension consumer = MakeConsumerReference (grainFactory, streamId,
i);

        Guid subscriptionGuid = MakeSubscriptionGuid(i, streamId);
        if (result.ContainsKey(subscriptionGuid))
        {
            throw new InvalidOperationException(
                $"Internal invariant violation: generated duplicate subscriber reference:
{consumer}, subscriptionId: {subscriptionGuid}");
        }
        result.Add(subscriptionGuid, consumer);
    }
    return result;
}
```

5.3 Orleans 流式处理 API

▶▶5.3.1 系统组件初始化

Orleans 流式处理系统实际是对基础的 Orleans 服务组件的扩展，即 Orleans 运行时通过对基础的 Grain 实例管理器、消息中心和调度器等组件的封装和抽象，构成了 Orleans 流式处理框架。因此，Orleans 应用程序可以无须任何配置直接使用 Orleans 流式处理框架。

开发人员可以无须任何外部组件直接在 Orleans 集群内使用简单消息流和基于内存持久化的 PubSub 存储组件：

```
//服务集群侧的 Silo 初始化相关代码
hostBuilder.AddSimpleMessageStreamProvider("SMSProvider")
```

```
        .AddMemoryGrainStorage("PubSubStore");
//客户端侧的简单消息流初始化
clientBuilder.AddSimpleMessageStreamProvider("SMSProvider");
```

若流处理应用需要依赖外部数据流服务作为消息传输中间件及数据路由持久化组件，可以在集群初始化时进行相应的配置，并根据外部消息中间件的性能对 PullingAgent 及外部消息队列实例进行配置，以下代码将 Silo 节点配置为只使用两个指定 Azure Queue 消息队列：

```
hostBuilder
    .AddAzureQueueStreams("AzureQueueProvider", configurator => {
        configurator.ConfigureAzureQueue(
          ob => ob.Configure(options => {
            options.ConnectionString = "xxx"; // Azure Queue 连接字符串
            options.QueueNames = new List<string> { "queue1", "queue2" }; // Azure Queue 队
列名
        }));
    configurator.ConfigureCacheSize(1000); // Pulling Agent 本地消息缓存中消息容量上限
    configurator.ConfigurePullingAgent(ob => ob.Configure(options => {
      options.GetQueueMsgsTimerPeriod = TimeSpan.FromMilliseconds(500); // Pulling Agent
定时拉取消息间隔
      }));
    })
    // 基于 Azure Table 的持久化 PubSubStore
    .AddAzureTableGrainStorage("PubSubStore", options => {
      options.ConnectionString = "xxx"; // Azure Table 连接字符串
    })
```

开发人员可以通过调节 Pulling Agent 的本地消息缓存大小和轮询拉取消息的时间间隔，降低 Orleans 运行时对 CPU 资源及系统存储资源的占用比例。此外，开发人员还可以在系统初始化时直接为底层消息队列配置固定的实例数量：

```
hostBuilder
    .AddPersistentStreams(StreamProviderName, GeneratorAdapterFactory.Create,
        providerConfigurator => providerConfigurator
          .Configure<HashRingStreamQueueMapperOptions>(ob => ob.Configure(
            options => { options.TotalQueueCount = 6; }))// 使用一致性哈希算法将系统消息流映
射至 6 条消息队列进行传输
          .UseDynamicClusterConfigDeploymentBalancer() // 指定使用基于部署信息的负载均衡器
);
```

当采用 Azure Queue 时作为持久化数据流的消息中间件时，Orleans 流式处理框架还会自动根据当前的服务名称创建对应数量的 Azure Queue 实例，从而简化开发人员的配置逻辑。

▶▶5.3.2 异步数据流及消息接口

应用程序在 Grain 逻辑内部可以通过数据流服务获得特定的数据流操作句柄，从而实现基于该数据流的异步消息发送与订阅逻辑：

```
// Grain 内部获取 Stream Provider
IStreamProvider streamProvider = base.GetStreamProvider("SMSProvider");

//客户端获取 Stream Provider
IStreamProvider streamProvider = GrainClient.GetStreamProvider("SMSProvider");

//从 Stream Provider 中获取特定的异步数据流服务接口
IAsyncStream<T> stream = streamProvider.GetStream<T>(this.GetPrimaryKey(), "stream-
NameSpace123");
```

GetStreamProvider 方法与 GetStream 方法内部都不需要与外部服务通信，GetStream 方法的输入参数为数据流 GUID 和一个可选的数据流命名空间，两者的组合唯一标识了 Orleans 系统中的消息流信道。这与 Grain 实例的标识方法类似（不同类型的 Grain 实例可以具有相同的 Grain ID）。异步数据流服务接口 Orleans. Streams. IAsyncStream <T> 代表了一个强类型的虚拟数据流服务，应用程序可以通过该服务接口实现消息的发送与订阅。IAsyncStream <T> 接口同时实现了 Orleans. Streams. IAsyncObserver <T> 接口和 Orleans. Streams. IAsyncObservable <T> 接口，其中 IAsyncObserver <T> 接口为应用程序提供了向数据流发布消息的相关服务：

```
public interface IAsyncObserver<in T>
{
        TaskOnNextAsync(T item, StreamSequenceToken token = null);
        TaskOnCompletedAsync();
        TaskOnErrorAsync(Exception ex);
}
```

应用程序代码可以通过以下方式直接向数据流中发布数据：

```
await stream.OnNextAsync<T>(msg)
```

而 IAsyncObservable <T> 接口则允许应用程序主动订阅数据流消息：

```
public interface IAsyncObservable<T>
{
        Task<StreamSubscriptionHandle<T>> SubscribeAsync(IAsyncObserver<T> observer);
}
```

应用程序对数据流的订阅方法为：

```
StreamSubscriptionHandle<T> subscriptionHandle = await stream.SubscribeAsync(IAsyncOb-
server)
```

SubscribeAsync 方法接收一个实现了 IAsyncObserver 接口的对象，数据流中的数据到达时，Orleans 运行时将负责通知该 observer 对象调用 OnNextAsync 方法进行处理。可以看出 Orleans 的 IAsyncStream <T> 接口与 Rx 中的 Subject <T> 接口十分相似，应用程序通过该接口可以直接进行消息的发送与接收。

▶▶5.3.3 消息的订阅与发布

由于 Orleans 运行时提供了一套全托管的消息投递服务，当应用程序向指定的数据流发布消息时，Orleans 流处理框架无须记录消息发布者与数据流之间的绑定关系（流处理框架实际只负责将指定数据流中的数据投递至所有订阅方，而无须维护数据源与数据流间的逻辑拓扑关系）。因此，应用程序从 Orleans 运行时中获得 IAsyncStream <T> 类型的数据流服务对象后，可以直接调用 IAsyncObserver <T> 服务接口进行消息的发布。

与之对应，Orleans 运行时需要通过 PubSub 组件维护系统中数据流的订阅对象（见图 5-7），应用程序可以通过 SubscribeAsync 方法主动订阅数据流，并使用该方法返回的 StreamSub-scriptionHandle <T> 对象通知 Orleans 运行时，终止对该消息流的订阅：

```
await subscriptionHandle.UnsubscribeAsync()
```

在此需要注意的是，在 Orleans 运行时中 Grain 对于数据流的订阅实际是以 Grain 的逻辑实例为单位的，即当编号为 123 的 Grain 通过 SubscribeAsync 方法向 Orleans 运行时注册了对某一数据流的订阅关系时，该订阅关系并不会随着该 Grain 实例的休眠过程而注销，当应用程序向该数据流中发布数据时，Orleans

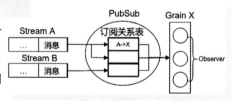

● 图 5-7 Orleans 数据流与 Grain 的订阅关系管理

运行时也将自动重新激活该 Grain 实例并进行消息投递。因此，在 Orleans 流处理模型中数据流和数据流的订阅关系都具有逻辑持久性，当 Grain 实例注销数据流订阅关系时，需要显式调用 UnsubscribeAsync 方法通知 Orleans 运行时。

当同一个 Grain 实例向 Orleans 运行时多次注册其与同一数据流的订阅关系时，Orleans 运行时将每次返回唯一的 StreamSubscriptionHandle <T> 对象，并代表该数据流上的不同订阅关系。因此若 Grains 实例重复订阅了同一数据流 X 次，则 Orleans 运行时会将该数据流中的每一条消息向此 Grain 实例中投递 X 次，该 Grain 实例也需要遍历 X 个 StreamSubscriptionHandle <T> 对象以解除数据流的绑定关系。考虑到 Grain 实例需要通过对应的 StreamSubscriptionHandle <T> 对象进行数据流订阅关系的注销，而 Grain 实例在激活/休眠过程中又需要反复保存和读取 Strea-mSubscriptionHandle <T> 对象集合，Orleans 运行时在 IAsyncStream <T> 接口中提供了 GetAllSub-scriptionHandles 方法，Grain 实例可以使用该方法从运行时 PubSub 组件中查询并重新获取当前与特定数据流的订阅关系：

```
IList<StreamSubscriptionHandle<T>> allMyHandles = await IAsyncStream<T>.GetAllSub-
scriptionHandles()
```

在 Grain 实例向 Orleans 运行时注册数据流订阅关系时，实际是在 Orleans 运行时内将自身与数据流对象进行绑定，并在本地 Grain 实例内注册对应消息的响应函数（即 SubscribeAsync 方法的输入对象）。

Grain 实例在注册对数据流的显式订阅关系时，需要同时向 Orleans 运行时注册对应的消息处理逻辑（即 IAsyncObserver 对象），而当 Grain 实例被休眠后，其内部的 IAsyncObserver 对象也随之释放，因此当该 Grain 实例被用户操作或数据流消息重新唤醒并激活时，需要在 Grain 本地重新注册 IAsyncObserver 对象以处理数据流的订阅逻辑。以上过程需要在 Grain 对象激活初始阶段，即在 OnActivateAsync 方法内完成，Grain 对象需要首先调用 GetAllSubscriptionHan-dles 方法获取当前的订阅关系对象句柄，并在每个订阅关系句柄上调用 ResumeAsync 方法重新注册消息处理函数：

```
public async override Task OnActivateAsync()
{
    var streamProvider = GetStreamProvider(PROVIDER_NAME);
    var stream = streamProvider.GetStream<string>(this.GetPrimaryKey(), "Stream-
Namespace");
    var subscriptionHandles = await stream.GetAllSubscriptionHandles();
    if (! subscriptionHandles.IsNullOrEmpty())
        subscriptionHandles.ForEach(async x => await x.ResumeAsync(OnNextAsync));
}
```

另一方面，虽然隐式订阅关系是一种静态数据流订阅关系，但 Grain 实例也需要向 Orleans 运行时注册对应的数据消息处理逻辑，因此隐式订阅数据流的 Grain 实例也需要在 OnActi-vateAsync 函数中增加上述消息处理逻辑的注册流程：

```
IStreamProvider streamProvider = base.GetStreamProvider("SMSProvider");
IAsyncStream<T> stream = streamProvider.GetStream<T>(this.GetPrimaryKey(), "Stream-
Namespace");
StreamSubscriptionHandle<T> subscription = await stream.SubscribeAsync(IAsyncObserver<T
>);
```

▶▶5.3.4 定序消息与序列 Token

在 Orleans 流处理系统中，消息生产者与消费者间的消息顺序由数据流服务决定。

由于 Orleans 简单消息数据流服务在底层使用了基于响应－应答方式的消息投递策略，消息的生产者可以明确控制消费者接收到的数据的顺序：在默认配置下（即简单消息数据流服务并未开启 FireAndForget 选项），且消息生产者在投递下一消息时阻塞等待 OnNextAsync 方法完成，则其发送的消息将以 FIFO 的顺序到达数据流消费者，当消息投递失败时，OnNextAsync 方法也将返回包含错误信息的异步任务对象。

由于 Azure Queue 在消息传输错误时并不保证消息的 FIFO 顺序投递，因此在 Orleans 流处理系统中，若采用 Azure Queue 消息队列实现数据流，则无法保证消息的顺序投递。若消息发布者在向 Azure Queue 消息队列中发布消息时遇到错误，消息的重新入队和下游重复消息的处理逻辑（消息实际已成功投递但投递任务因其他原因返回失败）则取决于消息发布侧的应用程序实现。而在消息投递侧（即 Orleans Pulling Agent 组件内），Orleans 流式处理框架仅在消息成功投递至订阅方后才从 Azure Queue 消息队列中删除该条消息，若在消息投递侧发生投递失败等其他异常情况，Azure Queue 服务将保障该消息在一定时间后重新出现在消息队列中，Pulling Agent 组件也将尝试再次投递该消息。可以看出在上述情况下，数据流将无法继续保证消息流的 FIFO 定序投递。

为了解决上述问题，Orleans 流处理框架同时也支持由应用程序定义消息的传递顺序：消息生产者可以在消息发布过程中同时指定一个可选的消息序列 Token 对象 StreamSequenceToken，该对象实现了 IComparable 接口，应用程序可根据该对象确定数据流中的消息顺序。由消息生产者在调用 OnNextAsync 方法时传入的 StreamSequenceToken 对象将与消息一同被传至消息订阅者，订阅方则可根据该 StreamSequenceToken 对接收到的消息进行重新排序。

▶▶5.3.5 可回溯数据流

在实际应用系统中，一些消息中间件只允许应用程序从当前时间点开始订阅后续消息，而另一些则允许订阅者对数据流进行一定范围的"回溯"，对数据流的回溯功能实际上取决于消息传输中间件底层消息队列的技术实现，例如，Azure Queue 消息队列只允许消费者拉取最新入队的消息数据，而 Azure EventHub 则支持在一定时间范围内，从任意时间点开始重播消息流，将支持回溯功能的数据流称为可回溯数据流。

在 Orleans 流处理系统中，应用开发人员使用可回溯数据流组件搭建流式应用时，可以在注册数据流订阅关系时将 StreamSequenceToken 对象传入 SubscribeAsync 方法中，Orleans 运行时则将尝试从该 Token 指定的位置开始向该订阅者投递数据流消息（传递空值则意味着从当前时间点开始订阅消息）。可回溯数据流在系统的异常恢复场景下非常重要，若一个 Grain 实例实现了定期状态自检（校对最新消息 Token 等）逻辑，当该 Grain 执行异常状态恢复逻辑时，可以根据上一个检查点的消息 Token 重新订阅数据流中的消息数据，从而保证异常恢复后状态的准确性。

在 Orleans 数据流服务中，Azure Event Hub 数据流服务是可回溯的数据流服务，而简单消息流服务和 Azure Queue 数据流服务是不可回溯的数据流服务。

5.4 案例：系统状态遥测与监控

随着互联网应用服务规模的日益增加，支撑大型互联网应用服务的分布式系统复杂性越来越高，系统内各模块间的依赖及调用关系也越来越错综复杂，当一个或多个服务模块出现问题时，开发人员通常只能基于系统的运行日志进行排查及定位。而对于规模巨大的分布式应用服务，开发及运维人员也需要实时监控线上系统的各类服务指标（如服务可用性、平均响应时长、请求错误率及系统错误率等）。因此，可以搭建基于应用服务日志的实时日志流分析与监控平台，完成运行时报警及异常监控的自动化值守。

线上应用服务通过接入流式日志 SDK，将运行时日志根据日志等级异步写入系统日志流中，再由下游日志流处理平台完成实时的分析、聚合及持久化存储。一种典型的流式日志的遥测及监控系统如图 5-8 所示，该系统在完成对业务服务所有日志的持久化存储的同时，根据监控报警聚合器消费系统的故障和错误日志，以及所产生的故障及错误等级向系统管理员发送监控报警。

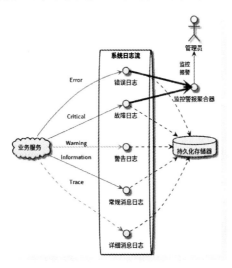

● 图 5-8 流式日志处理与监控系统示意图

该系统中既包含对流式日志的分类及异步读写，也需要实现一定的日志分析及聚合逻辑，并与其他服务集成，完成实际的监控报警。可以看出，Orleans 流式处理框架非常适合搭建上述流式日志处理系统。

在 Orleans 流式处理框架内，首先将日志事件流基于日志等级拆分为不同的数据流命名空间。由于 Orleans 数据流都是逻辑上虚拟存在的，可以直接将业务服务的实例 ID 作为数据流 ID，以业务服务实例为最小粒度处理及聚合流式日志，在流式日志 SDK 内根据当前业务服务的实例 ID 及日志等级完成对数据流的寻址及写入操作：

```
public class TelemetryClient
{
    private readonly IAsyncObserver<TelemetryEvent> _informationLogClient;
    private readonly IAsyncObserver<TelemetryEvent> _traceLogClient;
    private readonly IAsyncObserver<TelemetryEvent> _errorLogClient;
    private readonly IAsyncObserver<TelemetryEvent> _warningLogClient;
    private readonly IAsyncObserver<TelemetryEvent> _criticalLogClient;

    // 初始化遥测 SDK 客户端
    public TelemetryClient(IClusterClient client)
    {
        _informationLogClient = GetTelemetryStreamClient(client, GetInstanceGuid(), Lo-
gLevel.Information);
        _traceLogClient = GetTelemetryStreamClient(client, GetInstanceGuid(), LogLevel.
Trace);
        _errorLogClient = GetTelemetryStreamClient(client, GetInstanceGuid(), LogLevel.
Error);
        _warningLogClient = GetTelemetryStreamClient(client, GetInstanceGuid(), LogLev-
el.Warning);
        _criticalLogClient = GetTelemetryStreamClient(client, GetInstanceGuid(), LogLev-
el.Critical);
    }

    private static IAsyncObserver<TelemetryEvent> GetTelemetryStreamClient(IClusterCli-
ent client, Guid guid, LogLevel level)
    {
        // 初始化 Stream Provider
        var streamProvider = client.GetStreamProvider(Constant.StreamProviderName);
        // 根据日志级别及实例 ID 获取相应的数据流入口
        var stream = streamProvider.GetStream<TelemetryEvent>(guid, level.ToString());
        return stream;
    }
}
```

业务系统在使用流式日志 SDK 时，只需要正确配置 Orleans 流式处理框架客户端，即可完成到实时流式日志系统的接入工作：

```
private static async Task<IClusterClient> ConnectToOrleansLogger()
{
    // 初始化到 Orleans 集群的连接
    var client = new ClientBuilder()
        .UseLocalhostClustering()
        .Configure<ClusterOptions>(options =>
        {
            options.ClusterId = "dev";
            options.ServiceId = nameof(ServiceTelemetry);
        })
        .ConfigureLogging(logging => logging.AddConsole())
        .Build();
    await client.Connect().ConfigureAwait(false);
    return client;
}

private static async Task<int> RunMainAsync()
{
    try
    {
        using (var client = await ConnectToOrleansLogger())
        {
            // 初始化遥测客户端
            var telemetryClient = new TelemetryClient(client);
            // 调用遥测客户端写入运行时日志
            await telemetryClient.LogInformationAsync("This is a information").ConfigureAwait(false);
            await telemetryClient.LogErrorAsync( new ArgumentException(), "This is a error").ConfigureAwait(false);
        }
        return 0;
    }
    catch (Exception e)
    {
        Console.WriteLine( $"Exception while trying to run client: {e.Message}");
        return 1;
    }
}
```

流式日志的消费及处理部分由 Orleans 流式处理服务组成，日志的持久化存储和错误异常报警逻辑分别由 EventPersistentGrain 及 AlertGrain 完成，EventPersistentGrain 及 AlertGrain 通过隐式订阅 API 向 Orleans 运行时注册数据流订阅关系，EventPersistentGrain 的实现示例如下所示。

```
[ImplicitStreamSubscriptionAttribute(nameof(LogLevel.Information))]
[ImplicitStreamSubscriptionAttribute(nameof(LogLevel.Trace))]
[ImplicitStreamSubscriptionAttribute(nameof(LogLevel.Warning))]
[ImplicitStreamSubscriptionAttribute(nameof(LogLevel.Error))]
[ImplicitStreamSubscriptionAttribute(nameof(LogLevel.Critical))]
public class EventPersistentGrain: Grain
{
    public override async Task OnActivateAsync()
    {
        // Grain 激活时重新注册遥测事件流订阅
        var streamProvider = GetStreamProvider(Constant.StreamProviderName);
        await streamProvider.GetStream<TelemetryEvent>(this.GetPrimaryKey(), nameof(Lo-
gLevel.Information)).SubscribeAsync(PersistentTelemetryEventAsync);
        await streamProvider.GetStream<TelemetryEvent>(this.GetPrimaryKey(), nameof(Lo-
gLevel.Trace)).SubscribeAsync(PersistentTelemetryEventAsync);
        await streamProvider.GetStream<TelemetryEvent>(this.GetPrimaryKey(), nameof(Lo-
gLevel.Warning)).SubscribeAsync(PersistentTelemetryEventAsync);
        await streamProvider.GetStream<TelemetryEvent>(this.GetPrimaryKey(), nameof(Lo-
gLevel.Error)).SubscribeAsync(PersistentTelemetryEventAsync);
        await streamProvider.GetStream<TelemetryEvent>(this.GetPrimaryKey(), nameof(Lo-
gLevel.Critical)).SubscribeAsync(PersistentTelemetryEventAsync);
    }

    private async Task PersistentTelemetryEventAsync(TelemetryEvent @event, StreamSequen-
ceToken token = null)
    {
        // 模拟持久化记录遥测事件
        await Task.Delay(TimeSpan.FromSeconds(1));
        Console.WriteLine($"Message: {@event.Message}, Timestamp: {@event.Timestamp},
Exception: {@event.Exception}");
    }
}
```

在完成 EventPersistentGrain 及 AlertGrain 处理逻辑后，即可根据实际系统选型，配置 Orleans 数据流、部署并运行 Orleans 流式处理集群，完成系统状态遥测及监控平台的整体搭建。

5.5 本章小结

本章主要介绍了 Orleans 流式数据处理框架的实现原理、特点和应用场景。流式处理模型是一种常见的面向数据的响应式编程模型，而 Orleans 流式数据处理框架基于"发布 - 订阅"模型设计，由 Orleans 运行时通过消息队列管理服务维护 Grain 实例与数据流间的订阅关系，并通过消息队列代理适配多种消息传输中间件；在应用程序内部，Orleans 的流式处理框架提供了统一的流式数据处理 API，使系统内各 Grain 实例可以动态订阅、发布及处理流式数据消息。

Orleans高级功能

开发人员通过 Orleans 运行时所提供的托管式 Actor 编程模型和流处理框架可以快速完成简单场景下的业务需求（如实现简单的响应式后端服务流程中的基本增、删、改、查逻辑），但在一些大型业务中，应用开发人员通常需要根据不同的业务场景预期数据吞吐量，增加和集成额外的服务组件以满足特定的业务需要，并保证系统的高效运行。

Orleans 运行时在基本的 Actor 编程模型 API 之上，通过 Orleans API 为应用开发人员提供了若干原生运行时组件，进一步简化了应用开发流程，使开发人员在复杂业务场景下也能够使用 Orleans 框架快速搭建高效且稳定的服务系统。

6.1 异步任务

▶▶6.1.1 异步任务的调用

Orleans 应用程序通过 Orleans 运行时框架托管并运行在 .NET 运行时中，因此 Orleans 应用程序也可以在 Grain 内部直接使用 .NET 原生异步 API 发起并管理 .NET 运行时任务。根据 .NET 异步 API 的设计，在异步任务执行逻辑内部通过 await 关键字、Task.ContinueWith 方法或 Task.Factory.StartNew 方法创建的子级异步任务将会默认由父级任务对象所属的任务调度器进行调度，因此在 Grain 对象内部，使用上述关键词直接创建的子级异步任务也将由 Orleans 任务调度器进行调度，从而继承了 Orleans 运行时的单线程执行语义。

当前 .NET 运行时为开发人员提供了多种异步任务 API，为了在 Orleans 应用程序中保证 Grain 方法单线程执行语义的正确性，Orleans 应用开发人员需要在使用 .NET 异步任务 API 时注意以下几点。

1）通过 await 关键字、Task. Factory. StartNew 方法、Task. ContinueWith 方法（未显示指定 TaskScheduler 对象）、Task. WhenAny 方法、Task. WhenAll 方法、Task. Delay 方法创建的异步任务对象都将默认使用当前任务的任务调度器对象，在 Grain 逻辑中采用上述方法的默认方式创建的异步任务对象都将直接在 Grain 上下文中运行并由 Orleans 运行时保证单线程执行语义。

2）使用 Task. Run 方法和通过 Task. Factory. FromAsync 方法传入的 endMethod 委托方法并不会使用当前程序上下文中的任务调度器对象，而是在 API 内部直接使用 TaskScheduler. Default 调度器对象进行调度（在 Orleans 服务器场景中实际即为 . NET 的默认线程池调度器对象）。因此，在 Grain 逻辑内部采用 Task. Run 方法和 Task. Factory. FromAsync 方法传入的 endMethod 委托任务并不会由 Orleans 任务调度器管理，并无法保证单线程执行语义，但在 await Task. Run 后及 await Task. Factory. FromAsync 语句后的 Grain 代码逻辑仍将由 Orleans 任务调度器调度执行。

3）. NET 异步 API 中的 ConfigureAwait（false）方法将显式地通知 . NET 运行时在执行 await 语句的后续逻辑时，不强制使用当前的任务调度上下文。在 Orleans 应用程序中，若使用 ConfigureAwait（false）方法，则会破坏所有后续业务逻辑执行的单线程语义模型，因此在 Orleans 应用程序内部应当禁止直接使用 ConfigureAwait（false）方法。

4）async void 类型的异步方法在 . NET 框架中是专用于图形化应用处理的响应方法，因此在 Orleans 应用程序中不应被使用。

此外，在某特殊场景下，Grain 对象内部发起的异步任务对象也可以跳过 Orleans 任务调度器，直接由 . NET 任务调度器（或其他任务调度器对象）调度执行，此类子级异步任务的执行过程将不受单线程执行语义约束。例如，在 Grain 对象内部需要并行发起若干远程 I/O 调用时，每个子级远程 I/O 调用任务可以直接交由 . NET 线程池调度器进行调度执行，Grain 对象的父级异步任务可以直接通过 Task. WhenAll 方法在 Grain 上下文中异步阻塞等待子任务完成，从而保证 Grain 对象方法上的单线程执行语义。在以下代码示例中，通过 Task. Run 方法向 . NET 线程池调度器提交了若干并行远程 I/O 调用，并在 Orleans 线程上下文中异步等待任务执行：

```
public async Task<string> GrainMethodAsync(string words)
{
    var taskCollection = new List<Task> (words.Length);
    foreach (var word in words)
    {
        taskCollection.Add(Task.Run(() =>
        {
            //当前子任务通过 TaskScheduler.Default 调度器调度执行
            DoRemoteCall(word);
```

```
        }));
    }
    //在 Orleans 任务调度器上等待子级任务完成
    await Task.WhenAll(taskCollection.ToArray());
    return words;
}
```

Orleans 应用程序所依赖的某些第三方库在发起异步任务时可能在内部使用了 ConfigureA-wait(false)方法，但这并不会破坏 Orleans 调用方的单线程执行语义：Orleans 应用程序只要保证调用第三方库函数时的语义正确，并以前文所述的方式等待异步调用的返回，它的后续任务调度也将交由 Orleans 任务调度器调度（实际应用开发人员在通用库函数内部使用 ConfigureA-wait(false)方法以提高执行效率）。应用开发人员也可以将外部库方法的异步任务调用通过 Task. Run 方法包装起来并显式交由 .NET 线程池调度器进行调度，这完全取决于应用开发人员对于异步任务执行方式的选择。

综上所述，在 Orleans 应用程序内发起异步任务调用时，开发人员应当遵循以下原则。

- 使用 Task. Run 方法显式地运行后台异步任务，在后台异步任务逻辑中不允许调用 Grain 内的单线程语义方法。
- Grain 服务方法的返回值应为 Task 或 Task <T> 类型。
- 使用 Task. Factory. StartNew(WorkerAsync). Unwrap( )方法在 Orleans 单线程语义模型中运行异步工作任务。
- 使用 Task. Factory. StartNew(WorkerSync)方法在 Orleans 单线程语义模型中运行同步工作任务。
- 使用 Task. Delay 及 Task. WhenAny 方法组合实现异步超时逻辑。
- 使用 async/await 关键字实现异步任务调用逻辑。
- 在 Grain 逻辑内禁止使用 ConfigureAwait(false)语句，通过第三方库发起异步任务时，在 Grain 内部显式使用 await 关键字等待异步任务调用完成。

▶▶6.1.2 异步任务的中断与取消

从 . NET Framework4 开始，. NET 托管应用程序在发起 System. Threading. Tasks. Task 和 System. Threading. Tasks. Task <TResult> 类型的异步任务时可以通过传入 CancellationToken 对象来在该任务运行过程中显式地发送任务中断信号。在异步任务执行过程中也可以通过传递父级任务的 CancellationToken 对象实现任务的级联取消。任务的取消操作仅可由 CancellationTokenSource 对象发起，子级任务主动对 CancellationTokenSource 的副本标记对象 CancellationToken 进行监听，并在接收到任务取消通知时执行任务中断逻辑，保证业务逻辑的优雅退出。因此，在

.NET 运行时中实现协作时异步任务中断的常见方式主要有：

1）通过父级任务实例化 CancellationTokenSource 标记源对象。

2）当父级任务在创建子级异步任务时，将 CancellationTokenSource. Token 标记对象结构体通过构造函数传入 System. Threading. Tasks. Task 和 System. Threading. Tasks. Task<TResult>异步任务。

3）父级任务通过调用 CancellationTokenSource. Cancel 方法将任务取消消息通知到所有标记对象副本。

4）子级异步任务在执行过程中主动监听本地 CancellationToken 标记对象的状态，并在监听到任务取消信号时主动中断并结束本地任务执行。

使用上述异步任务的中断模式，应用程序可以更加便捷地创建并协作取消应用内部的各类异步任务，保证各级任务的优雅中断和退出。

Orleans 应用程序中的 RPC 调用都为异步调用，Orleans 框架也为应用开发人员提供了与.NET API 相似的异步任务中断及取消模型，该模型是通过 GrainCancellationToken 标记对象实现的。GrainCancellationToken 对象实际是对 .NET CancellationToken 对象的包装，提供针对特定 Grain 任务对象的取消标记，也可以在 Grain 内部以函数参数传递的方式实现异步任务的级联取消。与 CancellationTokenSource 对象不同的是，在 Orleans 框架内部，注册在 GrainCancellationTokenSource 标记源对象中的异步任务可能是远程异步任务（如远程 Grain 引用中的方法调用），因此 GrainCancellationTokenSource 对象的 Cancel 方法将返回一个异步任务对象，该任务在所有远程 GrainCancellationToken 对象标记为取消状态时完成。

以下代码示例中，Leader Grain 通过 GrainCancellationTokenSource 对象的 Cancel 方法，在 Worker Grain 任务执行超时后显式地取消了后续任务的执行，由于 GrainCancellationTokenSource 类实现了 IDisposable 接口，因此可以在 Grain 代码中使用 using 语句明确其使用范围并主动释放资源：

```
public class Leader: Orleans.Grain, ILeader
{
    public async Task SayHiAsync(string workerName, List<string> workList)
    {
        var worker = GrainFactory.GetGrain<IWorker> (workerName);
        using (var token = new GrainCancellationTokenSource())
        {
            var workerTask = worker.DoWork(token.Token, workList);
            //超时监视器
            var timerTask = Task.Delay(TimeSpan.FromSeconds(30));
            await Task.WhenAny(workerTask, timerTask);
            if (timerTask.IsCompleted)
```

```
            {
                //任务执行超时,取消后续任务
                await token.Cancel();
            }
        }
    }
}

public class Worker: Orleans.Grain, IWorker
{
    public async Task DoWork(GrainCancellationToken token, List<string> workNames)
    {
        var workCollection = workNames.
            Select(work => Task.Run(() => DoWork(work, token.CancellationToken))).ToAr-
ray();
        await Task.WhenAll(workCollection);
    }

    public static void DoWork(string workName, CancellationToken token)
    {
        while (! token.IsCancellationRequested)
        {
            // 循环执行业务逻辑直至收到任务取消通知
        }
    }
}
```

需要注意的是，当 GrainCancellationTokenSource. Cancel 方法返回的取消任务对象由于 Orleans 底层通信组件故障而执行失败时，应当由 GrainCancellationTokenSource. Cancel 方法的调用方发起重试，以确保任务中断信息的完整传递。而下游 Grain 逻辑内部在 System. Threading. Cancellation-Token 对象上通过 Register 方法所注册的任务中断回调函数也将由该 Grain 本地的 Orleans 任务调度器调度执行，并保证单线程执行语义。此外，由于 GrainCancellationToken 对象本身是 Orleans 内部定义的可序列化对象，因此其可以作为远程调用函数的参数在 Orleans 系统内传递，并实现集群内异步任务的级联中断。

6.2 Grain 请求拦截器

在实际业务系统中，开发人员常常需要为后端服务接口增加一些通用的处理逻辑，如请求鉴权、调用时长监控、错误统计及异常处理等，这些公用服务逻辑通常需要与实际业务接口的处理逻辑分离以提高应用程序代码的可维护性（即不需要在业务逻辑内部关心并重复处理上述

通用逻辑）。Orleans 框架提供了 Grain 请求的拦截器（Interceptors）组件，使开发人员能在
Grain 实例的 RPC 调用处理前后增加应用处理逻辑，以实现上述功能。Orleans 请求拦截器逻辑
以异步调用的方式运行在目标 Grain 实例的调度上下文中，可在拦截器内部读取并修改此次
RPC 请求的上下文对象（RequestContext）、请求参数及返回值等信息。Orleans 请求拦截器还可
以通过读取并检查 Grain 实例 RPC 请求的接口信息来直接在拦截器对象内部引发或处理异常。

  Orleans 请求拦截器共分为入站消息拦截器（Incoming Call Filters）和出站消息拦截器
（Outgoing Call Filters）两类，分别在 RPC 请求的被调用方（Grain 实例）和发起方（Grain 客户
端）进行请求的拦截和处理。开发人员还可以在 Orleans 运行时内部为 RPC 请求配置多个请求
拦截器，多个请求拦截器的逻辑将按照指定顺序依次递归执行并返回。

▶▶6.2.1　入站消息拦截器

Orleans 入站消息拦截器的执行流程如图 6-1 所示。

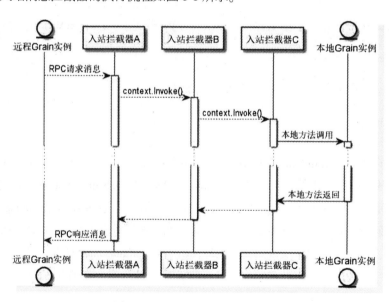

  ● 图 6-1　Orleans 入站消息处理过程

开发人员可以通过实现 IIncomingGrainCallFilter 接口定义入站拦截器对象：

```
public interface IIncomingGrainCallFilter
{
    Task Invoke(IIncomingGrainCallContext context);
}
```

拦截器对象的 Invoke 方法包含了该拦截器需要实现的处理逻辑，其输入参数为一个 IIncomingGrainCallContext 类型的 RPC 入站消息上下文对象，其包含与该 RPC 入站消息相关的如下字段：

```
public interface IIncomingGrainCallContext
{
    // RPC 请求的目标 Grain 实例
    IAddressable Grain { get; }

    // RPC 请求的目标服务接口的方法信息
    MethodInfo InterfaceMethod { get; }

    // RPC 请求的接口输入参数
    object[] Arguments { get; }

    // 底层 RPC 调用方法
    Task Invoke();

    // RPC 调用返回值
    object Result { get; set; }

    // RPC 请求的目标服务接口实现的方法信息
    MethodInfo ImplementationMethod { get; }
}
```

在自定义入站消息过滤器的 Invoke 方法内部，开发人员应显式调用并等待 IIncomingGrainCallContext. Invoke 方法返回，使 Orleans 运行时能递归执行后续请求过滤器逻辑及本次 RPC 请求的目标 Grain 方法调用。在拦截器内部，开发人员可以通过 InterfaceMethod 属性和 ImplementationMethod 属性获取此次 RPC 调用的目标方法的接口定义信息和实现类型信息，而在后续拦截器或 Grain 方法调用完成后，过滤器还可以通过对 Result 字段的修改更新此次 RPC 请求的返回值。由于 Grain 拦截器会在 Grain 类型任意服务接口调用时被触发（包括一些在 Orleans 运行时内部对 Grain 类型的扩展方法，如用以支持流式处理框架和远程异步任务取消功能的内部方法等），因此开发人员可能通过 ImplementationMethod 字段获取到一些非业务接口的方法信息。

入站消息拦截器可以根据需要注册为服务（Silo 节点）级拦截器或 Grain 消息拦截器，从而实现多分辨率的请求拦截逻辑。在 Orleans 应用程序内，Orleans 运行时将优先执行服务级拦截器，再执行 Grain 消息拦截器。当 Silo 节点中注册了多个服务及请求拦截器时，Orleans 运行时会按照拦截器的注册顺序执行过滤逻辑。因此，RPC 入站消息将依序通过服务级拦截器及 Grain 消息拦截器，然后才开始执行目标 Grain 实例上的业务或扩展服务方法。

1. 服务级请求拦截

服务级请求拦截器将过滤并拦截 Silo 节点上的所有 RPC 服务请求，开发人员可以通过以下两种方式将请求拦截器注册在应用服务层。

1）在配置 Silo 节点时通过 **AddIncomingGrainCallFilter** 扩展方法注册匿名委托拦截函数。

```
siloHostBuilder..AddIncomingGrainCallFilter(async context =>
{
    // 为特定 Grain 服务增加请求上下文信息
    if (string.Equals(context.InterfaceMethod.Name, nameof(ITargetGrain.TargetMethod)))
    {
        RequestContext.Set("AdditionalInfo", "Hello from interceptor");
    }
    // 调用后续方法
    await context.Invoke();
    // 更新整形返回值
    if (context.Result is int resultValue) context.Result = resultValue * 2;
})
```

2）定义请求拦截器类型，并在配置 Silo 节点时通过 **AddIncomingGrainCallFilter** 方法进行注册。

```
//定义拦截器
public class RequestPerformanceInterceptor: IIncomingGrainCallFilter
{
    private readonly Logger<RequestPerformanceInterceptor> log;

    public RequestPerformanceInterceptor(Factory<string, Logger<RequestPerformanceInter-
ceptor>> loggerFactory)
    {
        this.log = loggerFactory(nameof(RequestPerformanceInterceptor));
    }

    public async Task Invoke(IIncomingGrainCallContext context)
    {
        var sw = new Stopwatch();
        sw.Start(); //开始计时
        try
        {
            await context.Invoke();
        }
        finally
        {
            sw.Stop();
            // 记录调用时长
this.log.Info($"{context.Grain.GetType()}.{context.InterfaceMethod.Name}" +
                $"({string.Join(", ", context.Arguments)})" +
```

```
                                    $"请求共用时：{sw.Elapsed}");
            }
        }
    }


    //通过扩展方法进行注册
    siloHostBuilder.AddIncomingGrainCallFilter<RequestPerformanceInterceptor> ();

    //或作为 Silo 内建服务进行注册
    siloHostBuilder.ConfigureServices(
        services => services.AddSingleton<IIncomingGrainCallFilter, RequestPerformanceInter-
    ceptor> ());
```

2. Grain 消息拦截器

Grain 消息拦截器将对特定 Grain 类型的所有实例请求进行拦截，开发人员可以直接在目标 Grain 类型中实现 IIncomingGrainCallFilter 接口，从而直接将拦截器逻辑与该 Grain 类型绑定：

```
public class UserGrain: Orleans.Grain, IUser, IIncomingGrainCallFilter
{
    public async Task Invoke(IIncomingGrainCallContext context)
    {
        await context.Invoke();

        // 在拉取账单时为 VIP 用户打折
        if (string.Equals(context.InterfaceMethod.Name, nameof(this.GetBill)))
        {
            var userId = context.Grain.GetPrimaryKeyLong();
            if (CheckIfIsVIP(userId) && context.Result is float floatResult)
            {
                context.Result = floatResult * 0.85;
            }
        }
    }
}
```

开发人员还可以通过自定义特性标注的方式在拦截器内区分 Grain 实例内的服务接口调用：

```
//自定义特性标注
[AttributeUsage(AttributeTargets.Method)]
public class InternalOnlyAttribute: Attribute { }

public class UserGrain: Orleans.Grain, IUser, IIncomingGrainCallFilter
{
    public async Task Invoke(IIncomingGrainCallContext context)
    {
```

```
            var isInternalMethod = context.ImplementationMethod.GetCustomAttribute<Interna-
lOnlyAttribute>();
            // 在拦截器内检查内部令牌
            if (isInternalMethod && ! (bool) RequestContext.Get("InternalToken"))
            {
                throw new AccessDeniedException($"非法调用内部方法 {context. Implementation-
Method.Name}!");
            }

            await context.Invoke();
    }


    [InternalOnly] //将服务方法标注为内部方法
    public Task CleanupUserInfo(long itemId)
    {
    }
}
```

在以上示例中，应用程序通过定义［InternalOnly］特性标注了 UserGrain 内的私有服务方法，并通过入站消息拦截器，在处理服务内部 RPC 请求时进行令牌鉴权，拒绝非法的内部请求访问。要注意的是，由于 InternalOnly 特性标注是作用于 UserGrain 的服务实现方法上的，因此需要通过 context. ImplementationMethod 获取该服务方法的特性标注配置。

▶▶6.2.2 出站消息拦截器

出站消息拦截器的执行流程和运行策略与入站消息拦截器非常类似，区别仅在于出站消息拦截器是针对调用方（Grain 客户端）的出站 RPC 请求的拦截，且出站消息拦截器仅能定义在服务（Silo 或 Orleans 客户端）级别，其执行流程如图 6-2 所示。

出站消息拦截器的服务接口定义为：

```
public interface IOutgoingGrainCallFilter
{
    Task Invoke(IOutgoingGrainCallContext context);
}
```

拦截器对象的 Invoke 方法输入参数为一个 IOutgoingGrainCallContext 类型的 RPC 出站消息上下文对象，其包含与该 RPC 出站消息相关的如下字段。

```
public interface IOutgoingGrainCallContext
{
    // RPC 请求的目标 Grain 实例
    IAddressable Grain { get; }
```

```
// RPC 请求的目标服务接口的方法信息
MethodInfo InterfaceMethod { get; }

// RPC 请求的接口输入参数
object[] Arguments { get; }

// 底层 RPC 调用方法
    Task Invoke();

// RPC 调用返回值
object Result { get; set; }
}
```

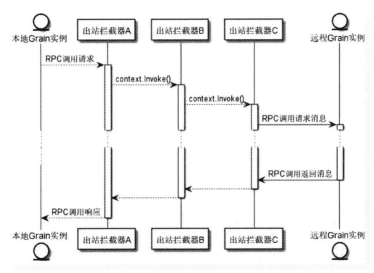

● 图 6-2　Orleans 出站消息处理过程

可以注意到，在请求调用侧的 RPC 上下文接口除 ImplementationMethod 字段外，与入站消息上下文接口 IIncomingGrainCallContext 保持一致。在出站消息拦截器内部，开发人员也可以对出站 RPC 请求的接口输入参数和 RPC 调用返回值进行查看及更改。

出站消息拦截器也可以通过匿名方法和显式定义实现的方式注册至 Silo 节点或 Orleans 客户端内：

1）注册匿名处理方法。

```
builder.AddOutgoingGrainCallFilter (async context =>
{
    // 为特定 Grain 服务增加请求上下文信息
```

```
if (string.Equals(context.InterfaceMethod.Name, nameof(ITargetGrain. TargetMethod)))
{
    RequestContext.Set("AdditionalInfo", "Hello from client interceptor");
}
// 调用后续方法
await context.Invoke();
// 更新整形返回值
if (context.Result is int resultValue) context.Result = resultValue * 2;
})
```

2）采用显式定义方式注册出站消息拦截器逻辑。

```
public class RemoteRequestPerformanceInterceptor: IOutgoingGrainCallFilter
{
    private readonly Logger<RemoteRequestPerformanceInterceptor> log;

    public RemoteRequestPerformanceInterceptor(Factory<string, Logger<RemoteRequestPerfor-
manceInterceptor>> loggerFactory)
    {
        this.log = loggerFactory(nameof(RemoteRequestPerformanceInterceptor));
    }

    public async Task Invoke(IOutgoingGrainCallContext context)
    {
        var sw = new Stopwatch();
        sw.Start(); //开始计时
        try
        {
            await context.Invoke();
        }
        finally
        {
            sw.Stop();
            // 记录调用时长
            this.log.Info($"远程请求 {context.Grain.GetType()}.{context.InterfaceMethod.
Name}" + $"({string.Join(", ", context.Arguments)})" + $"共用时: {sw.Elapsed}");
        }
    }
}

//通过扩展方法进行注册
```

```
builder.AddOutgoingGrainCallFilter<RemoteRequestPerformanceInterceptor>();

//或作为 Silo 内建服务进行注册
builder.ConfigureServices(
    services => services.AddSingleton<IOutgoingGrainCallFilter, RemoteRequestPerforman-
ceInterceptor>());
```

在上述代码中，builder 变量类型既可以是 ISiloHostBuiler 类型（注册至 Silo 服务节点），也可以是 IClientBuilder 类型（注册至 Orleans 本地客户端）。

由于 Orleans 运行时是通过参数注入的方式初始化并使用 Grain 请求拦截器的，因此应用开发人员也可以在 Grain 请求拦截器的构造函数中传入 IGrainFactory 接口，从而直接在 Grain 请求拦截器内部向 Orleans 服务集群内的其他 Grain 实例发起 RPC 请求：

```
public class AuthorizationCallFilter: IIncomingGrainCallFilter
{
    private readonly IGrainFactory grainFactory;

    public AuthorizationCallFilter(IGrainFactory grainFactory)
    {
        this.grainFactory = grainFactory;
    }

    public async Task Invoke(IIncomingGrainCallContext context)
    {
        // 防止对 IAuthorizationGrain 的无限递归调用
        if (! (context.Grain is IAuthorizationGrain))
        {
            var authorizationGrain = this.grainFactory.GetGrain<IAuthorizationGrain>
(context.Grain.GetPrimaryKeyLong());
            var authorizationResult = await authorizationGrain.ApplyAuthCheck(RequestCon-
text.Get("token"));
            if (! authorizationResult)
            {
                throw new AccessDeniedException($"未授权调用!");
            }
        }
        await context.Invoke();
    }
}
```

以上示例通过在入站消息拦截器内拦截并调用专用鉴权 Grain 服务，对所有业务请求进行了预鉴权，从而对用户鉴权逻辑和实际业务逻辑进行了解耦。

6.3　Grain 的派生类型

▶▶ 6.3.1　可重入 Grain

Orleans 运行时通过 Orleans 任务调度器和异步消息传输组件保证了默认配置下的 Grain 实例维度的单线程语义，即在集群内部任意时刻，某个 Grain 实例的服务仅由单个线程执行。Orleans 框架的这种特性可以极大程度地简化应用开发过程中的数据模型设计，Grain 实例的内部属性字段可以直接作为当前的服务状态，而服务状态变更的原子性则由 Orleans 运行时框架保证。实际上 Orleans 默认的"独占式"响应模式是以牺牲 Grain 服务的并发度为代价来保证内部服务状态变更的原子性的，即当 Grain 实例在响应某一服务请求时，所有针对该 Grain 实例的后续请求都将被阻塞并等待前序服务请求的完成。虽然在 Orleans 框架中，应用开发人员可以通过拆分和细化 Grain 的服务维度来保证整体服务的并发容量（如将同一个用户在不同页面上的操作行为处理逻辑分散至不同类型的 Grain 中处理），但在某些情况下开发人员仍需在 Grain 实例维度上保留一定程度的并发响应能力，Orleans 应用程序可以通过定义可重入 Grain（Reentrant Grain）的方式使 Grain 实例能够同时响应多个外部请求。

在 Orleans 运行时中，可重入 Grain 实际上允许当承载 Grain 实例处理逻辑的工作线程被异步任务阻塞时继续处理后续应用请求，从而保证 Grain 服务的并发响应。换句话说，一个可重入的 Grain 实例可能在前序请求处理尚未完成的情况下开始处理消息队列中的后续请求，但 Orleans 运行时将仍然保证在任意时刻只有一个线程处理并执行 Grain 实例内的业务逻辑，当且仅当该线程在等待异步操作完成时才会触发后续外部请求的交错响应。在 Orleans 运行时中，Grain 和 Grain 内部的服务接口可以通过以下任一方式开启外部响应的交错处理功能。

1）使用［Reentrant］特性对 Grain 类型进行标记。

2）使用［AlwaysInterleave］特性对 Grain 服务接口方法进行标记。

3）在 Grain 类型的 MayInterleave 断言方法中返回 True 值。

4）在单次服务请求的调用链中对同一个 Grain 实例重复发起服务调用。

当采用［Reentrant］特性对 Grain 类型定义进行标记时，Orleans 运行时将允许该类型内所有的服务接口交错响应外部请求。例如对于以下 Grain 类型。

```
[Reentrant]
public class ReentrantEcho: Orleans.Grain, IReentrantEcho
{
```

```
public async Task MethodA()
{
    await AsyncTaskA();
    return MethodAHandler();
}

public async Task MethodB()
{
    await AsyncTaskB();
    return MethodBHandler();
}
```

ReentrantEcho 若被定义为默认 Grain 类型，则当外部应用依次对 MethodA 和 MethodB 方法发起请求时，ReentrantEcho 类型的响应顺序一定为 AsyncTaskA( )、MethodAHandler( )、Async-TaskB( ) 和 MethodBHandler( )；而对 ReentrantEcho 增加 Reentrant 特性标注后，ReentrantEcho 类型的响应逻辑则可能为 AsyncTaskA( )、MethodAHandler( )、AsyncTaskB( )、MethodBHandler( ) 或 AsyncTaskA( )、AsyncTaskB( )、MethodAHandler( )、MethodBHandler( ) 或是 AsyncTaskA( )、AsyncTaskB( )、MethodBHandler( )、MethodAHandler( )。

当使用 AlwaysInterleave 特性在 Grain 服务接口方法定义上进行标注时，Orleans 运行时会将该服务接口标识为可交错执行接口，该接口可与 Grain 类型内任意服务接口交错执行。例如，在以下 Grain 定义中，通过 AlwaysInterleave 特性将 InterleaveMethod 方法标注为可交错执行方法：

```
public interface IMixedGrain: IGrainWithIntegerKey
{
    TaskExclusiveMethod();

    [AlwaysInterleave]
    TaskInterleaveMethod();
}

public class MixedGrain: Grain, IMixedGrain
{
    public async Task ExclusiveMethod()
    {
        await Task.Delay(TimeSpan.FromSeconds(15));
    }

    public async Task InterleaveMethod()
    {
```

```
        await Task.Delay(TimeSpan.FromSeconds(10));
    }
}
```

当 Orleans 客户端以以下两种方式调用该 Grain 的服务接口时：

```
var mixedGrain = client.GetGrain<IMixedGrain>(123);

//调用 A
await Task.WhenAll(mixedGrain.ExclusiveMethod(), mixedGrain.ExclusiveMethod());

//调用 B
await Task.WhenAll (mixedGrain.InterleaveMethod(), mixedGrain.InterleaveMethod(),
mixedGrain.ExclusiveMethod());
```

由于 ExclusiveMethod 方法不可交错执行，因此 MixedGrains 实例将依次处理并响应调用 A 中的两次 ExclusiveMethod 方法，总耗时约 30 秒；对于 B 场景而言，InterleaveMethod 方法可与任意方法交错执行，因此 ExclusiveMethod 方法将不会被前序的 InterleaveMethod 方法阻塞，Grain 执行线程在执行 InterleaveMethod 方法内的 Task.Delay 方法后将处于空闲状态并异步等待 .NET 定时器的返回，该线程实际可以交错响应后续对 ExclusiveMethod 方法的调用，B 场景下的调用总耗时约 15 秒。

Orleans 也允许开发者使用 MayInterleave 特性，根据对 Grain 实例的请求上下文开启或关闭 Grain 的交错执行功能。在使用 MayInterleave 特性标注时，需要传入一个定义在 Grain 类型内部的静态断言回调函数名 callbackMethodName，该函数签名如下所示。

```
public static bool MayInterleaveCallback(InvokeMethodRequest req){...}
```

输入参数为 Grain 实例的服务请求上下文对象，其中包含服务请求的调用参数和对应的接口信息：

```
public sealed class InvokeMethodRequest
{
    public int InterfaceId { get; private set; }
    public ushort InterfaceVersion { get; private set; }
    public int MethodId { get; private set; }
    public object[] Arguments { get; private set; }
}
```

在该回调函数中，应用程序可以根据传入参数动态控制 Grain 实例的交错执行策略：

```
[MayInterleave(nameof(MayInterleaveCallback))]
public class TestGrain: Grain, ITestGrain
{
```

```
public static bool MayInterleaveCallback(InvokeMethodRequest req)
{
    if (req.Arguments.Length == 0)
        return false;
    return ((string)req.Arguments[0]) == "reentrant";
}
}
```

除上述场景外，Orleans 运行时在对同一 Grain 实例服务的递归调用场景下也会在该 Grain 实例上自动交错执行请求以避免调用"死锁"。考虑如下两个 Grain 类型。

```
public interface IPingGrain: IGrainWithIntegerKey
{
    Task<bool> Ping(int num);
}

public interface IPongGrain: IGrainWithIntegerKey
{
    Task<bool> Pong(int num);
}

public class PingGrain: Grain, IPingGrain
{
    public async Task<bool> Ping(int num)
    {
        if (num == 0) return true;
        var pongGrain = this.GrainFactory.GetGrain<IPongGrain>(0);
        return await pongGrain.Pong(num -1);
    }
}

public class PongGrain: Grain, IPongGrain
{
    public async Task<bool> Pong(int num)
    {
        if (num == 0) return false;
        var pingGrain = this.GrainFactory.GetGrain<IPingGrain>(0);
        return await pingGrain.Ping(num -1);
    }
}
```

Ping Grain 实例和 Pong Grain 实例间存在相互递归调用，因此当传入 num 大于等于 2 时，服务请求将在 PingGrain0 和 PongGrain0 间相互传递（PingGrain0 调用 PongGrain0，PongGrain0 在响应函数内重复调用 PingGrain0），若 Orleans 运行阻塞 Grain 服务响应逻辑，将会引发调用链

"死锁"。为了避免上述情况，Orleans 运行时在默认情况下会记录调用链上的 Grain 实例 ID，并允许同一调用链上的 Grain 实例服务交错执行服务请求。应用开发人员可以在 Silo 启动时通过 SchedulingOptions. AllowCallChainReentrancy 选项手动关闭递归调用交错执行策略：

```
siloHostBuilder.Configure<SchedulingOptions>(
    options => options.AllowCallChainReentrancy = false);
```

当 SchedulingOptions. AllowCallChainReentrancy 选项被关闭时，Orleans 运行时将在侦测到递归"死锁"调用时抛出 DeadlockException "死锁"异常提示并中断后续服务调用。

▶▶ 6.3.2　Grain 服务

Grain 服务是一种特殊的 Grain 类型，其与一般 Grain 类型不同的是，Grain 服务的实例并没有固定的 Grain ID，且其占用的资源并不会被 Orleans 运行时动态回收，而是常驻于每一个 Silo 节点内。

在 Orleans 集群中，每一个 Silo 节点内部都会维护一个常驻内存的单例 Grain 服务对象实例（见图 6-3），当应用程序从其他 Grain 实例内部对 Grain 服务发起请求时，该请求将由 Orleans 运行时通过一致性 Hash 算法分配到指定 Silo 节点上的 Grain 服务实例运行。Grain 服务可以看作是由 Orleans 运行时托管的具有集群内负载均衡特性的 RPC 服务，但 Grain 服务实例在默认配置下将仍然以单线程执行语义响应外部请求，应用开发人员也可按需将 Grain 服务定义为可重入 Grain 以提高系统的响应效率。

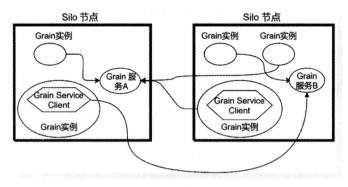

● 图 6-3　Grain 服务的运行时模型

由于 Grain 服务实例并没有普通 Grain 实例的 ID 属性，实际发起 RPC 请求时需要通过 Grain 服务客户端（Grain Service Client）进行代理转发。Grain 服务客户端可以看作是一种分布式反向代理，在其内部会将调用方 Grain 的 ID 映射至一致性 Hash 环中，并将 RPC 请求路由至该 Hash 值所属的 Silo 节点，再由该 Silo 节点中的 Grain 服务实例执行并响应请求，因此每个

Grain 实例所访问的 Grain 服务节点并不一定由本地 Silo 管理。

应用开发人员可以通过以下步骤在 Orleans 集群中使用 Grain 服务：

1）定义 Grain 服务接口。

```
public interface IAlwaysOnGrainService: IGrainService {
    TaskServiceMethodAsync();
}
```

2）实现 Grain 服务类，开发人员可以在 Grain 服务类的构造函数中传入 IGrainFactory 参数，Orleans 运行时在 Silo 节点启动时会自动将 IGrainFactory 对象通过 IOC 容器注入 Grain 服务类实例中，从而允许应用程序在 Grain 服务类内部与其他 Grain 实例通信。在此需要注意的是，由于 Orleans 的流式处理框架在进行消息发布时，可能需要根据当前 Grain 实例的 ID 字段进行虚拟数据流的寻址，因此在 Grain 服务类中需要通过特定的 Grain 代理实例实现数据的流式发布。

```
[Reentrant]
public class AlwaysOnGrainService: GrainService, IAlwaysOnGrainService
{
    readonly IGrainFactory GrainFactory;
    public AlwaysOnGrainService(
        IServiceProvider services,
        IGrainIdentity id,
        Silo silo,
        ILoggerFactory loggerFactory,
        IGrainFactory grainFactory): base(id, silo, loggerFactory)
    {
        GrainFactory = grainFactory;
    }
    public override Task Init(IServiceProvider serviceProvider)
    {
        return base.Init(serviceProvider);
    }
    public override async Task Start()
    {
        await base.Start();
    }
    public override Task Stop()
    {
        return base.Stop();
    }
    public Task ServiceMethodAsync()
    {
    }
}
```

3）基于 IGrainServiceClient 泛型接口定义 Grain 服务客户端接口，该客户端服务接口将在 Orleans 运行时中的 Grain 实例内部作为 Grain 服务的代理服务接口。

```
public interface IAlwaysOnGrainServiceClient:
    IGrainServiceClient<IAlwaysOnGrainService>, IAlwaysOnGrainService
{
}
```

4）实现 Grain 服务客户端类，即 Grain 服务的代理类。

```
public class AlwaysOnGrainServiceClient:
    GrainServiceClient<IAlwaysOnGrainServiceClient>, IAlwaysOnGrainServiceClient
{
    public AlwaysOnGrainServiceClient(IServiceProvider serviceProvider)
        : base(serviceProvider)
    {
    }

    public Task ServiceMethodAsync() => GrainService.ServiceMethodAsync();
}
```

可以看到，代理类中的服务接口实现实际是对基类 GrainService 代理对象的服务接口透传。在 GrainServiceClient 基类中，GrainService 字段在读取时会根据调用方 Grain 的上下文信息进行相应的 Hash 路由计算，并获取相应 Silo 节点上的 Grain 服务实例的引用：

```
public abstract class GrainServiceClient<TGrainService>
    : IGrainServiceClient<TGrainService> where TGrainService: IGrainService
{
    protected TGrainService GrainService
    {
        get
        {
            var grainId = GrainId.GetGrainServiceGrainId(0, grainTypeCode);
            var destination = MapGrainReferenceToSiloRing(CallingGrainReference);
            var grainService = grainFactory.GetSystemTarget<TGrainService>(grainId, des-
tination);
            return grainService;
        }
    }

    protected GrainReference CallingGrainReference => RuntimeContext.CurrentGrainCon-
text?.GrainReference;

    private SiloAddress MapGrainReferenceToSiloRing(GrainReference grainRef)
    {
```

```
        var hashCode = grainRef.GetUniformHashCode();
        return ringProvider.GetPrimaryTargetSilo(hashCode);
    }
}
```

5）在构建 Silo 服务时将 Grain 服务及 Grain 服务客户端类型注册至 Orleans 运行时容器中。

```
new SiloHostBuilder().ConfigureServices(
    services =>
    {
        services.AddSingleton<IAlwaysOnGrainService, AlwaysOnGrainService>();
        services.AddSingleton<IAlwaysOnGrainServiceClient, AlwaysOnGrainServiceClient>
();
    });
```

开发人员也可以直接使用 ISiloHostBuilder 接口的 AddGrainService <TGrainService>（）扩展方法对 Grain 服务类型进行注册。

6）在需要调用 Grain 服务的 Grain 类型内部增加 Grain 服务代理客户端字段，并确保该字段可由 Orleans 运行时在 Grain 实例构建和激活时通过 IOC 容器由构造函数注入并赋值。

```
public class SomeOtherGrain: Grain, ISomeOtherGrain
{
    readonly IAlwaysOnGrainServiceClient AlwaysOnGrainServiceClient;

    public SomeOtherGrain(IGrainActivationContext grainActivationContext,
        IAlwaysOnGrainServiceClient alwaysOnGrainServiceClient)
    {
        AlwaysOnGrainServiceClient = alwaysOnGrainServiceClient;
    }
}
```

▶▶ 6.3.3　定时器与通知服务

Orleans 运行时为开发人员提供了定时器（Timer）和通知服务（Reminder）两种内建定时组件来搭建并实现应用开发过程中的周期性任务。Orleans 定时器适用于临时性的短间隔定时任务，而 Orleans 通知服务则适用于实现集群内长期存在并需要持久化保活的定时任务。

1. Orleans 定时器

Orleans 定时器由 Grain 实例初始化，并与该 Grain 实例生命周期绑定，每个 Grain 对象实例可以与一个或多个 Orleans 定时器对象绑定，且 Orleans 定时器对象只对该 Grain 实例可见。在 Grain 对象内部可以通过 RegisterTimer 方法注册一个 Orleans 定时器：

```
public IDisposable RegisterTimer(
    Func<object, Task> asyncCallback, // 异步定时回调方法
    object state,                     // 异步定时回调方法参数
    TimeSpan dueTime,                 // 首次触发前的时间间隔
    TimeSpan period)                  // 定时器周期触发时间间隔
```

RegisterTimer 方法将返回一个实现了 IDisposable 接口的定时器对象，开发人员可以通过调用 Dispose 方法停止并释放该定时器对象。从 RegisterTimer 方法的输入参数列表可以看出，Orleans 定时器的定时回调方法是一个异步任务，Orleans 定时器对象在内部通过基于 .NET 运行时的 System. Threading. Timer 类实现定时回调逻辑，但与之不同的是，Orleans 定时器所触发的定时回调任务将由 Orleans 运行时确保其运行在与之绑定的 Grain 实例任务上下文中，并满足单线程执行语义。因此，Orleans 定时器的异步定时回调方法在执行过程中将一定程度上阻塞 Grain 实例对外部服务请求的响应。

Orleans 定时器对象是 Grain 实例中的一个临时对象，其在 Grain 实例休眠（或 Grain 实例逻辑执行异常）时将被 Orleans 运行时回收。因此，Orleans 定时器对象将只在 Grain 实例激活时被定时触发。此外，由于 Orleans 定时器的异步定时回调方法在执行时并不会更新宿主 Grain 实例的空闲计数器（在 Orleans 定时器的实现中，异步定时回调方法由 .NET 线程池线程直接提交给 Grain 实例的调度上下文进行调度，而 Grain 实例的空闲计数器仅在 Grain 实例接受或完成外部消息请求处理时才被触发重置）。因此，注册在 Grain 实例上的异步回调方法在执行过程中不会影响 Orleans 运行时对该 Grain 实例对象的空闲计数，也无法阻止或延后 Orleans 运行时对该 Grain 实例对象的垃圾回收进程。还需注意的是，Orleans 定时器的周期触发时间间隔是从该定时器的上一异步回调方法完成后开始重新计时的，因此在 Orleans 运行时内部不会出现单个定时器上的异步回调任务的堆积。当 Grain 实例绑定了多个 Orleans 定时器对象时，不同定时器对象的异步回调任务可能在宿主 Grain 实例内部交错执行，这是由于 Grain 实例的请求阻塞逻辑是在 Grain 实例的请求消息层实现的，而 Orleans 定时器的异步定时回调任务在触发时则绕过了 Grain 实例的消息层接口，直接提交给 Grain 实例任务调度器调度执行。

考虑到 Orleans 定时器的以上特点，在实际应用中，可以通过 Grain. OnActivateAsync 方法或在 Grain 服务逻辑中动态注册 Orleans 定时器对象来将其用以触发高频次（秒级或分钟级）的定时任务，开发人员同时需要保证由 Orleans 定时器触发的异步定时任务足以容忍 Grain 实例内的各种异常中断情况（执行异常或 Grain 资源被 Orleans 运行时回收）。

2. **Orleans 通知任务**

区别于"短时不可靠"的 Orleans 定时器组件，Orleans 通知任务是一种常驻于 Orleans 服务集群中的持久化定时任务。Orleans 通知任务由 Orleans 运行时持久化储存在外部存储服务中，

在创建后仅可由应用开发人员显式取消,因此几乎可以在任何场景下(甚至包括 Orleans 服务集群的重启)定时触发通知任务。Orleans 通知服务在触发策略上与 Orleans 定时器保持了一致,即定时器的触发间隔将在完成上一次通知任务完成后重新启动,并由此保证定时通知任务不会重复触发。

由于 Orleans 通知任务组件依赖于外部持久化存储服务,因此在使用 Orleans 通知任务时,需要使用 Silo 构造器对象的 UseXXXReminderService 扩展方法注册对应的通知任务存储服务。例如,以下代码在构建和配置 Silo 时使用了 AdoNet SQL 服务及 Azure Table 服务作为 Orleans 通知任务的外部存储服务:

```
//使用 Azure Table 实现 Reminder Service
    var silo = new SiloHostBuilder()
    [...]
    .UseAzureTableReminderService(options =>
        options.ConnectionString = "Azure Table connection String") //此处填入 Azure Table
的连接字符串
    [...]

//使用 SQL DB 实现 Reminder Service
var silo = new SiloHostBuilder()
    [...]
    .UseAdoNetReminderService(options =>
    {
        options.ConnectionString = "SQL connection string"; //此处填入 SQL 数据库连接字符串
        options.Invariant = "ADO.NET invariant"; // 此处填入 ADO.NET 不变属性,如"System.Data.SqlClient"
    })
    [...]
```

Orleans 框架时同时提供了 UseInMemoryReminderService 扩展方法,以启用一个内建的内存持久化的通知任务服务供开发人员在开发及测试环境中使用:

```
var silo = new SiloHostBuilder()
    [...]
    .UseInMemoryReminderService() //指定使用内存持久化服务
    [...]
```

Orleans 通知任务服务是由一个名为 LocalReminderService 的 Orleans Grain 服务实现的。在 Orleans 集群内部,LocalReminderService 由 Orleans Grain 服务框架负责启动及运行,并通过服务代理类 ReminderRegistry 对外部 Grain 类型开放以下服务接口,使 Grain 实例可以在应用逻辑内部管理与自身绑定的定时通知任务:

```
public interface IReminderRegistry: IGrainServiceClient<IReminderService>
{
    // 注册或更新通知任务,通知任务将与发起调用的 Grain 实例绑定
    Task<IGrainReminder> RegisterOrUpdateReminder(string reminderName, TimeSpan dueTime,
TimeSpan period);

    // 注销与当前 Grain 实例绑定的通知任务
    TaskUnregisterReminder(IGrainReminder reminder);

    // 根据通知任务名获取与当前 Grain 实例绑定的通知任务信息
    Task<IGrainReminder> GetReminder(string reminderName);

    // 获取与当前 Grain 实例绑定的所有通知任务信息
    Task<List<IGrainReminder>> GetReminders();
}
```

Orleans 通知任务的底层实现是在 Grain 实例发起注册请求时,将 Grain 实例的类型编号、实例编号、通知名称及定时配置等上下文信息持久化至存储服务中,并基于 Grain 服务框架内的一致性 Hash 算法将集群内的通知任务交由各 Silo 节点中的 LocalReminderService 实例负责管理。每个 LocalReminderService 实例负责启动所属范围内的通知任务的管理与触发,当集群结构发生改变时(如 Silo 服务重启或集群扩容等),各 Silo 节点中的 LocalReminderService 实例也将依赖于 Grain 服务框架对本地缓存中的定时通知任务进行刷新。因此 Orleans 通知任务实际是一种分布式定时任务框架,其可靠性由外部存储服务和 Orleans 服务集群共同保证。

与 Orleans 定时器不同的是,当 Grain 采用 Orleans 通知任务实现定时触发时,需要实现通过 IRemindable 接口中的 RecieveReminder 方法接收 Orleans 通知任务的消息回调,该方法的定义为:

```
public interface IRemindable: IGrain
{
    TaskReceiveReminder(string reminderName, Runtime.TickStatus status);
}
```

其中,reminderName 参数为与当前 Grain 实例绑定的定时通知名称,Runtime. TickStatus 类型的 status 参数中则包含了该通知任务的首次触发时间、触发周期及当前触发时间等上下文信息,Grain 实例可以根据以上通知上下文进行处理和响应:

```
[Serializable]
public struct TickStatus
{
    // 首次触发时间
    public DateTime FirstTickTime { get; private set; }
```

```
// 提醒间隔
public TimeSpan Period { get; private set; }

// Orleans 运行时发送当前通知消息的时间戳
public DateTime CurrentTickTime { get; private set; }
}
```

由于 Orleans 通知任务的通知消息是由 LocalReminderService 服务管理的内部定时器发起的，并经由 Orleans 运行时以内部 RPC 消息的形式发送至对应的 Grain 实例中，因此 Orleans 通知任务可以看成是一次 Grain 间的 RPC 调用，当待通知的 Grain 实例未处于激活状态时，Orleans 运行时也将主动激活该 Grain 实例并将定时通知任务投递至其 ReceiveReminder 方法中，因此 Orleans 通知任务可以保证 Grain 实例能够可靠地接收定时任务消息。

相比于轻量级的 Orleans 定时器异步回调任务，Orleans 通知服务在注册后需要占用 Orleans 运行时的一部分系统资源（LocalReminderService 服务需要在本地缓存集群内所有已注册通知服务的上下文信息），且 Orleans 通知消息的传递依赖于 Orleans RPC 调用框架，因此 Orleans 通知服务是一个"重量级"的高可靠定时任务框架，适用于较低触发频率（分钟或小时级）下的定时任务及消息通知场景。应用开发人员也可以通过结合使用 Orleans 通知服务和 Orleans 定时器实现复杂的定时任务处理逻辑，即通过 Orleans 通知服务定时唤醒（激活）特定的 Grain 实例，并在 Grain 实例内部注册异步定时任务，处理高频率、细粒度的任务逻辑。

▶▶ 6.3.4 无状态工作者 Grain

在 Orleans 应用框架内，应用程序将 Grain 类型作为业务模型的逻辑映射，并通过 Grain 标识将业务内的数据实体与 Orleans 运行时内部的 Grain 实例进行绑定，使开发人员能够直接从业务视角进行应用逻辑的构建。由于 Grain 实例在应用程序内部所描述的是一个具有状态属性的数据实体，因此在默认情况下，Orleans 运行时在集群内只会激活并维护一份 Grain 实例，并通过单线程执行语义保证该数据实体状态变更的原子性。但在某些应用场景下，对于应用请求的处理无须依赖当前数据实体的状态，甚至在许多情况下，应用请求的处理只依赖于请求数据本身。例如，当用户向服务集群提交一项图片或视频文件转换任务时，文件转换器对象只需解析并处理请求中的二进制数据流，而与文件转换器对象自身的业务属性（如文件转换器实例的 Grain 标识等）无关；又如在大型系统的数据库分片场景下，需要通过请求体中携带的用户信息（如 User ID 等）进行数据库分片路由计算，用户数据的分片信息只与当前用户数据的分片配置相关，而与处理该映射逻辑的 Grain 实体无关。Orleans 无状态工作者 Grain(Stateless Worker Grain) 是 Orleans 运行时用以承载此类功能性处理逻辑的专用 Grain 类型。

开发人员可以使用 [StatelessWorker] 特性对 Grain 类型定义进行标注并将该 Grain 类型声

明为无状态工作者 Grain。Orleans 运行时将在应用程序运行过程中对无状态工作者 Grain 类型进行以下特殊优化处理。

1）由于工作者 Grain 所包含的功能性处理逻辑仅依赖于请求体本身，因此 Orleans 运行时在处理针对无状态工作者 Grain 实例的 RPC 请求时，将由 Orleans 运行时根据运行状态直接投递至任一空闲的工作者 Grain 实例中处理。

2）对于在 Grain 实例内部对工作者 Grain 发起的业务请求，将默认由本地 Silo 内的工作者 Grain 实例处理，而由 Orleans 客户端发起的工作者 Grain RPC 请求则将由该 Orleans 客户端的网关 Silo 节点处理。因此对工作者 Grain 的 PRC 请求并不会产生集群内的跨节点通信。

3）Orleans 运行时会在集群内不同的 Silo 节点上创建多个无状态工作者 Grain 实例，当本地 Silo 节点同时接收到多个工作者 Grain RPC 请求时，若当前系统内的工作者 Grain 实例仍在处理前序请求，Orleans 运行时会自动创建新的工作者 Grain 实例以并行处理后续业务请求，应用开发人员可以通过［StatelessWorker］特性的可选参数 maxLocalWorkers 配置 Silo 本地单个工作者 Grain 实例池中的最大数量，Orleans 运行时将该数量上限默认配置为 Silo 节点本地主机的 CPU 内核数。

Orleans 运行时通过对无状态工作者 Grain 的上述优化，实现了 Orleans 集群内部对工作者 Grain 实例容量的动态管理。一方面，Orleans 运行时在 Silo 节点内部进行工作者 Grain 请求任务的调度和执行，以减少集群内部的网络通信消耗；另一方面，每个 Silo 节点都通过池化技术最大限度地复用本地系统内的工作者 Grain 实例，当业务请求负载增加时 Silo 节点可以迅速对本地工作者 Grain 池进行扩容，并在负载减少时依赖 Orleans 运行时的垃圾回收机制自动回收空闲 Grain 实例数量。

无状态工作者 Grain 在定义实现上与普通 Grain 类型一致：

```
//工作者 Grain 实例池中最大容量为默认大小的工作者 Grain 类型
[StatelessWorker]
public class VideoConverter: Grain, IVideoConverter
{
...
}

//每个 Silo 节点上每个 Grain 实例池的最大容量为 2
[StatelessWorker(2)]
public class ImageConverter: Grain, IImageConverter
{
...
}
```

当应用程序向工作者 Grain 实例发起服务请求时，在绝大多数情况下，应用开发人员可以直接向 Grain ID 参数传入一个固定值（0 或 Guid. Empty）以访问 Silo 节点内的同一工作者 Grain 实例池，应用开发人员亦可以传入特定 Grain ID 的方式，将任务请求发送至指定特定工作者 Grain 资源池中处理：

```
//指定在编号为 1 的 Image Converter 工作者 Grain 资源池中处理任务
var converter = GrainFactory.GetGrain<IImageConverter>(1);
await converter.Convert(imageUrl);
```

Orleans 无状态工作者 Grain 的 "无状态" 特性并不意味着应用开发人员无法在 Grain 类型内定义内部状态并保证 Grain 内仅包含功能性处理函数。无状态工作者 Grain 实例可看作是 Silo 节点本地 .NET 专用线程池内的工作线程实例，外部应用所提交的任务将无法指定由特定工作者执行，但工作者本身仍然允许持有私有数据缓存或状态字段。例如，可以由工作者 Grain 实例提供热点数据的本地缓存服务，将缓存数据存储于每个工作者 Grain 实例内部，通过特定方式（如 Orleans 定时器或通知任务等）对缓存数据进行刷新并保证所有工作者 Grain 实例缓存的数据一致性。由于在 Orleans 集群内对工作者 Grain 实例的调用仅涉及 Silo 节点内部的本地消息通信，因此工作者 Grain 也可以作为 Silo 本地节点的数据聚合器，在密集型远程 IO 读写操作（如日志收集或性能指标统计）前，对本地数据进行初步聚合，以减少外部消息传递数量并提升系统的整体运行效率。

值得注意的是，Orleans 工作者 Grain 实例在默认情况下与普通 Grain 类型一样遵循请求独占式单线程执行语义，应用开发人员需要显式地为 Orleans 工作者 Grain 类型增加 [Reentrant] 特性标注以开启工作者 Grain 类型的多请求交错执行功能。

6.4 事件溯源

事件溯源（Event Sourcing）模型（见图 6-4）是近年来越来越流行的一种软件架构模型，其将应用系统的运行过程看成是由一系列事件（Event）驱动的视图（View）状态转移过程，并将应用系统中的数据划分为事件数据和视图（状态）数据两类。这与 Orleans 系统的虚拟 Actor 模型有很大的共通之处：Orleans 系统中的 Grain 实例是特定业务实体（Grain ID）上操作行为（Grain 服务方法）和状态（内部/外部数据）的集中

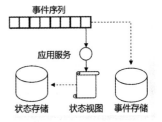

● 图 6-4 事件溯源模型

描述；而在事件溯源模型中，则将业务应用中的实体定义为聚合对象，将业务实体的当前状态看成是一系列事件依序驱动聚合对象状态变更后的最终结果。

例如，一个用户的银行账号即可看作是一个事件溯源模型聚合对象，用户的转账扣款等操作过程在系统中产生了事件流水，站在事件溯源驱动的角度不难看出，用户某一时刻的银行账户余额（即聚合对象的状态）必然由系统中的历史事件及聚合对象的初始状态共同决定，而账户的当前状态变更逻辑则由系统服务（操作行为）的幂等性约束。因此在系统服务逻辑不变的条件下，系统既可以直接查询应用实体的当前状态，也可以通过历史状态和事件回放过程对该实体的历史状态视图进行回溯。

在事件溯源模型中对实体状态和事件序列进行拆分的优点在于可以极大地简化业务系统的存储层设计。从图6-4可以看出，事件存储和状态存储服务在系统运行过程中可以提供只写（Write Only）服务，因此可以采用追加写入（Append Only）的方式最大化存储服务的吞吐量（应用服务可以做到无锁式设计），并直接由存储服务保证历史数据的持久性和一致性，从而实现应用运行时的读写分离。

▶▶ 6.4.1　日志一致性协议

由于追加写入事件流的方式等同于持久化记录系统的执行日志，因此这种保证分布式系统内数据一致性机制被称为日志式一致性协议（Log Consistency Protocol），Orleans 框架为事件溯源模型提供了一组专用日志一致性服务（Log Consistency Protocol Providers），以支持 Orleans 运行时内部事件及状态数据的持久化存储，其服务接口定义如下。

```
public interface ILogViewAdaptor<TGrainState, TEventType> :
    ILogViewRead<TGrainState, TEventType>,
    ILogViewUpdate<TEventType>,
    ILogConsistencyDiagnostics
    where TGrainState: new()
{
    // Grain.OnActivateAsync 方法执行前的异步任务入口
    TaskPreOnActivate();

    // Grain.OnActivateAsync 方法执行前后的异步任务入口
    TaskPostOnActivate();

    // Grain.OnDeactivateAsync 方法执行前后的异步任务入口
    TaskPostOnDeactivate();
}

//日志视图(状态)读取服务接口
public interface ILogViewRead<TView, TLogEntry>
{
    // 本地临时状态视图,由所有已确认写入及未确认写入事件聚合
```

```
        TView TentativeView { get; }

        // 已确认状态视图,由所有已确认写入事件聚合
        TView ConfirmedView { get; }

        // 已确认事件数量
        int ConfirmedVersion { get; }

        // 本地未确认写入事件集合
        IEnumerable<TLogEntry> UnconfirmedSuffix { get; }

        // 根据起始版本范围获取该范围内已确认事件集合方法
        Task<IReadOnlyList<TLogEntry>> RetrieveLogSegment(int fromVersion, int toVersion);
    }

//日志视图(状态)更新服务接口
public interface ILogViewUpdate<TLogEntry>
{
    // 在全局日志存储内同步提交追加一条日志数据
    void Submit(TLogEntry entry);

    // 在全局日志存储内同步提交追加一组日志数据
    void SubmitRange(IEnumerable<TLogEntry> entries);

    // 尝试在全局日志存储内异步追加一条日志数据,当追加操作与其他操作产生并行冲突(如该数据已被添
加)时返回失败
    Task<bool> TryAppend(TLogEntry entry);

    // 尝试在全局日志存储内异步追加一组日志数据,当追加操作与其他操作产生并行冲突(如该数据已被添
加)时返回失败
    Task<bool> TryAppendRange(IEnumerable<TLogEntry> entries);

    // 等待并确认所有前序提交的追加日志数据被写入全局日志视图中
    Task ConfirmSubmittedEntries();

    // 确保所有前序提交的追加日志数据以被写入全局日志视图中并强制同步最新日志视图
    Task Synchronize();
}
```

Orleans 框架在 Microsoft. Orleans. EventSourcing 扩展包中也直接提供了若干日志一致性服务的实现,以满足普通业务场景下的开发需求。

- Orleans. EventSourcing. StateStorage. LogConsistencyProvider 程序包主要针对视图状态（即 Grain 状态）和聚合对象元数据（状态版本及状态签名数据）进行序列化存储,并可以独立配置依赖的存储服务。该服务会在每一次聚合对象状态发生改变时,将最新状态

写入存储服务中（即增量存储状态快照），因此并不适用于聚合对象状态较为复杂的场景。此外，由于该服务实现并没有对事件数据进行持久化存储，因此没有实现 Retrieve-ConfirmedEvents 方法。

- Orleans. EventSourcing. LogStorage. LogConsistencyProvider 程序包是面向事件数据的持久化存储服务，其在每一次追加写入时会将所有事件写入存储服务中（即向存储服务中写入 List <EventType> 对象及相应的版本元数据）。随着接收事件数量的增加，其每次写入存储服务的数据量也会相应增加，因此该服务仅限在测试和开发环境中使用。

- Orleans. EventSourcing. CustomStorage. LogConsistencyProvider 程序包是用户自定义的持久化存储服务接口，应用开发人员在使用该服务后，需要在依赖日志一致性服务的 Grain 类型（即 JournaledGrain 的派生类）中实现 ICustomStorageInterface 接口以明确状态及事件的追加存储策略：

```
public interface ICustomStorageInterface<TState, TEvent>
{
    // 从存储服务中读取视图(状态)及版本数据
    Task<KeyValuePair<int,TState>> ReadStateFromStorage();

    // 若当前存储服务中的视图版本与期望版本相符,则将事件列表写入存储服务中并返回 True,否则不进行
    写入操作并返回 False
    Task<bool> ApplyUpdatesToStorage (IReadOnlyList <TEvent> updates, int expectedver-
sion);
}
```

▶▶ 6.4.2 JournaledGrain 类

Orleans 框架定义了专用的事件溯源 Grain 类 JournaledGrain <TStateType, TEventType>，以实现事件溯源模型，其中 TStateType 泛型参数绑定了 JournaledGrain 的状态类型，在 Orleans 框架中，JournaledGrain 的状态类型需要定义一个公共默认构造函数；TEventType 泛型参数则绑定了 JournaledGrain 类型所接收的事件类型，在 Orleans 框架中允许使用任意接口或类型进行绑定。此外，在 Orleans 事件溯源模型中，JournaledGrain 的状态视图和所接收的事件流数据都可按需在存储服务中进行读写，因此 TStateType 和 TEventType 泛型参数所绑定的类型都应支持序列化/反序列化操作。JournaledGrain 类内的事件及状态持久化操作由 Orleans 运行时托管，JournaledGrain 实例内部的事件触发和溯源操作都依赖于底层 Orleans 运行时的日志视图服务。

在 JournaledGrain 实例内部可以通过调用 RaiseEvent 或 RaiseEvents 方法在本地触发一个或多个事件。RaiseEvent 和 RaiseEvents 方法实际只是将事件对象写入本地存储缓存（即只调用 ILogViewUpdate. Submit 和 ILogViewUpdate. SubmitRange 方法），并不阻塞等待底层的一致性存储服

务的实际写入操作完成。因此，若在事件触发连续发起多了个 RaiseEvent 调用，可能无法保证
事件的触发和写入顺序的强一致性，而在触发下一事件前显示调用 ConfirmEvents 方法（底层
调用 ILogViewUpdate. ConfirmSubmittedEntries 方法）并等待异步任务完成，则可以避免上述
情况：

```
RaiseEvent(new TEventType());
await ConfirmEvents();
```

在使用事件溯源 Grain 类时，开发人员还需要定义外部事件对 Grain 状态的操作行为（即
Grain 的状态转移逻辑）。一种方式是直接重写 JournaledGrain 基类中的 TransitionState 函数：

```
protected override void TransitionState(TStateType state, TEventType @event)
{
    // 状态转移逻辑
}
```

另一种方式是将状态转移逻辑定义在 TStateType 状态类中，TransitionState 方法在 Journal-
edGrain 基类中的实现如下。

```
protected virtual void TransitionState(TStateType state, TEventTypeBase@event)
{
    dynamic s = state;
    dynamic e = @event;
    s.Apply(e);
}
```

其中使用了 dynamic 关键字将 Grain 状态转移函数的类型绑定过程移交给动态语言运行时
决定。因此，开发人员可以通过在 TStateType 类型中实现针对不同事件类型的状态转移函数，
从而由 .NET 框架在运行时根据实际事件类型执行相应的处理逻辑：

```
class TStateType {

    Apply(TEventTypeA @event)
    {
      // TEventTypeA 类型的事件的状态转移逻辑
    }
    Apply(TEventTypeB @event)
    {
      // TEventTypeB 类型的事件的状态转移逻辑
    }
}
```

Orleans 事件溯源 Grain 类支持对状态和历史事件列表的读取，开发人员可以通过 Journal-
edGrain 中的 Version 及 State 字段读取当前 Grain 的状态视图：

```
protected int Version { get; } // 当前状态视图版本
protected TStateType State { get; } //当前状态视图对象
```

其中，视图版本字段将由 Orleans 运行时基于该实例接收到的事件数量自动计算（初始值为 0，在完成每一个触发事件处理后自动加一），而 Grain 实例的初始状态取决于 TStateType 类型的默认构造函数逻辑。历史事件列表的读取方法 RetrieveConfirmedEvents 则实际通过调用底层日志式持久化服务适配器对象 ILogViewRead. RetrieveLogSegment 实现服务接口：

```
protected Task<IReadOnlyList<TEventBase>> RetrieveConfirmedEvents (int fromVersion, int
toVersion)
{
    if (fromVersion <0)
        throw new ArgumentException("invalid range", nameof(fromVersion));
    if (toVersion <fromVersion ||toVersion> LogViewAdaptor. ConfirmedVersion)
        throw new ArgumentException("invalid range", nameof(toVersion));
    return LogViewAdaptor. RetrieveLogSegment(fromVersion, toVersion);
}
```

▶▶ 6.4.3 事件提交策略及多实例同步

在数据可靠性需求较高的应用场景中（如交易及转账操作），应用服务需要确保外部事件在触发时被立即写入一致性存储服务，以保证服务本地存储数据与外部存储数据的高度一致。为了实现上述诉求，在 Orleans 运行时内，应用开发人员需要做到以下几点。

1）在 Grain 服务方法返回前调用 ConfirmEvents 方法，确保所有通过 RaiseEvent 方法触发的事件被写入一致性存储服务中。

2）在 Grain 服务方法返回前保证使用 RaiseConditionalEvent 方法触发的异步事件已完成。

3）避免使用［Reentrant］或［AlwaysInterleave］特性标识 Grain 类型及服务方法，以确保 Grain 实例独立处理每一个 RPC 请求。

以上三点确保了在 Grain 响应函数中进行事件触发后，在该事件被写入一致性存储服务前，该 Grain 实例不会运行其他逻辑，从而确保外部应用及 Grain 实例本身能够屏蔽本地和外部存储数据间的短暂差异。上述方式实际是一种阻塞式事件触发策略，因此在以下情况下会带来系统或性能问题。

1）由于 Orleans 日志一致性服务在连接失败时会反复尝试重建连接直至恢复，因此 Grain 实例服务将被无限期阻塞并无法处理后续请求。

2）Grain 实例在最坏情况下会串行地阻塞式写入每一个触发事件，Grain 实例的吞吐量将受限于底层一致性存储服务。

在一般应用场景下，开发人员可以通过以下方式对上述方案进行改进，以增加系统运行效率并提高服务吞吐量：

1）允许 Grain 服务方法在触发事件后不等待一致性存储服务的写入确认信号（Orleans 运行时会定期调用 ConfirmEvents 方法确保提交到本地的触发事件被写入一致性存储服务中）。

2）开启 Grain 服务的交错执行功能，允许 Grain 实例在等待一致性存储服务写入触发事件时处理其他逻辑。

在此情况下，应用程序可能发现本地的触发事件状态与外部一致性存储服务中的状态不一致，为了处理此类情况，可以在 JournaledGrain 的派生类中使用以下 API 获取尚未提交至一致性存储服务中的事件集合：

```
public IEnumerable<TEventBase> UnconfirmedEvents
{
    get { return LogViewAdaptor.UnconfirmedSuffix; }
}
```

同时，由于 State 字段将返回一致性存储服务中的状态副本，而本地仍存在为确认提交的事件，所以 JournaledGrain 类也提供了 TentativeState 字段以返回一个"临时"状态：

```
protected TGrainState TentativeState
{
    get { return this.LogViewAdaptor.TentativeView; }
}
```

该"临时"状态是在现有状态下应用了所有未确认提交的事件后的最终状态，开发人员可以将其看作是下一确认提交状态的最大似然猜测（由于 Grain 内部的处理逻辑可能出现异常，或待提交事件在提交过程中可能由于其他竞态条件而提交失败，因此 Orleans 运行时无法保证该状态与下一确认提交状态的强一致性）。由于 JournaledGrain 实例内的应用执行逻辑仍然遵循 Orleans 运行时的单线程执行语义，因此在其内部进行状态读写时也无须考虑并发读写场景。

在 Orleans 的多集群部署（如异地多活集群）场景下，具有同一 Grain 标识的 Grain 对象可能在 Orleans 运行时内同时存在多份实例（如采用［OneInstancePerCluster］特性对 Grain 对象进行标注后，Grain 实例会同时存在于每个子集群中），从而在系统运行过程中带来一定程度的数据不一致性，而事件溯源模型则可以较小的系统代价保证各 Grain 实例副本的数据一致性。JournaledGrain 实例的多实例数据一致特性由 Orleans 日志一致性服务保证，Orleans 日志一致性服务通过以下方式确保了个 Grain 实例在同一事件序列上达成一致：

1）Orleans 运行时将确保 Grain 实例的状态版本有序增加，并保证各 Grain 副本中同一版本号的状态数据完全相同。

2）当多个 Grain 副本实例同时触发并提交不同事件时，由 Orleans 运行时日志一致性服务确定并记录实际事件的触发提交顺序。

3）当某一 Grain 副本实例触发并提交了事件信息后，由 Orleans 运行时日志一致性服务更新日志存储，并确保其他所有 Grain 副本实例接收到该事件触发提交的通知。

其中，在多 Grain 副本实例同时触发事件的竞态场景下容易产生事件提交冲突，如用户可以通过两个 Grain 服务实例（如发送请求至异地服务集群中）申请取出银行账户中的所有余款，取款事件在独立触发并提交时可以完成执行，但当两个取款事件同时提交并执行时则可能出现账户余额透支的情况。JournaledGrain 类提供了提交条件事件的 API 函数 RaiseConditionalEvent：

```
bool success = await RaiseConditionalEvent(new WithdrawalEvent()  { ...}); //尝试提交条件
                                                                          事件
```

RaiseConditionalEvent 方法实际是一种采用错误 – 重试机制实现的冲突退避策略，该方法是对 JournaledGrain 实例所绑定的日志一致性服务 ILogViewUpdate. TryAppend 接口的封装。JournaledGrain 实例通过该方法保证事件在提交至日志一致性服务时，本地 Grain 状态版本与日志一致性服务中的最新状态版本一致，若状态不一致则立即停止事件提交处理逻辑并返回失败，从而中止该条件事件的触发提交过程。在应用程序中，开发人员可以按需使用条件事件提交 API 和普通事件提交 API，如在银行账户服务中，存款事件可以直接通过 RaiseEvent 方法提交，而扣款事件则由 RaiseConditionalEvent 方法提交，以保证账户中有足够余额进行扣款操作。

JournaledGrain 实例同时也为应用开发人员提供了状态同步 API，以显式地通知本地 Grain 实例与日志一致性存储服务同步当前事件流及服务状态：

```
protected Task RefreshNow()
{
    // 调用日志一致性服务的 Synchronize 方法同步状态
    return LogViewAdaptor.Synchronize();
}
```

▶▶6.4.4 级联事件通知及性能诊断

在 JournaledGrain 的派生类中，开发人员可以通过重写事件提交（Grain 状态变更）发生后的回调函数 OnStateChanged 及 OnTentativeStateChanged 增加事件提交后的后续处理逻辑，回调函数将由 Orleans 运行时在事件成功提交至一致性存储服务（或成功提交至本地缓存）后在本地 Grain 任务调度上下文中触发运行：

```
protected override void OnStateChanged()
{
```

```
        // 事件被成功提交至日志一致性存储服务后的回调逻辑
    }
    protected override void OnTentativeStateChanged()
    {
        //事件被成功提交至本地事件缓存集合后的回调逻辑
    }
```

OnStateChanged 方法将在日志一致性存储服务状态发生改变（即 Grain 的状态版本号增加）时被触发调用，例如：

- Grain 实例从日志一致性存储服务中读入了新版本的状态数据。
- 本地 Grain 实例所提交的事件对象被成功写入了日志一致性存储服务中。
- 其他 Grain 实例副本通过 Orleans 日志一致性协议通知本地 Grain 实例更新本地状态。

OnTentativeStateChanged 会在本地缓存状态及事件集合更新时被触发调用，即当确认事件集合或暂存事件集合被改变时都会触发 OnTentativeStateChanged 方法。

Orleans 日志一致性服务在设计之初即可以通过失败重试机制容忍服务集群及一致性存储服务的运行时网络抖动及连接错误等异常情况，开发人员可以在 JournaledGrain 的派生类中对以下方法进行重载，从而记录并处理事件溯源系统在运行时所遇到的网络连接问题：

```
protected override void OnConnectionIssue(ConnectionIssue issue)
{
    // 可在此处理 Orleans 运行时监测到的连接故障
}
protected override void OnConnectionIssueResolved(ConnectionIssue issue)
{
    // 可在此记录并分析已解决的连接故障
}
```

连接性能诊断方法的输入参数类型为 ConnectionIssue 抽象类，该类定义了连接错误事件的通用属性：

```
[Serializable]
public abstract class ConnectionIssue
{
    // 该事件发生的时间
    public DateTime TimeStamp { get; set; }

    // 该事件首次发生的时间
    public DateTime TimeOfFirstFailure { get; set; }

    // 该类事件被监测的次数
    public int NumberOfConsecutiveFailures { get; set; }
```

```
    // 系统重试间隔
    public TimeSpan RetryDelay { get; set; }

    // 基于事件的其他信息计算得出的系统重试间隔,输入参数为上一次系统重试的间隔
    public abstract TimeSpan ComputeRetryDelay(TimeSpan? previous);
}
```

Orleans 系统内实际存在多种类型的连接错误,如 PrimaryOperationFailed 类描述了服务集群与一致性存储主节点的通信错误,而 NotificationFailed 类则包含了本地集群与远程集群通信间的异常信息,开发人员可以根据实际连接错误对象中的字段进行更细致的分类处理。

若一类问题在服务集群内部被重复触发（如服务集群不断收到同一远程集群通知失败的 NotificationFailed 错误）,每次连接错误都将触发 Orleans 运行时对 OnConnectionIssue 方法的调用,而当该问题被成功处理后（本地服务集群最终成功发送消息通知了该远程集群）,Orleans 运行时将调用 OnConnectionIssueResolved 方法报告并记录该连接错误的恢复。

Orleans 运行时在 JournaledGrain 类内部内置了多种性能计数器,用以监测 JournaledGrain 实例的运行状况,开发人员可以通过调用 EnableStatsCollection 方法和 DisableStatsCollection 方法动态开启和关闭性能计数器,并通过 GetStats 方法获取当前 JournaledGrain 性能计数器的统计值。

▶▶6.4.5 服务配置及使用

Orleans 事件溯源 Grain 依赖于日志一致性存储服务,因此在初始化 Silo 节点服务时开发人员可以根据需要选择并配置相应的日志一致性存储服务实现:

```
//选择使用基于日志存储的日志一致性服务实现
    siloBuilder.AddLogStorageBasedLogConsistencyProvider("LogStorage")
```

在事件溯源 Grain 类型的定义中,通过 LogConsistencyProvider 特性标注绑定 Grain 实例运行时所依赖的日志一致性存储服务,一些日志一致性存储服务同时还需要通过 StorageProvider 特性标注指定底层使用的存储服务:

```
[StorageProvider(ProviderName = "MySQLStorage")] //使用 MySQL 数据库作为底层存储服务
[LogConsistencyProvider(ProviderName = "LogStorage")] //为该 Grain 类型绑定基于日志存储的日
                                                        志一致性服务
public class EventSourcedBankAccountGrain:
    JournaledGrain<BankAccountState, TransferRecord>, IEventSourcedBankAccountGrain
{ ...}
```

6.5 分布式事务

Orleans 为应用开发人员提供了针对状态持久化 Grain 类型的原生分布式 ACID 事务支持，应用开发人员可以通过 UseTransactions 扩展方法在 Silo 服务初始化配置时启用分布式事务（Orleans 的分布式事务功能在默认 Silo 服务配置中并未开启，因此在默认 Orleans 服务集群中对 Grain 服务的事务性方法请求将返回 OrleansTransactionsDisabledException 异常）。

Orleans 的分布式事务服务的实现依赖于事务状态的持久化接口 ITransactionalStateStorage，与普通 Grain 状态持久化服务接口（IGrainStorage）不同，该持久化服务接口在 Orleans 运行时内专用于支撑分布式事务功能，Orleans 运行时为应用开发人员提供了一种基于 Azure Table 的事务状态持久化服务实现，开发人员也可以在 Orleans 运行时内配置使用自定义的事务状态持久化服务：

```
var builder = new SiloHostBuilder()
    .AddAzureTableTransactionalStateStorage("TransactionStateStore", options =>
    {
        options.ConnectionString = "Azure Table 连接字符串");
    })
    .UseTransactions();
```

若在应用开发及测试环境中的数据存储服务不能提供专用于事务状态的存储服务，Orleans 运行时将会自动采用系统内用于普通 Grain 状态持久化的服务（IGrainStorage）对分布式事务的中间状态进行存储。由于使用 IGrainStorage 作为兜底的存储模式会降低 Orleans 分布式事务的效率，因此仅推荐开发人员在非线上环境中使用此类方案。

▶▶ 6.5.1 事务服务接口的声明

开发人员需要使用［Transaction］特性在服务接口声明处对需要支持事务调用的 Grain 服务方法进行显式标注。与此同时，Orleans 运行时需要开发人员指定该服务方法的事务选项，从而确定该服务方法在事务环境中的执行策略。Orleans 运行时对服务接口的事务执行策略定义包括：

- TransactionOption. Create：使用该选项标注的事务方法是一个事务方法，且在被调用时将开启一个新的事务（即使在调用该服务方法时已经处于另一事务上下文中）。
- TransactionOption. Join：使用该选项标注的事务方法是一个事务方法，且该方法仅允许在某一事务上下文中被调用。

- TransactionOption. CreateOrJoin：使用该选项标注的事务方法是一个事务方法，在调用该服务方法时，若已处于事务上下文中，则将直接服务该事务上下文，否则将开启一个新的事务过程。
- TransactionOption. Suppress：使用该选项标注的事务方法不是一个事务方法，但允许在事务上下文中调用该方法，且事务上下文将不会通过 Orleans 请求上下文（RequestContext）对象传递至方法内部。
- TransactionOption. Supported：使用该选项标注的事务方法不是一个事务方法，但允许在事务上下文中调用该方法，事务上下文仍将通过 Orleans 请求上下文（RequestContext）对象传递至方法内部。
- TransactionOption. NotAllowed：使用该选项标注的事务方法不是一个事务方法，且不允许在事务上下文中进行调用（非法调用将抛出 NotSupportedException 异常提示）。

在应用程序内部对标注为 TransactionOption. Create 的事务方法发起请求时将在 Orleans 系统内部自动创建一个新的事务。例如，调用以下 IBankGrain 接口中的 Transfer 服务将自动创建一个涉及两个银行账号的转账事务。

```
public interface IBankGrain: IGrainWithIntegerKey
{
    [Transaction(TransactionOption.Create)]
    Task Transfer(Guid fromAccount, Guid toAccount, uint amountToTransfer);
}
```

IAccountGrain 接口中的事务方法 Withdraw（扣款）和 Deposit（存款）被标记为 TransactionOption. Join，即保证存款和扣款操作运行于某一事务上下文中（此例中即为调用 IBankGrain. Transfer 服务时所创建的转账事务）。而查询账户余额的事务方法 GetBalance 则可被标记为 TransactionOption. CreateOrJoin，即意味着该方法既可以在事务执行过程中被调用，也可以单独调用并开启一个新的事务上下文：

```
public interface IAccountGrain: IGrainWithGuidKey
{
    [Transaction(TransactionOption.Join)]
    Task Withdraw(uint amount); // 扣款服务

    [Transaction(TransactionOption.Join)]
    Task Deposit(uint amount); // 存款服务

    [Transaction(TransactionOption.CreateOrJoin)]
    Task<uint> GetBalance(); // 余额查询服务
}
```

▶▶ 6.5.2 支持事务服务的 Grain 实现

支持分布式事务的 Grain 类型需要使用 ITransactionalState 接口在 ACID 事务上下文内管理内部的持久化状态。ITransactionalState 接口是对遵循 Orleans 分布式事务语义的状态描述，在该语义下允许对状态的读写进行加锁操作：

```
public interface ITransactionalState<TState>
    where TState: class, new()
{
    // 执行状态读取(只读)操作,并返回执行结果
    Task<TResult> PerformRead<TResult>(Func<TState, TResult> readFunction);

    // 执行状态的更新(写入)操作,并返回执行结果
    Task<TResult> PerformUpdate<TResult>(Func<TState, TResult> updateFunction);
}
```

为了使 Orleans 分布式事务框架能够在事务上下文中执行或取消对 Grain 持久化状态的写入和读取操作，在支持分布式事务的 Grain 类型中，所有对持久化状态的读写都必须以向 PerformRead 及 PerformUpdate 方法传入同步函数的方式提交执行。若需要在 Grain 类型中支持事务性状态的持久化存储，开发人员仅需定义一个可序列化的 Grain 状态类，并在 Grain 构造函数中使用 TransactionalState 特性对该字段进行标注（TransactionalState 特性需要开发人员为该事务状态指定名称，并指定的事务状态存储服务）即可。例如：

```
public class AccountGrain: Grain, IAccountGrain
{
    private readonly ITransactionalState<Balance> balance;

    public AccountGrain(
        //在名为 TransactionStateStore 的事务存储服务中以 balance 的状态名存储账户余额数据
        [TransactionalState("balance", "TransactionStateStore")]
        ITransactionalState<Balance> balance)
    {
        this.balance = balance ?? throw new ArgumentNullException(nameof(balance));
    }

    TaskIAccountGrain.Deposit(uint amount)
    {
        // 通过 ITransactionalState 接口执行存款操作
        return this.balance.PerformUpdate(x => x.Value += amount);
    }

    TaskIAccountGrain.Withdrawal(uint amount)
```

```
    {
        // 通过 ITransactionalState 接口执行扣款操作
        return this.balance.PerformUpdate(x => x.Value -= amount);
    }

    Task<uint> IAccountGrain.GetBalance()
    {
        // 通过 ITransactionalState 接口执行读取操作
        return this.balance.PerformRead(x => x.Value);
    }
}
```

在示例代码中通过 TransactionalState 特性标注，将名为 balance 的构造函数参数与事务存储服务中名为 balance 的事务状态进行关联，Orleans 运行时将在构造 AccountGrain 实例时自动从名为 TransactionStateStore 的事务存储服务中载入用户余额数据。而在对用户账户进行操作时，由于在 Grain 服务内部使用了 PerformUpdate 和 PerformRead 方法对用户账户余额进行读写操作，因此可由 Orleans 运行时保证在分布式事务调用结束时（如前例中对 IBank. Transfer 方法的服务调用），事务内包含的所有操作（如在集群内对多个不同类型的 Grain 调用）能够被全部提交执行或整体撤销。

对于 Grain 服务接口中的事务方法，其调用方式与普通服务方法一致。以下示例代码使用了事务服务接口 IBank. Transfer 进行账户间的转账操作，并对转账后的账户余额进行查询，其中转账操作和余额查询操作都以事务方式执行并返回：

```
var bank = client.GetGrain<IBank> ("Bank Of China"); // 获取银行 Grain 服务
var from = Guid.NewGuid();
var to = Guid.NewGuid();
await bank.Transfer(from, to, 100);                    //执行转账操作
var fromBalance = await client.GetGrain<IAccountGrain> (from).GetBalance(); //查询余额
var toBalance = await client.GetGrain<IAccountGrain> (to).GetBalance(); //查询余额
```

Orleans 应用程序可以像调用普通服务方法一样从事务服务方法返回的异步任务中获取返回值，但当事务执行失败或执行超时时，事务方法将返回 OrleansTransactionException 异常或 TimeoutException。若应用程序在事务执行过程中抛出异常并引发事务执行失败，则该异常对象将通过 OrleansTransactionException 异常对象的内部异常字段返回。Orleans 事务仅可在事务执行失败并抛出 OrleansTransactionAbortedException 异常时直接重试，除此之外，若事务执行被异常中止，则该事务的执行结果应被视为未知状态，这是由于 Orleans 的分布式事务基于两阶段提交协议（Two-Phase-Commit，2PC）而实现，被异常终止的事务可能已经执行成功，也可能仍在执行或已执行失败，因此，开发人员应当在对异常中止事务的状态进行验证或尝试重新提交

事务请求前等待一段时间（Silo 服务节点在初始化配置时设定的消息响应超时 SiloMessagingOptions. ResponseTimeout），以确保该事务中所有操作被执行完成或超时取消。

6.6 多集群 Orleans 应用

Orleans 框架从 v1. 3. 0 版本开始支持使用多集群 Orleans 服务部署，即通过跨集群通信的方式，使用多个逻辑集群组合搭建 Orleans 应用服务。Orleans 多集群应用框架尽可能地减少了集群间的通信数据，并保证各集群能在外部集群故障时独立提供完整的 Orleans 应用服务。因此开发人员不仅可以通过多集群部署的方式，在全球范围内部署跨地域的 Orleans 应用服务，以提升周边地区的应用服务质量，还可以在单个数据中心部署多个 Orleans 集群，提升整体应用服务的硬件故障隔离能力。

在最新版本的 Orleans 代码中，Orleans 开发团队已经取消了对多集群功能的支持，并尝试将 Orleans 应用服务的多集群架构与单集群架构进行统一，使开发人员能够通过其他外部组件（如 Azure Cosmos DB 等）实现便捷的跨地域服务部署能力。

▶▶ 6.6.1 多集群应用模型

在部署多集群 Orleans 服务时，开发人员应确保 Orleans 应用服务内的 Silo 节点能够通过 TCP/IP 与任意其他 Silo 节点进行通信。例如，在不同国家或地区部署 Orleans 应用集群时，需要将各集群通过专用网络进行数据互联。

开发人员在同一 Orleans 应用服务内部，还需要通过全局配置的方式为子集群配置独立的集群 ID，Orleans 应用程序的集群 ID 不可为空且不允许包含逗号字符（虽然 Orleans 没有限制集群 ID 的字符串长度，但由于 Orleans 应用的跨集群通信会高频次地使用和传输集群 ID 字段，因此开发人员在实际配置集群 ID 时应注意尽可能简短）。

作为集群间的通信桥梁，Orleans 运行时会自动在各集群中选取一定数量的 Silo 节点作为该集群的集群间通信网关节点，这些网关节点的 IP 地址将被直接广播至其他集群节点，并作为该集群的"首要通信节点"（见图 6-5）。在默认情况下，Orleans 运行时将最多选取 10 个 Silo 节点作为集群内网关节点（应用开发人员可以在配置应用服务时通过修改 MaxMultiClusterGateways 字段进行自定义配置）。当应用程序内 Silo 节点在接收到对其他集群内部 Grain 实例的 RPC 请求时，若在本地路由缓存中未找到该 Grain 实例的宿主 Silo 节点地址，则会通过目标集群的网关节点进行查找，并记录该远端 Silo 节点的地址信息；若本地已记录该 Grain 实例的宿主地址信息，则将直接通过 TCP/IP 连接与之进行通信。Orleans 运行时通过上述策略使应用服务内的跨集群通信过程仅在必要时才会依赖集群网关节点，从而降低了网关 Silo 节点的负载并减少了 Orleans 应用内集群间的数据传输。

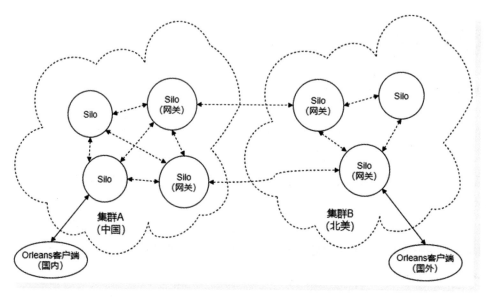

● 图 6-5　采用异地多集群架构的 Orleans 应用服务模型

▶▶ 6.6.2　Gossip 传输协议

由于集群间（特别是异地集群间）的网络通信可靠性较低，Orleans 应用程序的集群间通信协议采用与 Silo 间的数据传输协议不同的 Gossip（八卦、谣传）传输协议，该协议的通信过程较为松散，且对传输错误和消息丢失都具有较高的容忍能力。Gossip 协议基于分布式系统内各节点间双向通信传输协议，在该协议中（集群内或跨集群）节点的消息传递并不依赖于中心节点，而是通过 Silo 节点间的双向通信信道进行传播（即系统内任意节点在接收到消息后，会将消息传输至与其连接的其他节点）。

Orleans 应用程序通过 Gossip 协议在 Silo 节点间传递以下数据。

● Orleans 应用程序的多集群配置快照。

● 当前应用程序中作为集群网关节点的 Silo 节点信息，其中网关 Silo 节点信息包括信息的有效性时间戳、集群 ID 和该 Silo 节点的运行状态。

当开发人员对 Orleans 应用程序的多集群配置进行调整，或集群网关节点的运行状态发生改变时，最新数据将会立即通过 Gossip 协议在 Orleans 应用内传播，这种方式被称为快速传播。而由于 Gossip 消息在传输过程中可能遇到各种问题（如 Silo 节点间连接丢失），从而在快速传播过程中发生数据丢失，因此 Orleans 运行时在每个 Silo 节点上同时启用了周期性的后台同步任务对 Gossip 消息进行定时同步，即使用慢速同步的方式保证了在集群配置发生改变时，最新数据最终都能传递到 Orleans 应用内的所有 Silo 节点中。

为了满足应用程序内对 Gossip 消息定时同步的需要，Silo 节点还会使用 Gossip 信道对 Gossip 消息进行备份：当 Silo 节点启动（或异常恢复）时，会通过 Gossip 信道获取最新的 Gossip 消息，并周期性地从 Gossip 信道内同步 Gossip 消息（默认同步周期为 30 秒，开发人员可以通过 BackgroundGossipInterval 字段进行自定义配置）。而当 Silo 节点通过快速传播方式接收到新的 Gossip 消息时，会将该消息随机发送至其他集群的部分网关节点及 Gossip 信道中，进而刷新 Gossip 信道内的数据备份。开发人员可以为 Orleans 应用程序部署多个独立的 Gossip 信道以增加可靠性，且多个 Orleans 应用服务可以通过配置不同的服务 ID 共享 Gossip 信道服务。Orleans 框架目前仅提供基于 Azure Table 的 Gossip 信道实现，开发人员只需在配置 Orleans 多集群应用时传入对应的 Azure Table 连接字符串即可：

```
var silo = new SiloHostBuilder()
    .Configure<MultiClusterOptions> (options =>
    {
    // 使用 us_north 存储账户下的 Azure Table 作为 Gossip 信道
    options.GossipChannels.Add("AzureTable",
"DefaultEndpointsProtocol=https;AccountName=us_north;AccountKey=...");
    // 使用 zh_south 存储账户下的 Azure Table 作为 Gossip 信道
    options.GossipChannels.Add("AzureTable",
"DefaultEndpointsProtocol=https;AccountName=zh_south;AccountKey=...")
})
```

▶▶ 6.6.3 集群配置

单集群 Orleans 应用中，Silo 节点在启动和迁移过程由 Orleans 运行时通过 Membership 服务进行自动管理，而 Orleans 应用的多集群配置方案则完全交由 Orleans 应用开发人员控制。在 Orleans 应用的多集群部署场景下：若一个服务集群内部至少存在一个活跃的 Silo 节点，则认为该集群是一个活跃服务集群；当一个服务集群被显式添加至 Orleans 应用服务的多集群配置中时，该集群即成为 Orleans 应用服务的一个子集群。在同一 Orleans 应用服务内，所有子集群都通过 Gossip 网络传输协议实现集群配置和服务状态信息的同步共享。

1. 更新集群配置

Orleans 应用服务的多集群配置是一个包含所有子集群 ID 的列表，Orleans 运行时在应用程序运行过程中允许开发人员对该列表进行修改，以动态调整应用服务的多集群架构。对多集群配置的更新操作可以在任意子集群内发起，Orleans 运行时会使用 UTC 时间戳对配置的修改内容进行标注，并确保最新配置数据经由 Gossip（快速传播或定时刷新）协议同步至其他集群中。Orleans 对应用服务的集群配置调整操作做了如下限制，以确保在 Orleans 运行时进行配置更改操作时，服务集群内针对 Grain 实例配置的一些单例限制仍能生效：

- 在更新集群配置时可以一次性添加或移除多个集群，但不允许在一次更新操作内对同一集群同时进行添加或移除操作。
- 在上一版本的集群配置更新操作完成前，开发人员不应提交新的集群配置更新。

应用开发人员可以通过 3 种方式对 Orleans 应用服务的多集群配置进行更新：管控实例、默认多集群配置和 Gossip 信道服务。

（1）通过管控实例更新

管控实例（Management Grain）是 Orleans 运行时的一种预定义 Grain 类型，可以在 Orleans 集群内部为开发人员提供诸如实时性能诊断参数收集、触发集群内全局垃圾回收及依赖服务管控等管理服务（类似于 Windows 任务管理器），管控实例存在于每个 Orleans 服务集群内部，开发人员可以通过应用服务的任一子集群的管控实例对 Orleans 服务集群的多集群配置进行修改。以下代码示例对 Orleans 应用服务的子集群列表进行了变更：

```
var clusterlist = "china-north,china-north,us-east".Split(',');
var mgtGrain = client.GetGrain<IManagementGrain>(0);
mgtGrain.InjectMultiClusterConfiguration(clusterlist, "更新集群列表"));
```

（2）通过默认配置更新

若 Orleans 应用程序的子集群配置在每次部署前都已确定，且 Orleans 应用程序的部署不涉及对历史版本的兼容（如在测试环境中部署应用服务），则可以在配置 Silo 节点时，通过指定默认配置字段 DefaultMultiCluster 对 Orleans 应用程序的集群配置进行更新（重写）：

```
var silo = new SiloHostBuilder()
    .Configure<MultiClusterOptions>(options =>
    {
    // 默认多集群配置
    options.DefaultMultiCluster = new[] { "china-north", "china-north", "us-east" };
    })
```

开发人员也可以通过在 Orleans 应用程序的配置文件中增加对 DefaultMultiCluster 字段的配置来进行更新：

```
<OrleansConfiguration xmlns="urn:orleans">
 <Globals>
  <MultiClusterNetwork
    DefaultMultiCluster="china-north,china-north,us-east"
  </MultiClusterNetwork>
```

```
    </Globals>
  </OrleansConfiguration>
```

需要注意的是，Orleans 集群的默认配置仅会在 Silo 节点启动时被读取并写入 Gossip 信道中，开发人员对应用集群的后续变更都会覆写该默认配置方案。

（3）通过 Gossip 信道修改

由于 Orleans 应用服务的集群配置方案会通过 Gossip 协议在各集群间传播，且每个 Silo 节点都会定时从 Gossip 信道内同步最新集群配置，因此，开发人员也可以通过直接修改 Gossip 信道内数据的方式更新集群配置（管控实例对集群配置的更新消息使用快速传播方式在 Orleans 集群间传播，而 Gossip 信道内数据的修改则依赖于各 Silo 节点的定时同步，因此其在应用服务内生效的时间较长）。

使用 Azure Table 实现的 Gossip 信道将与 Orleans 应用服务的多集群配置存储在名为 Orleans-GossipTable 的数据表中，该数据表中各字段定义见表 6-1。

表 6-1 OrleansGossipTable 数据表结构

字 段 名	数 据 类 型	数 据 值
PartitionKey	String	Orleans 应用服务 ID
RowKey	String	字符串常量 " CONFIG"
Clusters	String	使用逗号分隔的集群 ID 列表，如 " china-north , china-north , us-east"
Comment	String	可选备注字段
GossipTimestamp	DateTime	该配置对应的 UTC 时间戳

开发人员可以使用诸如 Azure Storage Explorer 等数据库工具对 OrleansGossipTable 的数据表中的集群配置进行修改，并更新 GossipTimestamp 字段（Orleans 运行时在读取到空值时会自动填入当前 UTC 时间戳，因此也可以在更新配置数据时直接删除该字段）。

2. 集群的增加及移除

在 Orleans 应用程序中对集群的增加和移除过程通常需要与应用服务中的其他组件（如流量管控组件或 DNS 解析服务等）进行协调。开发人员在进行集群的增加和移除操作时，应当按照以下步骤进行操作，以确保 Orleans 应用服务的正常运行。

在为 Orleans 应用服务新增集群时，开发人员应当：

- 新建 Orleans 服务集群并等待新建集群内所有 Silo 节点服务正常启动。
- 修改 Orleans 应用服务的集群配置，并通过 Gossip 协议通知现有 Orleans 服务集群。
- 将外部用户流量引导至新建 Orleans 集群（依赖于外部流量管控组件）。

从 Orleans 应用服务中移除集群时，开发人员应当：

- 停止将外部用户请求路由至待移除集群（依赖于外部流量管控组件）。
- 修改 Orleans 应用服务的集群配置，并通过 Gossip 协议通知现有 Orleans 服务集群。
- 关闭待移除集群中的 Silo 节点。

在服务集群新建流程的第一步和第二步间（及集群移除流程的第二步与第三步间），该集群处于活跃状态，但并不属于当前 Orleans 服务，此时该服务集群为 Orleans 应用服务的离线集群。在此离线集群中，全局单例 Grain 的实例可能在离线集群内部及 Orleans 服务内部同时存在，而存在于离线集群中的 Grain 实例不会接收到状态（如事件回溯 Grain）更新的通知。

▶▶ 6.6.4 多集群 Grain 单例策略配置

在多集群 Orleans 应用服务中，开发人员可以针对不同的 Grain 类型，对其在 Orleans 运行时内的单例策略进行配置。在多集群环境中，Grain 的单例策略包括 GlobalSingleInstance（全局唯一，即在 Orleans 应用服务中的多个服务集群范围内仅存在一个 Grain 实例）和 OneInstance-PerCluster（集群唯一，即在每个 Orleans 服务集群内存在一个 Grain 实例）。Grain 实例的多集群唯一性配置实例如下。

```
using Orleans.MultiCluster;

[GlobalSingleInstance] //标注为全局唯一
public class GlobalGrain: Orleans.Grain, IGlobalGrain {
    ...
}


[OneInstancePerCluster] //标注为集群内唯一
public class LocalGrain: Orleans.Grain, ILocalGrain {
    ...
}
```

1. 全局唯一 Grain 类型

当采用 GlobalSingleInstance 特性对 Grain 类型进行标注时，Orleans 运行时将通过以下 GSI（Global-Single-Instance）策略处理该 Grain 类型的 RPC 请求。

- 该 Grain 实例处于当前集群，则直接将 RPC 请求交由目标 Grain 实例处理。
- Orleans 运行时在其他集群中对该 Grain 实例进行寻址，若寻址成功则将 RPC 请求转发至目标集群中处理（并对该 Grain 实例地址进行缓存）。
- 若寻址失败，则在本地集群中激活该 Grain 实例并处理 RPC 请求。

考虑到集群间通信的弱可靠性，Orleans 运行时在 GSI 策略失败次数超过阈值时（该阈值由 GlobalSingleInstanceNumberRetries 选项指定，默认值为 3）将在本地集群中创建并激活 Grain 实例，以保证服务请求的可靠性。由于该 Grain 实例的创建可能违反 Orleans 应用对该 Grain 实例的唯一性限制（即该 Grain 实例已经存在于其他集群中），Orleans 运行时将在后台周期性地（周期间隔由 GlobalSingleInstanceRetryInterval 选项指定，默认值为 30 秒）对该 "可疑的" Grain 实例执行 GSI 策略，从而在集群内网络连接恢复后，对重复的 Grain 实例进行删除并确保该 Grain 实例的全局唯一性。

2. 集群唯一 Grain 类型

当使用 OneInstancePerCluster 特性标注时，Grain 实例在集群内部的寻址方式与单集群 Orleans 服务内的 Grain 实例寻址方式相同，因此对集群唯一的 Grain 实例发起 RPC 请求时，不会进行跨集群的网络通信。Orleans 运行时内部已将以下类型的 Grain 标注为集群唯一 Grain：ManagementGrain、GrainBasedMembershipTable 及 GrainBasedReminderTable。若开发人员在配置 Orleans 应用时未开启 UseGlobalSingleInstanceByDefault 选项，则应用程序内所有没有指定多集群实例化配置标注的 Grain 类型将被统一配置为集群唯一 Grain 类型（即 OneInstancePerCluster）。

6.7 本章小结

在虚拟 Actor 模型之上，Orleans 运行时也为开发人员提供了丰富的扩展功能与接口：Orleans 应用程序框架允许开发人员在 Orleans 执行上下文内利用 .NET 运行时的原生特性进行任务调度，并通过一系列预定义的 Grain 扩展类型使应用开发人员能够便捷地搭建各类应用服务；作为一款分布式应用框架，Orleans 原生支持多集群服务的搭建，应用程序可以通过简单配置修改完成全球化的高可用服务的搭建。

第7章

>>>>>>

构建Orleans服务集群

Orleans 作为一个自组织的服务集群，并没有专用的网关节点或服务协调节点等角色，处于服务状态的每一个 Silo 都可以直接或间接为外部 Grain 客户端提供连接服务，因此在 Orleans 集群内的所有 Silo 节点都是平等的。

从 Orleans 客户端角度来看，当客户端节点与服务集群建立通信连接时，该客户端节点可以根据 Orleans 远程调用协议向集群内任意服务节点进行服务请求。对于 Orleans 服务端而言，其将若干 Silo 服务节点通过集群管理协议进行组织、聚合后，以服务集群的形式为客户端提供应用服务，集群内各个服务节点通过可靠、高效的通信链路共同完成资源协调、消息转发及集群状态维护，并保证集群服务的整体可靠及稳定。

7.1 Orleans 集群搭建

Orleans 服务集群由若干 Silo 服务节点构成，各个 Silo 服务节点间通过 TCP/IP 进行集群内通信。在同一 Orleans 集群内，所有 Silo 服务节点使用相同的集群管理器配置（即集群名称、服务名称及集群协议配置），Orleans 客户端也通过集群配置协议连接至服务集群。

Silo 服务节点在服务组件初始化时，通过自定义 ClusterOptions 指定所要加入的服务集群名称及服务名称，并按照服务集群要求配置及初始化集群管理服务组件，当 Silo 服务节点启动后，将根据上述配置自动加入 Orleans 服务集群。由于 Orleans 服务集群是一个自组织的服务节点集合，所以服务集群在第一个 Silo 服务节点加入时将被自动创建。

Silo 服务节点的集群服务配置代码示例如下。

```
[...]
// Clustering information
```

```
.Configure<ClusterOptions>(options =>
{
    options.ClusterId = "demo-test-cluster";
    options.ServiceId = "DevOrleansService";
})
[...]
```

在上述代码逻辑中，实际对该 Silo 服务节点进行了以下集群配置。

- 将集群 ID 配置为"demo-test-cluster"，此集群 ID 即为该 Orleans 服务集群的唯一 ID，使用同一集群 ID 的所有 Silo 服务节点及客户端节点都可以进行相互通信。

- 将服务 ID 配置为"DevOrleansService"，此 ID 为 Orleans 服务集群内的服务标识，Orleans 运行时内的一些服务组件（如状态持久化组件）将会使用集群的服务 ID，因此服务 ID 需要在同一后端服务的多次迭代发布过程中保持一致。

- 使用基于 Azure Table 的集群管理组件，并指定 Azure Table 的连接配置。

在应用的生产环境中，Orleans 应用服务通常被部署在一组专用的服务节点上，但 Orleans 应用服务也可被部署在单一节点的运行环境中作为开发及测试集群使用。Orleans 集群可以根据开发者配置使用基于 Azure Table、SQL Server、Apache ZooKeeper 等外部组件的集群管理器以实现高可靠的集群内节点状态管理。

配置与上述 Orleans 服务集群连接的 Orleans 客户端代码如下。

```
var client = new ClientBuilder()
    // 配置集群名称及服务标识
    .Configure<ClusterOptions>(options =>
    {
        options.ClusterId = "demo-test-cluster";
        options.ServiceId = "DevOrleansService";
    })
    // 使用 Azure 存储作为底层集群构建服务
    .UseAzureStorageClustering(options => options.ConnectionString = connectionString)
    // 注册定义 Grain 服务接口的应用服务程序集, Orleans 运行时框架将扫描并注册所有 Grain 服务接口
    .ConfigureApplicationParts(parts => parts.AddApplicationPart(typeof(IValueGrain).
Assembly))
    .Build();
```

注意，客户端的集群 ID、应用服务 ID 和集群管理组件需要和服务端保持一致。

▶▶ 7.1.1 启动任务

在许多实际应用中，一些任务需要在 Silo 服务启动时自动开始运行，Orleans 为此提供了 Silo 启动任务（Startup Tasks）功能。启动任务可以使用在如下场景中：

- 启动后台计时器，以定期执行服务内数据维护或过期清理任务。
- 从外部存储节点内预加载数据作为运行时缓存。

在 Silo 服务启动过程中，启动任务中抛出的任何异常信息都将被记录在 Silo 的运行时日志中，并直接中断 Silo 的启动过程。这种快速失败（即 fail-fast）的运行策略是 Orleans 在处理 Silo 启动问题时的标准策略，旨在使 Silo 配置或引导程序逻辑中的潜在问题能在系统测试阶段被监测，以保证其在 Silo 的实际运行周期中不被忽略，从而影响 Orleans 运行时的整体服务质量。

Silo 启动任务可以通过 ISiloHostBuilder 进行配置，Orleans 提供了 2 种启动任务的注册方式：简单逻辑委托注册方式和 IStartupTask 实例注册方式。

以下示例为向 ISiloHostBuilder 直接注册了一个匿名的委托方法，以在 Silo 启动过程中执行 TestGrain 的初始化方法：

```
siloHostBuilder.AddStartupTask(
    async (IServiceProvider s, CancellationToken c) =>
    {
    // 通过 IServiceProvider 获取已由依赖注入服务注册的 IGrainFactory 对象
    var grainFactory = services.GetRequiredService<IGrainFactory> ();

    // 通过 IGrainFactory 对象初始化一个 Grain 引用对象，并调用该 Grain 实例的服务接口
    var grain = grainFactory.GetGrain<ITestGrain> (1);
    await grain.InitializeTestEnv();
});
```

开发人员也可以通过向 ISiloHostBuilder 注册 IStartupTask 接口的实现类来注册 Silo 启动服务：

```
public class TestGrainStartupTask: IStartupTask
{
    private readonly IGrainFactory grainFactory;

    public TestGrainStartupTask(IGrainFactory grainFactory)
    {
        this.grainFactory = grainFactory;
    }

    public async Task Execute(CancellationToken cancellationToken)
    {
        var grain = this.grainFactory.GetGrain<ITestGrain> (0);
        await grain.InitializeTestEnv();
    }
}
siloHostBuilder.AddStartupTask<TestGrainStartupTask> ();
```

▶▶ 7.1.2　Silo 服务的优雅关闭

Silo 服务通常寄宿于操作系统内的某一服务进程（如 Windows 服务进程或控制台进程等），当上述服务进程退出时，开发人员需要保证 Silo 服务被优雅关闭以减少 Orleans 集群在 Silo 节点失效时产生的服务质量波动。

以 Windows 控制台进程启动的 Silo 服务为例，当控制台进程接收到终端用户的〈Ctrl + C〉输入时，Silo 服务进程需要拦截其产生的 Console. CancelkeyPress 事件并处理，以保证 Silo 服务的优雅退出。Console. CancelkeyPress 事件处理程序返回时，控制台应用程序将立即退出并释放其所占有的所有资源，从而导致 Silo 节点的失效及内存状态的丢失，因此应用程序开发人员需要将 Console. CancelkeyPress 事件的 Cancel 字段置为 True，并保证 Silo 服务在事件响应函数完成前退出以避免数据丢失及服务状态异常：

```
class Program {
    static readonly ManualResetEvent _siloStopped = new ManualResetEvent(false);
    static ISiloHost silo;
    static bool siloStopping = false;
    static readonly object syncLock = new object();

    static void Main(string[] args) {
        SetupApplicationShutdown();
        silo = CreateSilo();
        silo.StartAsync().Wait();

        //等待服务停止信号并阻塞主线程退出
        _siloStopped.WaitOne();
    }

    static void SetupApplicationShutdown() {
    // 注册 Ctrl + C 事件响应逻辑
        Console.CancelKeyPress += = (s, a) => {
            a.Cancel = true;
            lock (syncLock) {
                if (! siloStopping) {
                    siloStopping = true;
                    Task.Run(StopSilo).Ignore();
                }
            }
        };
    }
```

```
static ISiloHost CreateSilo() {
  return new SiloHostBuilder()
    .Configure(options => options.ClusterId = "Sampe-Cluster")
    // 禁用 Silo 进程快速退出选项
  .Configure<ProcessExitHandlingOptions>(options => options.FastKillOnProcessExit =
false)
    .UseDevelopmentClustering(options => options.PrimarySiloEndpoint = new IPEnd-
Point(IPAddress.Loopback, 11111))
    .ConfigureLogging(b => b.SetMinimumLevel(LogLevel.Debug).AddConsole())
    .Build();
  }


static async Task StopSilo() {
    await silo.StopAsync();
    _siloStopped.Set();
  }
}
```

7.2 服务注册与协调

Orleans 服务集群通过内建的 Membership 协议（亦称 Silo 协议）实现集群节点的状态同步及节点管理。该 Membership 的目标是让集群内所有 Silo 服务节点对当前活动 Silo 服务节点集合达成共识、检测和监控出现故障的 Silo 节点，并动态管理新加入集群的 Silo 节点。

由于 Orleans 服务端通常以集群的方式提供应用服务，而客户端可以通过与任一 Silo 服务节点的连接向服务集群发起请求，因此 Orleans 服务集群也需要实现一套高动态的负载均衡算法，以保证在服务集群容量变化时高效地协调和利用集群内各 Silo 服务节点间的系统资源，并保证外部应用服务的可用性。

▶▶ 7.2.1 Membership 协议

Membership 协议本身是一个全分布式的 P2P 协议，Membership 协议可以对 Silo 节点的运行故障进行检测，并由正常在线的 Silo 节点达成一系列服务共识。而 Membership 协议的核心组件是 Membership 数据表，Membership 表是一张"扁平化"的 No-SQL 类持久化数据表。在 Membership 协议中，Membership 表的主要作用有：

1）作为集群内各节点服务发现的交汇点：

- Silo 服务节点使用 Membership 表发现集群内的其他 Silo 节点。
- Orleans 客户端节点使用 Membership 表读取集群内的 Silo 服务节点。

2）作为 Orleans 服务集群内 Silo 节点服务状态视图的数据存储：

- Membership 表记录了当前 Orleans 服务集群内所有在线的 Silo 节点。
- Silo 节点通过 Membership 表中的各节点状态记录对集群状态（Membership 视图）进行协商。

1. 基本 Membership 协议

在 Orleans 运行时中，Membership 协议的实现基于对服务集群组件的以下假设。

- 集群中的所有 Silo 节点都可以读写同一张共享的 Membership 数据表。
- 集群内 Silo 节点所生成的 Silo 标识地址互不重复（主机 IP + 服务端口号 + 服务启动时间戳）。
- 集群内所有 Silo 节点使用同一网络时间（即集群内时钟漂移误差可被忽略）。

Membership 协议的基本协商过程如下。

1）在 Silo 节点启动时，将主动把自身服务状态写入 Membership 表中：

- 每个 Silo 的状态记录通过唯一 ID 区分，此唯一主键由 Silo 标识（Silo 主机 IP + 服务端口号 + Silo 启动时间戳）及服务发布 ID 组成。

2）集群内的 Silo 节点间通过相互发送定时测试消息（即 Ping 消息或服务心跳测试消息）完成对其他 Silo 节点的服务状态监控：

- 测试消息是作为 Silo 间的直连消息进行传输的，因此在数据传输底层将复用 Silo 间通信的专用 TCP 套接字，测试消息由此可以在一次往返过程中完成 Silo 间实际网络传输质量和远程 Silo 服务节点服务质量的测试。
- 每一个 Silo 节点将主动向固定数量的若干 Silo 节点发送定时测试消息，目标节点的选取过程为：Silo 节点通过一致性 Hash 算法将自身地址（主机 IP + 服务端口号 + 服务启动时间戳）映射至 Hash 环上的某一位置（或虚拟节点上）并注册；Silo 节点在 Hash 环上选取后续的若干个虚拟节点中的 Silo 节点作为测试消息的目标节点。

3）当 Silo 节点 S 连续 X 次没有接收到远程节点 P 的心跳测试消息响应时，节点 S 将远程节点 P 标识为 "可疑节点"，并将当前时间戳写入远程节点 P 在 Membership 表中的服务状态记录中。

4）若 Silo 节点 P 在 K 秒内被 Z 个 Silo 节点标识为 "可疑节点"（通过 Membership 表中的服务状态记录），则负责监控节点 P 的 Silo 节点 S 将把 P 的服务状态设为 "故障"，并通过广播消息通知所有 Silo 节点重新读取 Membership 表中的 Silo 状态信息。

5）上述两步的详细过程如下。

- Silo 节点 S 对节点 P 的测试失败信息（质疑信息）将被写入节点 P 在 Membership 表中

对应数据行的特定列中。例如，当节点 S 质疑节点 P 时，节点 S 将写入"在时间 XXX 时，S 质疑 P"。

- 对于同一节点 P，只有在一个连续时间窗口 T 内被 Z 个不同的 Silo 节点质疑才会被标识为故障节点，由于质疑信息的写入可能存在并发问题，因此 Membership 表需要提供对于并发写入功能的优化以保证质疑信息的完整性和可靠性。
- 发起质疑的节点 S 将读取节点 P 的状态监控信息。
- 如果节点 S 是时间窗口阈值内的最后一个质疑者（即在 T 时间内已经有 Z − 1 个节点对 P 的服务状态提出质疑），节点 S 将会把节点 P 标识为故障节点。即节点 S 将自身的质疑信息写入 P 的状态监控信息中，并同时将节点 P 的状态列置成故障状态。
- 若节点 S 不是时间窗口阈值内的最后一个质疑者，节点 S 将只更新节点 P 的状态监控信息。

在上述两种情况中，对于节点 P 状态监控信息的回写过程都将使用读取该记录时由 Membership 表返回的数据行版本号，以保证各监控节点对于 P 的状态监控信息的串行化更新：若节点 S 在进行写入更新操作时发现数据版本已经发生了改变，将重新尝试读取新版本的状态数据并更新，该过程将在节点 P 被标识为故障节点前重复若干次；逻辑上监控节点实际上在执行一个由"读操作""本地更新"及"数据回写"操作组成的事务操作。而在 Membership 协议实现中，Orleans 并未采用存储事务的实现方式，而是在服务逻辑内通过 Membership 表所提供的并发写入特性实现事务的隔离性和原子性。

6）集群内的每个 Silo 节点都将周期性地读取 Membership 表中的所有数据，并通过 Membership 表中的数据行发现集群中新加入的 Silo 节点并移除故障节点。

7）当前 Orleans 运行时的默认 Membership 协议配置如下。

- 每个 Silo 节点被集群中的其他 3 个 Silo 节点监控。
- 任意连续 3 分钟内的 2 个运行状态质疑记录将直接导致 Silo 节点被标记为故障节点。
- 服务心跳测试消息发送间隔为 10 秒。
- 监测节点在 3 次心跳测试失败后将对目标节点提出质疑。

8）集群内任意节点 P 一旦被其他节点标识为故障，则将被集群内其他所有节点认定为故障（即被强制下线），考虑如下情况：若某一 Silo 节点与所有监控节点间的通信链路都被暂时关闭，但该 Silo 节点本身仍能正常运行（可以与其他 Silo 节点通信并响应服务请求），则该 Silo 节点仍将被标识为故障节点。当 Silo 节点在 Membership 表中被标识为故障时，集群内所有 Silo 节点（在重新读取 Membership 表记录后）都将主动断开与该节点的连接，而对于该 Silo 节点本身，其在周期性地读取 Membership 表数据后将发现自身服务状态被标识为故障，该 Silo 节点将主动结束本地服务进程，因此 Orleans 应用的部署环境在此情况下需要提供额外的功能对 Silo 服务进程进行重启（在服务进程重启之后，该 Silo 节点将以一个新的 Silo 标识自动加入 Orleans 服务集群）。

9）为了加快在 Silo 节点状态改变后集群服务状态迁移过程的收敛速度，每当 Silo 节点对 Membership 表进行成功写入操作后（对监控节点服务状态提出质疑或声明自身为集群内新成员等），Silo 节点将向集群内所有其他节点广播消息，以通知其他成员节点重新读取 Membership 表。通过主动广播机制，集群内的其他 Silo 节点将提前刷新本地集群状态信息，与此同时，该广播通知消息内并不包含任何 Membership 表的更新内容，以确保集群内每个 Silo 节点所读取的都为 Membership 表内的最新数据（Membership 表中的内容可能在通知消息被成功接收前又发生了改变）。而 Silo 节点自身定时强制刷新 Membership 表任务，也可以确保在广播消息丢失时，集群内所有 Silo 节点本地 Membership 表副本的最终一致性。

由 Membership 协议的内容及协商过程可以看出，其采用了一种部分选举的方式，通过集群内节点间的心跳连通性确定各节点的服务状态，并依赖于 Membership 数据表所提供的并发读写能力保证集群状态的一致性。Membership 协议具有以下优点。

- Membership 协议能处理集群内任意数量的节点错误：相比于"传统的" Paxos 类协议而言，Membership 协议采用了独立的 Membership 表储存并持久化集群信息和节点健康状态，因此 Membership 协议集群可以应对包含集群完全重启在内的任意数量的节点错误，而由于 Paxos 类协议的选举机制通常需要一定数量的参选节点（在实际应用中一般被配置为大于集群最大容量 1/2 节点数），因此在集群内超过半数节点失效时，Paxos 类协议容易失效并需要人工干预。

- Membership 协议的协商过程对 Membership 表的业务（读写）压力较轻：由于实际的心跳测试消息只发生在集群内各个 Silo 节点间，与 Membership 表的读写过程相互独立，因此 Membership 表本身的读写容量不易成为 Orleans 集群管理服务的性能瓶颈。

- Membership 协议能在节点服务管理的准确性和复杂性上可以进行动态平衡：通常情况下无法保证在分布式环境下完全准确且及时地检测到节点错误，在实际应用中一般在牺牲一定准确性（即只在 Silo 节点被标识为故障节点时，其发生实际故障的概率）的条件下提高故障检测的实时性（从 Silo 节点发生实际故障的时刻到其被标识为故障节点时刻的间隔）。Membership 协议中，系统开发者可以通过自定义故障节点阈值质疑数量和触发质疑标识的测试消息失败数量来实现监测实时性和准确性的平衡。

- Membership 协议是一种无中心节点的可扩展分布式协议：Membership 协议可以管理由成千上万节点组成的服务集群，同时，节点间测试消息在传递时不经过任何中间节点的转发或路由，因此集群的服务状态监控过程是一个无中心的全分布式过程，集群容量的扩展并不会影响 Membership 协议的收敛速度。

- Membership 协议对 Membership 表的服务错误具有一定的容忍性：虽然 Membership 协议本身需要将 Membership 表作为集群内节点服务监控共享数据仓储件，并依赖 Membership 表对集群服务状态进行持久化记录，但 Membership 协议也具备一定的离线工作能力，即当集群内 Silo 节点与 Membership 表服务出现通信故障时，虽然 Orleans 集群无法对失效节点进行标识，新生节点也无法加入现有集群（节点服务状态数据无法写入 Membership 表中），但集群内正常工作的 Silo 服务状态将不受影响，不会有任何正常 Silo 节点被集群标记为故障节点。在此情况下，集群服务状态的实时性将受到影响（集群内的及其他 Silo 节点需要花费更长的时间确定节点故障），但节点服务状态的准确性仍将得到保证。因此在 Membership 表服务故障时，Orleans 集群可以保证正常工作的 Silo 节点不被错误标识。

在对 Membership 协议的实现中，Orleans 运行时增加了 Silo 服务节点的自我状态更行逻辑，即每个 Silo 节点将周期性地向 Membership 表中写入"IAmAlive"心跳数据，但由于该心跳数据的更新频率较低（每 5 分钟一次），该数据并不在 Membership 协议中使用，目前仅供集群管理员在故障诊断和手工调试时作为 Silo 服务节点的历史运行状态参考。

2. 支持全序成员视图的扩展 Membership 协议

Orleans 运行时在实现上述 Membership 协议的基本流程时，还对 Membership 协议进行了扩展，使其支持了成员视图（Membership View）的全序排列。所谓的全序成员视图即当集群内任意 Silo 节点读取当前集群内 Silo 成员列表时，视图列表内的所有节点都可以按照一种确定的顺序进行排列。此扩展 Membership 协议对于基础 Membership 协议的逻辑不做任何改变，只是在 Membership 表内各 Silo 成员记录中增加了额外属性，以保证所有的成员配置全局有序。

而扩展 Membership 协议需要底层依赖的 Membership 表服务支持多行数据事务，其具体流程如下。

1）Membership 协议将在 Membership 数据表中增加一行数据以标识当前数据表的版本号。

2）当 Silo S 尝试向 Silo P 对应的数据行中写入质疑或故障信息时：

- Silo S 首先读取表中 Silo P 的当前状态，若 Silo P 已经被标识为故障，则退出；否则 Silo S 将在同一事务过程中尝试写入质疑或故障信息并更新数据版本号。
- Silo S 的两次写入过程都通过 Membership 表的数据记录签名校验逻辑保证，若该事务在提交时出现数据记录签名校验错误，则 Silo S 将再次重试读取、写入事务。

3）由于 Membership 表的写入操作都将保证数据版本号的递增变更，所有的历史写入操作都可以被排序，因此所有的写入操作也都将以数据版本号递增的形式保证全序性。

通过实现全序排列成员视图，Orleans 可以具备更加健壮的集群管理能力，例如：

- 能确保故障节点信息的及时刷新。在 Orleans 集群内，当有多个 Silo 节点将不同的目标监测节点标识为故障时，若只采用基本 Membership 协议，所有故障信息的并发写入操作都将成功，因此所有监管者 Silo 节点需要等待 Membership 表刷新通知消息的接收或定时刷新事件触发时，才能知晓其他 Silo 节点的故障信息。
- 能实现 Silo 成员节点的加入逻辑的串行化并保证集群内所有成员节点间通信链路的双向连通性。当一个新的 Silo 成员节点尝试加入 Orleans 集群时，该节点可以验证其与集群内所有成员节点的双向连通性，若某些成员节点在连通性测试时无法响应，则 Orleans 集群将拒绝该 Silo 成员节点的加入请求。
- 可为 Silo 应用层协议中分布式 Grain 实例去重逻辑提供强一致性保证。在检测到集群内重复 Grain 实例的创建或运行时，Grain 实例目录服务可以利用 Silo 服务节点视图的全序性，将较老版本的 Grain 实例资源回收以保证资源的有效利用。

扩展 Membership 协议中需要在每次对 Membership 写入操作时都更新同一行数据（数据表版本），由此带来的单点问题将可能影响集群管理协议的可扩展性（不同 Silo 节点在执行写入操作时产生的数据行版本冲突概率将大大增加）。为了解决上述问题，Orleans 内部采用了基于指数避让算法的写入重试机制，以缓解 Silo 节点在并发写入 Membership 表时的并发问题。虽然 Orleans 开发团队在线上环境中对由 200 个 Silo 节点组成的 Orleans 集群进行了测试，且实测结果表明扩展 Membership 协议在此集群容量下仍能高效工作，但扩展 Membership 协议仍有可能在更大规模的集群（由数千个 Silo 节点组成的 Orleans 集群）中存在性能问题。因此若 Orleans 集群规模过大，则集群管理员需要手动关闭扩展 Membership 协议的功能以确保集群内所有节点的高效自治管理。

实际上，这个单点问题只是由集群管理协议造成的，与 Orleans 的其他组件无关（Orleans 运行时中的消息传递、分布式资源管理、应用逻辑服务及网关服务等组件都可以直接适用于由数千 Silo 节点组成的 Orleans 集群）。

3. Membership 数据表实现

在 Membership 协议中，Membership 数据表只是作为数据存储和节点状态视图协商的抽象组件，因此在当前版本的 Orleans 运行时中，存在 6 个版本的 Membership 表实现以满足不同场景和部署环境的中的 Orleans 应用。

（1）基于 Microsoft Azure Table Storage 实现的 Membership 表

该实现方式使用 Azure deployment ID 作为 Azure Table 中的分区键（Partition Key），使用 Silo ID 作为数据行键（Row Key），并将分区键及行键的组合作为 Silo 节点的唯一 ID。在并发写入控制方面，使用基于 Azure Table ETag 的乐观锁进行并发控制：每次从表中读取数据时，Orleans 都会存储所读取的数据行的 ETag 信息，并在尝试回写时使用该 ETag，而 Azure Table 服务在处理每次写入请求时都会检查数据行的 ETag 信息，并在写入成功后更行该数据行的 ETag 信息。对于多行写入事务，Orleans 利用 Azure Table 所提供的对批处理事务（Batch Transaction）功能，保证所有具有相同分区键的数据行操作的序列化事务执行。

将 Silo 服务节点和 Orleans 客户端节点配置为使用基于 Azure Table 实现的集群管理服务代码如下。

- 客户端。

```
// 在实际使用时替换为服务所需的连接字符串
const string connectionString = "YOUR_CONNECTION_STRING_HERE";
var client = new ClientBuilder()
    // 定义集群配置
    .Configure<ClusterOptions> (options =>
    {
        options.ClusterId = "Cluster01";
        options.ServiceId = "Sample_Service";
    })
    // 使用 Azure 存储作为底层集群构建服务
    .UseAzureStorageClustering(options => options.ConnectionString = connectionString)
    // 在此加入服务依赖的其他配置选项
    .Build();
```

- Silo 服务节点。

```
// 在实际使用时替换为服务所需的连接字符串
const string connectionString = "YOUR_CONNECTION_STRING_HERE";
var silo = new SiloHostBuilder()
    // 定义集群配置
    .Configure<ClusterOptions> (options =>
    {
        options.ClusterId = "Cluster01";
        options.ServiceId = "Sample_Service";
    })
    // 使用 Azure 存储作为底层集群构建服务
    .UseAzureStorageClustering(options => options.ConnectionString = connectionString)
    // 在此加入服务依赖的其他配置选项
    .Build();
```

（2）基于 Microsoft SQL Server 实现的 Membership 表

该实现方式使用 Silo 服务配置中指定的 Deployment ID 区分各个部署集群，而 Silo 节点的唯一 ID 则通过数据表中的 DeploymentID、Silo 主机 IP、端口号及 Silo 服务的启动时间戳组合表示。Orleans 在关系型数据库中使用开放式并发控制及存储事务，采用与 Azure Table 实现中类似的基于 ETag 校验的存储过程，通过数据库引擎生成的 ETag 作为数据行的版本签名（在 SQL Server 2000 版本中通过调用 NEWID 函数生成 ETag，对于 SQL Server 2005 以上版本则使用 ROWVERSION 生成 ETag），将 ETag 数据使用 VARBINARY(16) 格式进行存储，并以 BASE64 编码的形式读取到内存中。Orleans 通过使用 UNION ALL 关键字（同样适用于包括 DUAL 在内的 Oracle 数据库）进行多行数据的插入。

在 Orleans 集群内使用 SQL Server 进行集群管理的初始化代码如下。

- 客户端。

```
// 在实际使用时替换为服务所需的连接字符串
const string connectionString = "YOUR_CONNECTION_STRING_HERE";
var client = new ClientBuilder()
    // 定义集群配置
    .Configure<ClusterOptions>(options =>
    {
        options.ClusterId = "Cluster01";
        options.ServiceId = "Sample_Service";
    })
    .UseAdoNetClustering(options =>
    {
        options.ConnectionString = connectionString;
        options.Invariant = "System.Data.SqlClient";
    })
    // 在此加入服务依赖的其他配置选项
    .Build();
```

- Silo 服务节点。

```
// 在实际使用时替换为服务所需的连接字符串
const string connectionString = "YOUR_CONNECTION_STRING_HERE";
var silo = new SiloHostBuilder()
    // 定义集群配置
    .Configure<ClusterOptions>(options =>
    {
        options.ClusterId = "Cluster01";
        options.ServiceId = "Sample_Service";
    })
    .UseAdoNetClustering(options =>
    {
        options.ConnectionString = connectionString;
        options.Invariant = "System.Data.SqlClient";
```

```
    })
    // 在此加入服务依赖的其他配置选项
    .Build();
```

基于 SQL Server 的 Membership 表组件的详细实现逻辑及原理可以参阅 https://github.com/dotnet/orleans/blob/ba30bbb2155168fc4b9f190727220583b9a7ae4c/src/OrleansSQLUtils/CreateOrleansTables_ SqlServer. sql。

（3）基于 Apache ZooKeeper 实现的 Membership 表

Orleans 将 Silo 服务配置中指定的 Deployment ID 作为 ZooKeeper 中的根节点，并将 Silo ID（Silo 主机 IP + 服务端口号 + Silo 启动时间戳）作为子节点，root 节点到子节点的路径确保了每个 Silo 节点的唯一性，并对基于 ZooKeeper 的节点版本的并发管理功能进行了优化，以实现 Membership 表所需的并发控制逻辑：集群节点每次通过根节点访问读取子节点数据时都将同时记录该节点的版本号，并在回写逻辑中回传该节点的版本号（ZooKeeper 服务将确保在节点更行时对应版本号的自增逻辑）。而对于多行事务功能，Orleans 使用 ZooKeeper API 中的 Multi 方法保证对同一根节点下的所有 Silo 节点信息操作的串行化事务隔离。

（4）基于 Consul IO 实现的 Membership 表

Orleans 通过使用 Consul 的 KV 存储功能实现 Membership 表。与其他 Membership 表实现类似，Orleans 使用 Deployment ID 及 Silo ID 的组合作为 Consul 内每个 Silo 数据键值对的唯一键值。而当每个 Silo 节点启动时，将在 Consul 中注册两个键值对（一个键值对包含了 Silo 服务的详细信息，另一个只包含该 Silo 服务的自更新心跳服务时间戳，即前文所述的 IAMAlive 心跳信息，键值扩展名为 "iamalive"），在 Silo 节点尝试更新 Consul 内的键值对数据时，都将采用 CAS（Compare And Swap）的方式进行更新。由于目前 Consul 并不支持多行数据的事务更新，因此基于 Consul IO 实现的 Membership 表只能用于实现基本 Membership 协议。

（5）基于 AWS DynamoDB 实现的 Membership 表

在采用 Dynamo DB 实现的 Membership 表方案中，Orleans 将集群 Deployment ID 作为 Dynamo DB 的分区键（Partition Key），并将 Silo ID 作为范围键（Range Key）以将 Silo 节点一一映射至 Dynamo DB 中的数据行。并发控制逻辑则通过针对数据 ETag 属性一致性检测的条件写入操作保证，该实现方式与 Azure Table 的实现方式类似。但 Orleans 目前尚未使用 Dynamo DB 实现扩展 Membership 协议所需的 Membership 表功能（即多行数据的事务写入功能）。

（6）基于内存和仿真器实现的 Membership 表

该实现实际是通过在 Orleans 集群内指定某一 Silo 服务节点为集群提供 Membership 表服务，该服务通过 Orleans 内置的 MembershipTableGrain 提供，MembershipTableGrain 作为 Membership 表服务的仿真器，并将所有 Silo 节点数据存储在内部的数据集合中。考虑到 Membership 表在

Orleans 集群中记录了 Silo 节点状态的变更及连通性评判数据, Membership 表需要提供可靠的数据持久化能力以保证集群状态变更的正确性, 因此使用内存和仿真器实现的 Membership 表服务仅可用于开发及测试环境。

采用专用服务器或在本地主机测试 Orleans 集群服务的初始化配置代码如下。

- 客户端。

```
var gateways = new IPEndPoint[]
{
    new IPEndPoint(PRIMARY_SILO_IP_ADDRESS, 30000),
    new IPEndPoint(OTHER_SILO__IP_ADDRESS_1, 30000),
    [...]
    new IPEndPoint(OTHER_SILO__IP_ADDRESS_N, 30000),
};
var client = new ClientBuilder()
    .UseStaticClustering(gateways)
    .Configure<ClusterOptions>(options =>
    {
        options.ClusterId = "Cluster01";
        options.ServiceId = "Sample_Service";
    })
    .ConfigureLogging(logging => logging.AddConsole())
    .Build();
```

- Silo 服务节点。

```
var primarySiloEndpoint = new IPEndpoint(PRIMARY_SILO_IP_ADDRESS, 11111);
var silo = new SiloHostBuilder()
    .UseDevelopmentClustering(primarySiloEndpoint)
    .Configure<ClusterOptions>(options =>
    {
        options.ClusterId = "Cluster01";
        options.ServiceId = "Sample_Service";
    })
    .ConfigureEndpoints(siloPort: 11111, gatewayPort: 30000)
    .ConfigureLogging(logging => logging.AddConsole())
    .Build();
```

▶▶ 7.2.2 集群负载均衡

Orleans 作为一个分布式应用服务平台, 需要时刻调整集群内各节点的负载状况, 以最大程度利用资源并避免出现性能热点, 在提高集群整体服务性能的同时保证系统容量的伸缩性。因此, 从广义上讲, 负载均衡技术是 Orleans 运行时的重要支撑。Orleans 在系统内的多个方面应用了负载均衡技术 (如网络传输层的连接池等), 而对于 Orleans 应用层服务而言, Grain 实例在集群内 Silo 节点间的均衡性将直接影响集群整体的服务质量和性能。

作为 Orleans 的 Actor 模型服务框架，Grain 实例承载了应用层的实际执行逻辑，所有 Grain 服务所需资源都需要由 Grain 实例的宿主 Silo 节点提供。因此，在 Orleans 集群层面，应用层负载均衡性能很大程度上由 Grain 实例在各 Silo 节点间的均衡策略决定，Orleans 应用层的负载均衡问题即可归结为在 Grain 实例创建时的 Silo 节点指派问题。

而在实现 Silo 间 Grain 实例负载均衡的同时，也必须考虑到 Grain 实例在集群内的寻址方式，在 Orleans 集群中，每个 Grain 实例都应具有一个全局唯一且支持分布式寻址的实际地址，该地址需要在 Grain 实例激活时被分配，并保证集群内各个 Silo 节点可根据相同的寻址运算逻辑确定，因此 Silo 的负载均衡过程也需要与 Orleans 内部的 Grain 目录服务紧密协作。

Orleans 集群的负载均衡算法具有以下几个特点。

1）全分布式（无中心节点）：Orleans 作为一个全分布式服务集群，不存在一个可以统一调度和分配集群内资源的中心节点，因此 Orleans 的负载均衡是一个全分布式的算法，具体负载均衡算法的逻辑由集群内节点独立或协作执行。

2）最小化组件依赖：为了增加 Orleans 平台的可移植性和灵活性，Orleans 负载均衡在 Orleans 运行时中被封装为一个可替换的独立外部组件，该组件的底层依赖及实现可以与 Orleans 运行时框架完全隔离，并为 Orleans 应用开发人员提供了可自定义负载均衡逻辑接口，也简化了实际应用部署中负载均衡组件的故障定位及优化过程。

3）支持弹性容量集群及高度可扩展性：由于 Orleans 运行时内的组件都具备极高程度的横向扩展性，因此 Orleans 负载均衡算法需要在集群容量动态变化时对集群内系统资源的调度策略进行动态调整，以保证 Orleans 集群能够承担不同应用场景下的业务负载状况。

4）高性能：负载均衡算法作为集群资源的调度算法，不仅需要在调度过程中保证集群资源的充分利用，也需要提高算法的自身性能，在较短时间内使用尽可能少的资源确定均衡策略。

Orleans 通过分配管理器（Placement Manager）对内置分配算法进行管理，Orleans 运行时可以根据 Grain 的类别及应用开发者的配置为不同类型或功能的 Grain 实例采用不同的负载均衡算法，以适应 Orleans 集群在各种应用及部署环境下的动态系统性能调整。在 Orleans 运行时中，主要实现了以下几种 Grain 实例的指派算法。

1）随机分配算法：即根据 Grain 实例的类型，在当前 Orleans 集群内随机指派一个能够承载该 Grain 服务的 Silo 服务节点作为该 Grain 实例的宿主节点。

2）本地优先分配算法：即总是优先尝试在处理 Grain 实例请求的本地 Silo 内激活 Grain 实例，若本地 Silo 服务与 Grain 类型不兼容，将采用随机分配算法在集群内指派宿主节点。

3）基于 Hash 的分配算法：该算法通过 Grain 实例的 Grain ID Hash 值，在当前兼容 Silo 节点列表中选取一个 Silo 节点作为宿主节点，该算法在 Orleans 集群架构稳定时即为静态分配算法。

4）基于 Grain 实例数量的分配算法：该算法需要在 Silo 节点本地维护一个集群内其他 Silo 节点中的 Grain 实例数统计表，并在需要创建新 Grain 实例时选取当前承载 Grain 实例数较少的 Silo 节点作为目标宿主节点。Orleans 将该算法称为 Power of K 算法，该算法首先将过载或与请求 Grain 类型不兼容的 Silo 节点信息从本地 Grain 实例数统计表副本中移除，并从剩余 Silo 节点中随机选取至多 K 个 Silo 节点后，再选取 K 个 Silo 节点中当前 Grain 实例数最少的节点作为本次请求的目标宿主节点。

对比以上 4 种 Orleans 内置 Silo 分配算法可以发现，随机分配算法可以做到在新建 Grain 实例时集群负载的公平摊派，但并未考虑集群各 Silo 节点的当前负载情况；本地优先分配算法可以显著降低集群内的通信需求，以最快速度为 Grain 实例分配系统资源，但过于依赖集群请求的均衡性，网关连接数较多的 Silo 节点容易成为性能热点；基于 Hash 分配的算法通过一致性 Hash 算法将 Grain 实例均匀分摊在集群内各 Silo 节点内部，但当集群内存在 Silo 节点失效时，则会为其他 Silo 节点造成较大的迁移压力，且该算法的本质也是一种随机分配策略。

可以注意到，对于集群内所有 Silo 节点的随机分配策略在有新 Silo 节点加入时，都无法充分利用新节点的系统资源，但直接采用贪心算法将新建 Grain 实例全部指派至新 Silo 节点也会对该节点造成较大的系统压力，因此 Grain 实例数量分配算法将各节点的当前负载作为分配策略的参照标准之一，以通过 K 的取值在随机分配算法和贪心算法间取得较好的折中：当 K 为 1 时退化为随机分配算法，当 K 为集群内 Silo 个数时则为贪心算法。在 Orleans 应用中，K 值可以通过 ActivationCountBasedPlacementOptions. ChooseOutOf 进行配置（该配置的默认值为 2）。

7.3 服务接口版本管理

Orleans 通过在编译时绑定的 Grain 接口类型区分客户端对服务集群内不同服务接口的访问，即将服务接口定义作为客户端与服务端通信的服务契约（Contract）类型，客户端依据接口中暴露的服务方法向 Orleans 服务集群发起服务请求，而在 Orleans 服务端则通过对应的 Grain 类型实现服务接口中定义的服务逻辑。

在实际应用的持续开发和系统集成过程中，通常需要对现有服务接口进行升级或修改。C/ S 模型的应用在涉及服务契约更改时，通常需要服务端开发人员对代码的发布管理进行手工管控，并依赖服务端的日常发布流程保证系统升级过程中服务的可用性。例如，服务契约中接口签名变更（为现有服务方法增加新参数或改变参数类型）的一般发布过程为：

1）服务端更新服务契约（服务接口）定义，增加原服务接口的新重载方法。

2）通过服务端的日常发布流程，按照灰度发布逻辑将服务接口的新重载方法向客户端公开。

3）客户端将服务调用请求定向至服务端新接口。

4）服务端更新服务契约定义，将原有服务接口方法废弃。

在上述流程中，服务端在客户端完成请求迁移完毕前需要通过应用代码逻辑保证新老接口的可用性，而当服务端对先服务接口功能进行灰度升级时，也需要通过服务端额外的代码逻辑保证服务请求的差别处理。

而 Orleans 服务则直接提供了服务契约的接口版本分区（Interface Versioning）功能，允许在同一个 Orleans 集群内的 Silo 节点提供不同版本的服务接口，Orleans 客户端通过 Grain 引用对象调用 Grain 内部服务接口时，Orleans 服务集群将自动根据客户端本地的服务接口版本调用相应的 Grain 服务。如图 7-1 所示的多版本应用服务中，若客户端向 V1 版本的服务接口发送请求，请求将被 Silo 1 和 Silo 3 节点处理，而对于 V2 版本的服务接口的请求将由 Silo 2 及 Silo 4 节点处理。

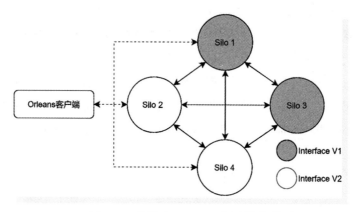

● 图 7-1　多版本 Orleans 应用服务模型

▶▶ 7.3.1　接口版本与兼容性

在 Orleans 应用中，可以在 Grain 接口定义上使用 Version 标注手动指定接口的版本号，一般情况下，Version 的版本号为一个单调递增的整型常量。在 Orleans 中，若接口 Interface V1 和 Interface V2 满足以下条件，则将 Interface V1 称为一个与 Interface V2 后向兼容的服务接口：

1）Interface V1 与 Interface V2 接口名称一致。

2）Interface V1 内所有公开方法与 Interface V2 保持一致，包括接口方法签名（方法名、输入参数类型及顺序）保持一致，且接口方法所涉及的输入、输出类型签名保持一致（包括私有属性）。

从上述定义可以看出，在后向兼容条件的约束下只允许 Interface V2 在 Interface V1 的基础上新增公开服务方法。

对于更加严格的情况，若接口 Interface V1 和 Interface V2 满足以下条件，则可将 Interface V1 称为一个与 Interface V2 完全兼容的服务接口：

1）Interface V1 为 Interface V2 的后向兼容接口。

2）与 Interface V1 相比，在 Interface V2 中没有暴露新的公开服务方法。

以下代码声明了一对可后向兼容的服务接口：

```
[Version(1)]
public interface ISampleInterface: IGrainWithIntegerKey
{
    // 测试方法 1
    TaskTestMethod1(int arg);
}

[Version(2)]
public interface ISampleInterface: IGrainWithIntegerKey
{
    // 继承于 V1 版本的测试方法 1
    TaskTestMethod1(int arg);

    // 在 V2 版本中新增的测试方法 2
    TaskTestMethod2(int arg, obj o);
}
```

而以下代码中的接口由于对接口内的方法签名进行了变更，因此不具备后向兼容性：

```
[Version(1)]
public interface ISampleInterface: IGrainWithIntegerKey
{
    // 测试方法 1
    TaskTestMethod1(int arg);
}

[Version(2)]
public interface ISampleInterface: IGrainWithIntegerKey
{
```

```
    // 在 V2 版本中进行修改的测试方法 1
    TaskTestMethod1(int arg, obj o);
}
```

▶▶ 7.3.2 运行时版本选择

在 Silo 节点初始化时，可以通过配置 GrainVersioningOptions 选项调整 Orleans 运行时对
Grain 接口版本的处理逻辑：

```
var silo = new SiloHostBuilder()
    [...]
    .Configure<GrainVersioningOptions>(options =>
    {
        options.DefaultCompatibilityStrategy = nameof(BackwardCompatible);
        options.DefaultVersionSelectorStrategy = nameof(AllCompatibleVersions);
    })
    [...]
```

GrainVersioningOptions 选项下共有 GrainVersioningOptions. DefaultCompatibilityStrategy 和 Gra-
inVersioningOptions. DefaultVersionSelectorStrategy 两个子选项。

Grain 实例准备处理服务请求时，Orleans 运行时将对 Grain 实例提供的服务接口版本与服
务请求的接口版本兼容性进行检查。其中，Orleans 运行时使用 GrainVersioningOp-
tions. DefaultCompatibilityStrategy 选项对服务接口的兼容性进行判别。

1）BackwardCompatible（后向兼容，默认选项）：即保证服务请求中的接口类型版本可被
Grain 实例所实现的接口类型版本后向兼容。如果在集群中存在两个版本的服务接口 V1/V2，
且 V2 版本接口向后兼容 V1：

- 若当前 Grain 实例实现的接口版本为 V2，而服务请求的接口版本为 V1，则当前 Grain
  实例能够正常处理服务请求。
- 若当前 Grain 实例实现的接口版本 V1，而服务请求的接口版本为 V2，则 Orleans 运行时
  将主动废弃当前 Grain 实例（即强制休眠），同时为该服务请求新建 Grain 实例并提供
  V2 版本接口的服务。

2）AllVersionsCompatible（任意兼容）：即 Orleans 运行时只保证服务请求中的接口与 Grain
实例所实现的接口一致（接口命名空间及接口名一致）。

3）StrictVersionCompatible（严格一致）：Orleans 运行时保证负责处理请求服务的 Grain 实
例接口版本与请求版本完全一致。

GrainVersioningOptions. DefaultVersionSelectorStrategy 配置则将影响 Orleans 运行时在异构服

务中初始化 Grain 实例时的版本选择策略。

1）AllCompatibleVersions（全部兼容接口版本，默认选项）：Orleans 运行时将从所有与请求接口兼容的接口版本中随机选取一个 Grain 接口版本。例如，若在当前 Orleans 集群内存在着特定 Grain 接口的两个版本 V1/V2，且 V2 版本向后兼容 V1 版本，而当前集群中有 2 个支持 V2 接口的 Silo 节点、8 个支持 V1 接口的 Silo 节点，若服务请求接口类型为 V1，则该请求将有 20% 的概率被 V2 版本的 Grain 实例处理，80% 的概率被 V1 版本的 Grain 实例处理。

2）LatestVersion（最新版本）：即 Orleans 运行时将在所有兼容接口版本中选取版本号最大（即最新版本）的 Grain 接口版本。若在当前 Orleans 集群内存在着特定 Grain 接口的两个版本 V1/V2，V2 版本向后兼容（或完全兼容于）V1 版本，则所有对此接口的请求都将被 V2 版本 Grain 实例处理。

3）MinimumVersion（最小版本）：Orleans 运行时选取可与请求接口版本最接近的 Grain 接口版本，以保证尽可能小的接口版本差异。

▶▶ 7.3.3 服务升级与高可用性保证

一般而言，软件逻辑的升级需要重启应用进程，这会使待更新服务节点短暂进入不可用状态，从而影响上层业务的整体服务质量。作为分布式应用服务框架，Orleans 运行时的服务接口版本管理功能使应用服务具备了在线动态部署能力，即可以在不中断整体应用服务运行的情况下对应用程序进行在线更新（即 Grain 服务接口版本及处理逻辑的升级），同时保证升级过程中应用服务的可用性。对于分布式 Orleans 应用服务而言，一般可以采用基于流量切换策略的主备集群部署和采用滚动升级策略的单集群部署方式进行应用升级。

1. 主备集群流量切换升级

采用主备集群流量切换策略对 Orleans 应用服务进行升级时，应用服务由两组物理服务集群（线上服务集群与后备服务集群）与一个流量控制服务组成。其中，线上集群负责响应线上用户请求并使用较为陈旧的应用逻辑与服务接口承载实际业务流量，后备集群通过流量控制服务确保不会承载线上用户请求，后备集群运行新版的应用逻辑与服务接口，并与线上集群内的服务节点处于同一 Orleans 应用集群内部（即可进行 Silo 间通信），其架构如图 7-2 所示。

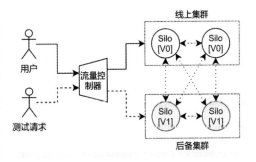

● 图 7-2　采用主备集群架构的 Orleans 应用服务

对采用主备集群架构的 Orleans 应用服务进行升级，实际上是对后备集群内的 Silo 节点进行服务升级，由于后备集群并不承载任何线上用户请求，因此该集群内的 Silo 服务节点升级并不会影响整体应用的服务质量。开发人员需要将 Orleans 应用服务的 Silo 节点服务接口版本兼容性策略配置进行如下配置。

```
ISiloBuilder siloBuilder.Configure<GrainVersioningOptions> (
    options =>
    {
        // 将运行时默认服务接口兼容性判别规则配置为后向兼容
        options.DefaultCompatibilityStrategy = nameof(BackwardCompatible);
        // 将运行时默认服务接口选择策略配置为最小版本
        options.DefaultVersionSelectorStrategy = nameof(MinimumVersion);
    });
```

当后备集群服务启动时，流量控制器将所有用户请求转发至线上集群进行处理，由于后备集群服务接口的版本较新，后备集群服务 Silo 节点将不会创建任何用户请求所依赖的 Grain 实例。此时，开发人员可以通过流量控制器向后备集群发送功能测试请求，完成对新版应用服务接口及功能的回归测试，并通过控制流量转发策略，将部分线上用户请求转发至后备集群以测试其实际运行状况，在此过程中开发人员可以随时中断测试过程或重新部署后备集群应用服务代码。当测试完成后，开发人员只需通过流量控制器将用户请求转发至后备集群处理，此时 Orleans 运行时将在后备集群（即新版应用服务逻辑）内创建 Grain 实例并进行响应，当完成整体流量切换后，后备集群即成为新版线上集群，而旧版线上集群则成为后备集群，并在下一轮服务升级时使用。

主备集群流量切换升级策略的优势在于可以在保证线上服务稳定性的同时，对新版逻辑进行完整的功能测试，在升级过程中用户不会感知到应用服务版本的切换。

2. 单集群滚动服务升级

采用单集群架构的 Orleans 应用服务架构的升级过程如图 7-3 所示，开发人员对集群内各 Silo 节点进行分批依次升级。

单集群滚动服务升级策略实际上是对 Orleans 应用集群进行分步在线更新，因此在升级过程中 Orleans 应用服务集群将同时提供新旧版本的服务接口。为了保证滚动升级过程中的服务可用性，开发人员需要将 Orleans 应用服务的 Silo 节点服务接口版本兼容性策略进行如下配置。

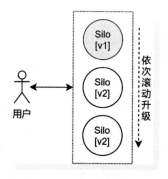

● 图 7-3　采用单集群架构的
Orleans 应用服务

```
ISiloBuilder siloBuilder.Configure<GrainVersioningOptions>(
    options =>
    {
        // 将运行时默认服务接口兼容性判别规则配置为后向兼容
        options.DefaultCompatibilityStrategy = nameof(BackwardCompatible);
        // 将运行时默认服务接口选择策略配置为全版本兼容
        options.DefaultVersionSelectorStrategy = nameof(AllCompatibleVersions);
    });
```

当用户使用较新版本的 Orleans 客户端（或经由新版本 Grain 实例）发起服务请求时，Orleans 运行时将仅在新版本的 Silo 节点上创建新版本 Grain 实例并进行响应，而通过旧版 Grain 引用对象发起的服务请求则将由任意版本的 Grain 实例处理。

可以看出，采用单集群滚动服务升级策略的部署速度较快，但 Orleans 应用服务在升级过程中会出现短暂的服务不稳定，新旧版本服务的切换时较长，开发人员也无法控制升级过程中应用程序的服务质量。

7.4　异构 Orleans 应用服务

异构 Orleans 应用服务是一种允许每个 Silo 节点只提供部分类型 Grain 服务的 Orleans 应用服务集群。例如，在图 7-4 所示的 Orleans 集群中存在 4 个 Silo 服务节点，并对外提供 5 种类型的 Grain 服务 A ~ E，其中 Silo 3 节点上的服务进程支持提供 Grain A、Grain B 及 Grain C 服务，Silo 1 节点支持提供 Grain D 及 Grain E 服务，而 Silo 2 与 Silo4 节点仅支持 Grain E 服务，在上述情况下，客户端请求的 Grain A、Grain B 及 Grain C 服务将仅有 Silo 3 节点提供，Grain D 服务仅有 Silo 1 节点提供，而 Grain E 服务则可由 Silo 1、Silo 2 及 Silo 4 提供。

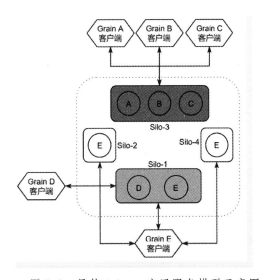

● 图 7-4　异构 Orleans 应用服务模型示意图

在异构 Orleans 应用服务中，Silo 节点的异构性是特指集群内各 Silo 节点程序集的异构性，但各 Silo 节点程序集仍将引用同一版本的 Grain 服务接口声明，且应用服务需要保证集群内所有 Silo 节点程序集对 Grain 类型的实现逻辑一致。简单来说，Orleans 将无法支持以下异构场景，即 **IMyGrainInterface** 服务接口在 Orleans 应用服务中，不同 Silo 节点中的程序集实现分别为：

```
public class A: Grain, IMyGrainInterface
{
    public Task SampeMethod() {  }
}

public class B: Grain, IMyGrainInterface, IMyOtherGrainInterface
{
    public Task SampeMethod() {  }
    public Task SampeMethodInOtherInterface() {  }
}
```

　　Orleans 应用服务的异构性在服务层面对外不可见，但 Orleans 运行时将保证响应请求服务的 Grain 实例只在支持该 Grain 类型的 Silo 节点上进行处理（即不存在跨 Silo 节点的程序集引用）。Orleans 应用不需要任何额外配置即可直接部署在异构 Silo 集群中，但若有必要，应用开发人员可以修改 TypeManagementOptions.TypeMapRefreshInterval 以制定 Silo 节点及 Orleans 客户端检查集群内类型更改的时间间隔，而在测试场景下，GrainClassOptions.ExcludedGrainTypes 属性可用于 Silo 节点在本地禁用特定的 Grain 类型。

7.5 集群性能监控

　　Orleans 集群在运行状态下会对系统的运行时状态和应用服务状态进行统计，并通过 ITelemetryConsumer 接口输出。Orleans 运行时共定义了 6 种类型的 ITelemetryConsumer 派生接口：

- ITraceTelemetryConsumer 服务接口用于接收追踪类遥测信息。
- IEventTelemetryConsumer 服务接口用于接收事件类遥测信息。
- IExceptionTelemetryConsumer 服务接口用于接收异常类遥测信息。
- IDependencyTelemetryConsumer 服务接口用于接收依赖类遥测信息。
- IMetricTelemetryConsumer 服务接口用于接收指标计数类遥测信息。
- IRequestTelemetryConsumer 服务接口用于接收请求对象的遥测信息。

　　Orleans 应用开发人员可以在 Silo 节点或 Orleans 客户端上注册一个或多个监控管理器以接收 Orleans 运行时定期发布的运行状态数据。此外，以下遥测信息处理器并未包含在 Orleans 运行时的发行版本中，需要通过引用相应的独立 Nuget 依赖包进行使用：

- Microsoft. Orleans. OrleansTelemetryConsumers. AI 包中提供了将 Orleans 遥测信息发布至 Microsoft Azure Application Insights 系统的监控管理器。
- Microsoft. Orleans. OrleansTelemetryConsumers. Counters 包中实现了面向 Windows 性能计数

器的监控管理器，应用开发人员可以通过 Microsoft. Orleans. CounterControl 程序包中包含的 CounterControl. exe 工具在 Windows 系统中注册所需的 Windows 性能计数器类目（CounterControl 工具需要以系统管理员权限运行），开发人员可以通过标准的 Windows 性能技术分析工具对 Orleans 系统输出的性能监测数据进行分析。

- Microsoft. Orleans. OrleansTelemetryConsumers. NewRelic 包实现了面向 New Relic 发布的监控管理器。
- Microsoft. Orleans. OrleansTelemetryConsumers. Linux 包实现了 Linux 平台下的监控管理器，该依赖包只支持 Orleans 2. 3 及后续版本。
- Orleans. TelemetryConsumers. ECS 包支持在 AWS 云服务的 ECS（Elastic Container Service，弹性容器服务）环境中对 Orleans 集群进行性能监控。

应用开发人员可以在 Silo 节点和 Orleans 客户端初始化时配置并指定相应的监控管理器，Silo 节点的实例配置如下。

```
var siloHostBuilder = new SiloHostBuilder();
//为 Silo 服务节点配置并增加 Application Insights 监控管理器
siloHostBuilder.AddApplicationInsightsTelemetryConsumer("INSTRUMENTATION_KEY");
```

Orleans 客户端的实例配置为：

```
var clientBuilder = new ClientBuilder();
//为 Orleans 客户端节点配置并增加 Application Insights 监控管理器
clientBuilder.AddApplicationInsightsTelemetryConsumer("INSTRUMENTATION_KEY");
```

7.6 本章小结

Orleans 集群的启动与多节点协调主要依赖于 Membership 协议，各 Silo 节点通过定时维护本地 Membership 表来记录其他节点的服务状态，支持对 Grain 服务接口进行运行时版本区分并构建异构 Orleans 应用服务集群，从而保证应用逻辑更新时的服务可用性。开发人员可以通过 Orleans 运行时性能计数器实时获取各组件的实时运行状态，并可以与第三方组件（如 Azure Application Insights）集成，搭建应用服务的实时监控平台。

第8章

构建Orleans应用服务

▶▶▶▶▶▶

作为 Orleans 应用程序的基本运行模块，Grain（即虚拟 Actor）是对应用程序内的业务实体状态和行为的抽象描述，开发人员通过组合和定义各 Grain 实例间的交互及内部数据流转进行应用系统的搭建。Orleans 与 Erlang 及 Akka 都是基于 Actor 模型的应用程序框架，但 Orleans 通过引入虚拟 Actor 模型的概念，使其较其他框架相比更加适用于以下场景。

- 应用程序内存在数量庞大（数百量级至数亿量级）的松耦合业务实体（如用户信息、订单记录、应用及游戏场景或股票交易等）。只要应用系统的瞬时活跃用户数不超过服务集群的设计容量，架设在小型服务集群上的 Orleans 应用程序就可以轻松支撑十亿量级的应用业务。
- 每个独立逻辑业务实体的实例逻辑在运行时可被拆分为单线程执行。例如，判断在某一用户当前市场行情下是否应该买入某只股票。
- 应用系统主要提供响应式（如请求 – 响应、提交 – 等待 – 完成等）服务。
- 应用程序需要部署在多台服务器（或服务集群）中，且服务容量需要根据业务流量进行动态调整。
- 在应用程序内部不需要全局范围内业务实体状态的协调，或单次业务实体的状态同步仅涉及系统内少量的业务实体。即在应用系统内的运行时容量扩展和性能优化可以直接通过增加系统内独立任务数量完成，而不依赖于系统内某一单点服务。

因此，在表 8-1 所示的场景中 Orleans 框架的特性将无法得到充分的利用。

表 8-1　Orleans 框架所不适用的应用场景

应用场景	不适用原因
应用程序内部各业务实体需要进行大量的内存（或状态）共享	Orleans 框架内每个 Grain 会独立管理及保存其自身状态，且仅通过 Grain 服务接口与其他业务实体交互
应用程序主要由少量的大型业务实体（即实体状态数据庞大）组成，且此应用程序的业务逻辑可能需要以多线程方式执行	使用微服务框架可以更好地在单个服务内支撑复杂的业务逻辑
应用程序内涉及全局范围的业务实体状态协调和一致性保证	全局范围的状态协调操作会显著降低 Orleans 应用程序的性能
包含大量需要长时运行的独立任务	如批处理任务或单指令多数据流（SIMB）型任务，此类应用也可以通过对任务步骤的拆分和裁剪，以响应式服务的方式承载于 Orleans 运行时上

8.1　搭建 Orleans 系统的最佳实践

Orleans 运行时作为 .NET 平台下的分布式应用框架，可以运行在任何支持 .NET 运行时的系统环境中。Orleans 2.0 版本前的 Orleans 运行时是基于 .NET Framework 平台开发的，而从 2.0 版本开始，Orleans 框架已经完全迁移至基于 .NET Stand 2.0 及后续平台开发，从而通过 .NET Core 具备了跨平台（Windows 及非 Windows 系统）能力，运行开发人员将 Orleans 应用部署在各类系统环境（Windows/Linux 服务器或 Docker 容器）中。

Orleans 框架通过服务接口的方式将应用程序逻辑与 Orleans 底层系统组件服务进行了解耦，使开发人员可以基于自身开发环境和技术框架搭建定制化的服务集群。例如，企业云用户可以通过自由组合 Azure/AWS 或 GCP 上的各类云服务搭建 Orleans 应用云服务集群，也可以在自建集群（甚至独立服务器）上部署私有 Orleans 应用程序。

▶▶ 8.1.1　Orleans 系统的项目结构

Grain 是服务端实际承载应用的逻辑单元，对外部用户而言，Grain 提供了强类型的服务接口，另一方面，每一个 Grain 都需要由 Orleans 服务端运行时进行生命周期及任务管理，以保证它的持久性（Virtual Actor）、隔离性及一致性，并最大限度地实现计算资源的弹性伸缩。

在实际的工程开发中，通常将接口与实现分离，以最大程度地减少程序集间的依赖。以下为一个典型的 Orleans 项目模型（见图 8-1）。

- 服务接口工程（Interface）中定义了强类型的服务接口，同时被 Client、Server 及 Implementation 共同依赖。
- 服务接口逻辑实现工程（Implementation）中包含了 Interface 中服务接口的具体逻辑实现（即具体的 ServiceGrain Class 的定义），被 Server 引用承载。
- 客户端工程（Client）中包含客户端业务逻辑，并通过 Interface 向服务端发送及接收请求。
- 服务端工程（Server）负责管理整个 Orleans 集群并承载 ServiceGrain 类所定义的服务。

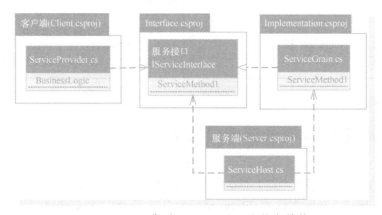

● 图 8-1 典型 Orleans 项目的基本结构

对于 Orleans 2.2 及以上版本，Interface 及 Implementation 工程需要基于 .NET Standard 或 .NET Framework 4.6.1 及以上版本。由于所有 Orleans 应用都构建在 Orleans 运行时上（包括客户端及服务端）的，Interface 及 Implementation 工程还需引用对应版本的 NuGet 依赖包（Microsoft.Orleans.Core.Abstractions 及 Microsoft.Orleans.CodeGenerator.MSBuild）以支持 Orleans 运行时的管理，而服务端工程和客户端工程则分别需要依赖 Microsoft.Orleans.Server 及 Microsoft.Orleans.Client 程序集。

▶▶ 8.1.2 Grain 的设计与实现

在 Orleans 系统中 Grain 可以看作是分布式虚拟异步对象，每个 Grain 对象通过 Orleans 运行时进行松散的耦合。Orleans 应用程序的服务性能由 Grain 对象的设计及各 Grain 对象间的交互方式共同决定：Grain 对象可以看成是 Orleans 应用程序的"细胞"，其承载了 Orleans 应用程序的基本功能；而 Grain 对象间的交互方式则决定了 Orleans 应用程序的系统复杂度。因此在设计 Orleans 应用程序时，需要兼顾 Grain 对象和实际业务流程的设计和优化。

1. Grain 对象设计

Grain 对象具有天然的数据和计算隔离能力，因此在绝大多数业务场景中，Grain 对象可以直接映射至诸如用户、访问会话及账户等同样具备状态独立性的应用实体中，而在应用程序内部，实体对象的状态可以通过统一的服务接口进行读取及更新，从而构成了非常直观的"实体-Grain"映射模型。

（1）Grain 的状态粒度设计

若开发人员在应用实体中封装了过多的状态数据，则可能使 Grain 对象无法高效地描述其自身状态，并进一步导致该 Grain 对象需要承载大量外部状态访问/更新请求。虽然在 Orleans 应用程序中 Grain 对象可以承载高达数千 QPS 的短时服务请求，开发人员也仍需要对平均每秒请求量较高（每秒数百请求）的 Grain 类型进行关注，并尝试对该 Grain 对象进行拆分，从而保证系统的稳定性和负载均衡性。

另一方面，若使用 Grain 对象描述了一个过小粒度的应用实体，也会造成该 Grain 与其他 Grain 间的频繁交互，进而增加 Orleans 消息传递开销。在此类情况下，开发人员可以将多个紧密耦合的 Grain 对象聚合为一个 Grain 对象，从而将 Orleans 集群内的消息传递过程优化为在 Silo 节点本地函数间的调用（将 RPC 调用请求中的消息封装过程简化为本地内存中的参数入栈/出栈操作），并提高系统的整体运行效率。

（2）Grain 的逻辑设计

由于 Grain 内的逻辑都运行在单线程语义中，因此单个 Grain 对象的执行效率将影响所有依赖于该 Grain 对象的服务链路吞吐量。在 Grain 程序逻辑中，开发人员应始终遵循异步任务编程模型（如采用非阻塞式异步 I/O API 及避免使用 Thread. Sleep 等阻塞式 API）以防止 Orleans 运行时内发生线程阻塞，并在发起多个异步任务时使用扇出（Fan-Out）操作（使用 Task. WhenAll）进行并发处理，从而最大限度地利用系统资源并提高业务吞吐量。

开发人员也可以在处理无状态的功能性操作（数据加密/解密、文件压缩/解压缩等操作）或进行本地数据处理（如本地 Grain 数据聚合或缓存查询）时使用无状态工作者 Grain 提高系统的运行效率。在默认情况下，Grain 实例对外部请求的处理是不可重入的，因此开发人员需要注意 Grain 实例间的调用关系以防止业务逻辑中的死锁调用。而在使用可重入 Grain 后，Grain 内的逻辑仍然运行于单线程执行语义中，Reentrant 特性只是对 Grain 实例处理 RPC 请求时的并行语义优化，而开启 RPC 请求的交错执行功能同时也会增加开发人员对 Grain 内部状态管理的复杂程度。

此外，Orleans 运行时支持泛型 Grain 类型和 Grain 间的继承关系（但每个派生类 Grain 都需要有与之对应的独立的服务接口，以保证在 Orleans 运行时内 Grain 服务类型的可寻址性），因此开发人员可以将多个 Grain 类型内的公有逻辑进行抽象并在基类中实现。

2. Grain 状态的持久化

Orleans 运行时通过状态持久化 API 和存储服务接口为开发人员提供了简单且可以进行高度扩展的 Grain 状态持久化服务。

（1）状态持久化 API

Orleans 运行时为 Grain 类型提供了两种状态持久化方式：Grain <TState> 基类和 IPersistent-State <TState> 接口。其中 Grain <TState> 基类的状态持久化逻辑是基于 Orleans. IGrainState 接口实现的，其内部将 Grain 对象的状态以弱类型的方式（泛化为 object 类型）进行存储，并将 TState 类型的类型对象与状态本身进行绑定，而 IPersistentState <TState> 接口则为 Grain 类型的状态提供了强类型的对象绑定。

当 Grain 实例被初始化（执行于 Grain. ActiveAsync 方法前）时，Orleans 运行时将自动调用 State. ReadStateAsync 方法从绑定的持久化存储服务中读取 Grain 状态，而 Grain 状态的外部存储服务写入逻辑则由开发人员通过显式调用 State. WriteStateAsync 方法触发。在进行 Grain 服务调用时，开发人员可以在服务调用返回前调用 State. WriteStateAsync 方法以确保 Grain 状态的保存逻辑（即当 State. WriteStateAsync 方法调用失败时，可以通过 Orleans RPC 结果通知 RPC 调用方）。

在 Grain 运行过程中，若外部存储服务中的 Grain 状态数据发生改变，开发人员也可以通过手工调用 State. ReadStateAsyc 方法进行强制数据同步。因此在某些场景下，应用程序可以通过定时器方法定时同步 Grain 的状态数据，从而在业务场景较为复杂的情况下摆脱烦琐的 State. WriteStateAsync/State. ReadStateAsyc 方法调用，也可以通过自定义的 Grain 状态的批量写入逻辑提高系统的整体运行效率。

（2）持久化存储服务

Orleans 运行时提供了多种原生存储服务实现，并包含于 Microsoft. Orleans. OrleansProviders 程序包中，其中 MemoryGrainStorage 服务应只用于测试及调试场景，且所有原生的存储服务都没有实现调用失败后的自动重试功能，因此使用原生存储服务时开发人员需要按需实现存储服务调用异常的自动重试逻辑。

应用程序开发人员可以通过 IGrainStorage 接口实现自定义持久化存储服务，在自定义持久化存储服务中，开发人员可以根据业务场景自定义数据的批量写入/读取逻辑、数据删除策略等，从而最大化系统吞吐量以满足相应的业务需求，并在对持久化存储服务逻辑进行调试时，将日志级别指定为 Verbose3 以记录与存储操作相关的行为信息。

当应用程序使用 AzureTableStorage 服务进行 Grain 状态持久化时需要注意以下几点。

1）开发人员可以通过指定 DeleteStateOnClear 选项设置在清除 Grain 状态时，Azure Table

API 的数据删除策略（数据的软删除或硬删除）。

2）开发人员可以通过指定 UseJson 选项将 Grain 状态数据以 Json 格式存储于 Azure Table 中。

3）由于 Azure Table 中单列数据大小不超过 64KB，因此当 Grain 状态数据超过 64KB 时，将被自动拆分成多列存储于 Azure Table 中，而 Grain 状态数据的总大小上限为 1MB。

▶▶ 8.1.3 运行时服务监控

在对 Orleans 应用服务集群进行性能监控时，开发人员可以通过 Silo 宿主服务器的 CPU 和内存使用情况及 Orleans 系统性能日志判断服务节点本身的健康状况，也可以通过系统对外的响应延时和错误数量判断 Orleans 应用集群的服务状态。在 Orleans 应用程序内，Grain 可以依赖 Orleans 运行时容器，通过构造函数注入 ILogger 接口对象实现业务逻辑的运行时日志记录及监控，也可以集成 Microsoft. Extensions. Logging 等日志组件进行跟踪及监控。

在对 Orleans 应用服务进行系统故障处理和调试时，开发人员可以使用本地 Azure 存储模拟器（Azure Storage Emulator）和基于 Azure Table 的 Membership 服务进行服务集群的测试与调试，在调试过程中可以通过 OrleansSiloInstances 表内的信息实时监控服务集群的信息状态。

虽然 Orleans 框架基于日志及遥测接口为开发人员提供了详尽的运行时监控服务，但在实际应用服务搭建过程中，如若每一次都需要配置并监测大量的运行时性能数据，无疑会为开发人员带来额外的工作量。为了简化 Orleans 应用的运行时监控配置，开源社区为 Orleans 框架开发了一套可视化性能监控仪表盘 Orleans Dashboard，从而通过 Web 管理页面实时监控 Orleans 集群的运行时状态（见图 8-2）。

开发人员只需在 Orleans 应用服务中引用 OrleansDashboard Nuget 依赖包，在构建 Silo 节点时配置并启用 Orleans Dashboard 服务，即可直接通过 Orleans Dashboard 管理仪表盘页面对服务集群进行监控：

```
siloBuilder
[...]                                  // 构建 Silo 节点的其他步骤及配置
    .UseDashboard(options => {
        options.Username = "USERNAME"; // Orleans Dashboard 管理台页面用户名
        options.Password = "PASSWORD"; // Orleans Dashboard 管理台页面密码
        options.Host = "*"; // Orleans Dashboard 管理台所绑定的 Web 服务器主机名(默认值为* )
        options.Port = 8080; // Orleans Dashboard 管理台 Web 服务端口(默认值为 8080)
        options.HostSelf = true; // 是否在 Silo 节点本地启用 Orleans Dashboard Web 服务
        options.CounterUpdateIntervalMs = 1000; // Orleans Dashboard 性能计数器采样间隔(毫
                                        秒)
    })
    .Build();
```

在 Silo 节点启动时，开发人员可以通过网址［http://节点 IP:仪表盘端口号］访问 Orleans

性能仪表盘,对 Orleans 集群内的各项运行指标进行实时监测。Orleans Dashboard 管理仪表盘为开发人员提供了集群维度、Grain 维度及 Silo 维度的各项性能指标的可视化监控服务,包括各维度的服务吞吐量、服务接口响应时间、服务错误率和 Grain 实例状态等。

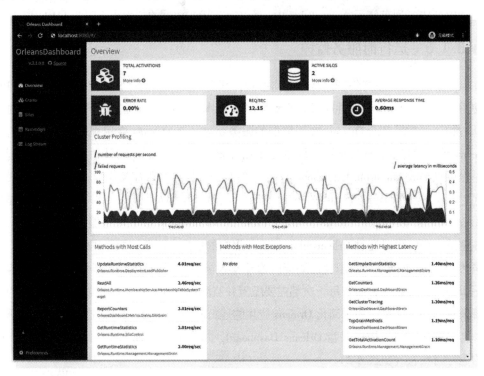

● 图 8-2　Orleans Dashboard 监控仪表盘服务概况示意图

若需要对集群内各 Silo 节点的资源利用率(CPU 及内存)进行监测,开发人员还需要根据 Silo 节点的运行平台,在构建 Silo 节点时注册并依赖特定操作系统平台下的性能计数器服务。例如,在 Windows 平台下需要使用 UsePerfCounterEnvironmentStatistics 方法(定义于 Microsoft. Orleans. OrleansTelemetryConsumers. Counters Nuget 扩展包中)在 Silo 节点中注册 Windows 性能计数器;而在 Linux 及 AWS ECS 环境中,则应分别使用 UseLinuxEnvironmentStatistics 方法(定义于 Microsoft. Orleans. OrleansTelemetryConsumers. Linux Nuget 扩展包中)及 UseEcsTaskHostEnvironmentStatistics 方法(定义于 Orleans. TelemetryConsumers. ECS Nuget 扩展包中)注册相应的系统性能计数器:

```
if (RuntimeInformation.IsOSPlatform(OSPlatform.Windows))
{
    // 若运行在 Windows 平台下,则在 Silo 节点中增加 Windows 性能计数器服务
    builder.UsePerfCounterEnvironmentStatistics();
```

```
    }
else if (RuntimeInformation.IsOSPlatform(OSPlatform.Linux))
{
    // 若运行在 Linux 平台下,则在 Silo 节点中增加 Linux 性能监视器服务
    builder.UseLinuxEnvironmentStatistics();
}
else ...
```

在正确注册平台性能监视服务后,Orleans Dashboard 会自动收集并展现 Silo 节点主机的资源使用情况(见图 8-3)。

● 图 8-3　Orleans Dashboard 监控仪表盘资源监控示页面意图

Orleans Dashboard 面板及 HTTP Web API 还提供了大量应用级性能计数器及高级控功能,开发人员可以在 Orleans Dashboard 项目主页 (https://github. com/OrleansContrib/OrleansDashboard) 中进一步了解。

▶▶ 8.1.4　系统故障处理

当 Silo 节点启动失败时,可以首先检查 OrleansSiloInstances 表内该 Silo 节点的注册状态,并保证系统防火墙打开了 Orleans 服务端口 (默认为 11111 和 30000),若上述记录都显示正常,则开发人员可以通过检查 Silo 节点的本地启动日志进行进一步的错误诊断。

当前端（Orleans 客户端）服务无法连接至 Orleans 服务集群时，首先应当检查 Orleans 客户端的服务集群配置，检查 OrleansSiloInstances 表内集群网关的注册情况，并确保实际服务集群内网关节点的运行状况与 OrleansSiloInstances 表内记录的一致性，若上述配置显示正常，则需进一步检查 Orleans 客户端与 Orleans 集群网关节点的网络连接状态及 Orleans 客户端的本地错误日志。

▶▶8.1.5 功能测试

Orleans 框架在 Microsoft. Orleans. TestingHost 程序包中为开发人员提供了单元测试套件，测试集群类 TestCluster 在内存中会自动创建一个包含 2 个 Silo 节点的测试集群，使开发人员可以在测试用例中通过访问 Grain 实例对象的服务接口进行功能测试。以下测试用例使用 TestCluster 集群对 HelloWorldGrain 逻辑进行了验证。

```csharp
using System;
using System.Threading.Tasks;
using Orleans;
using Orleans.TestingHost;
using Xunit;

namespace Tests
{
    public class HelloWorldGrainTests
    {
        [Fact]
        public async Task TestHelloWorld_Success()
        {
            var cluster = new TestCluster();
            cluster.Deploy();
            var grain = cluster.GrainFactory.GetGrain<IHelloWorldGrain>(Guid.NewGuid());
            var response = await grain.Hello();
            cluster.StopAllSilos();
            Assert.Equal("Hello, World", response);
        }
    }
}
```

当需要对应用程序中的部分模块（或组件）进行单元测试时，与普通 .NET 应用程序类似，开发人员可以通过集成第三方测试模拟框架（如 Moq 或 NSubstitute 等）对目标模块的外部依赖组件行为进行模拟和拦截，并由此编写测试用例以保证目标模块的逻辑正确性。

而在进行 Orleans 应用程序的整体功能性测试时，可按需使用 Orleans 运行时内置的 MemoryGrainStorage、SimpleMessageSteam、InMemoryMembershipTable 等组件对外部服务组件进行替换，从而快速搭建单实例的独立测试集群以完成服务应用的回归及功能性测试。

▶▶ 8.1.6 应用部署与集群管理

由于 Orleans 运行时支持在同一个应用服务中多个版本的服务接口共存，因此在进行 Orleans 应用程序的部署时，既可以依赖于外部服务组件在新版本应用服务上线时进行流量管控及灰度发布，也可以直接通过 Grain 服务版本特性标注对 Silo 节点进行滚动升级。

在单集群部署场景下，得益于 Orleans 框架对服务集群动态容量缩放功能的原生支持，开发人员只需对 Silo 节点进行简单的流量切换和服务停启操作即可完成应用程序容量的调整。当采用多集群架构搭建 Orleans 服务应用时，开发人员应严格遵守多集群 Orleans 应用服务的配置策略和步骤，从而保证在远程集群启用和下线过程中的服务稳定性。

8.2 搭建 Web 应用服务

在 Web 应用服务中，用户在网站或应用程序中的行为通常可以被分解映射为对一个或多个数据实体的一系列创建(增)、删除(删)、更新(改)、查询(查)操作，并通过 Web 服务提供响应的业务接口。传统 Web 应用服务的实现过程可以看作是对业务流程的程序语言直译，即从业务流程的角度实现业务流程中的各个步骤功能。而 Orleans 应用程序则站在业务的数据实体视角，着眼于业务流程中涉及的各业务实体的功能及状态转移过程，并通过对远程过程调用将流程中所涉及的相关业务实体进行串接，因此开发人员可以针对每个业务实体的功能和状态进行独立设计和实现，最后通过组合的方式搭建整体业务逻辑。本节将以一个简易工单系统的后台服务为例，介绍如何使用 Orleans 搭建 Web 应用。

▶▶ 8.2.1 案例：工单处理系统

1. 应用背景

在企业内部通常使用工单作为工作任务的传递媒介，工作人员可以根据不同组织、部门或外部客户的需求，通过工单维护和追踪一系列的问题、需求及处理结果。一个完整的工单生命周期可以简化为由提交工单、等待处理、处理工单和关闭工单等步骤组成的操作流转过程，在实际应用中，银行或办事大厅内的服务取号、餐饮或商品的等位预定以及产品售后故障的报修处理过程等都可以简化和抽象为工单处理过程。基本的工单管理程序需要满足以下功能。

1）用户可以通过服务接口创建指定类型的工单。

2）用户可以通过服务接口查询当前工单所在队列的排序情况。

3）用户可以通过内部服务接口按需取消待处理的工单。

4）用户可以通过服务接口关闭已完成的工单。

5）工作人员可以通过内部服务接口依序处理等待队列中的待处理工单。

6）用户和工作人员可以通过服务接口查询并更新工单上下文信息。

7）允许工作人员从后台主动清空并关闭所有待处理的工单。

2. 功能及流程设计

在工单系统中，工单对象本身就是一个数据实体对象，其内部保存了工单内容、创建者和处理人员等上下文信息，而创建者和工作人员可以通过工单对象的服务接口触发工单状态的改变（提交、等待、处理及关闭）。但由于等待状态下的工单顺序并不属于工单对象的内部状态，且该排序标号需要由等待队列中的所有工单状态共同确定，因此可以将工单的等待队列独立抽象成为工单代理对象实体，从而对工单等待队列的状态进行管理，并在该代理对象内对工单创建及工作人员指派等操作进行封装。与此同时，系统中的所有数据（工单上下文及工单等待队列信息）都需要通过存储服务进行数据持久化保存，而工单服务后台还需要为外部用户及内部工作人员提供不同的服务接口，以区分来自用户和工作人员的操作。该工单系统的简化结构如图 8-4 所示。

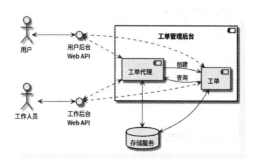

● 图 8-4　工单系统服务架构

工单系统的使用场景可以细分为用户创建工单、用户查询工单队列状况、工作人员处理工单、用户及工作人员更新工单和用户关闭工单 5 个场景。

用户在创建工单时需要通过工单代理对象进行工单创建，使工单代理对象能够对新创建的工单对象进行管理，并更新工单代理对象内部等待队列的状态；工单代理对象在完成内部工单对象创建后，可以将工单编号返回给用户，用户后续可以直接根据工单编号查询工单对象的相关信息（见图 8-5）。

用户查询当前工单的等待状况时，需要向应用服务传入对应的工单编号，并由工单对象向工单代理对象查询其当前的等待队列排序情况（见图 8-6）。

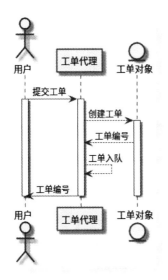 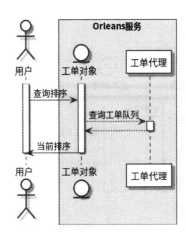

● 图 8-5　用户提交工单请求/响应时序图　　● 图 8-6　用户查询工单排序请求/响应时序图

　　工作人员需要通过工单代理服务获取等待处理的工单编号，使工单代理在指派工单时能够同步更新本地的工单等待队列（见图 8-7）。

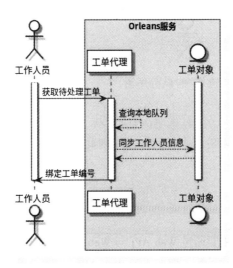

● 图 8-7　工作人员拉取待处理的工单编号请求/响应时序图

　　由于工单的上下文信息完全由工单对象进行维护，当用户或工作人员对工单信息进行变更或修改时只需要与工单对象进行交互即可，工单对象在内部状态更新时也可以主动发起状态变更通知，其时序过程如图 8-8 所示。

与之类似，当用户主动关闭工单时也只需修改工单内部状态，并通过工单对象通知工单对应的工作人员（见图 8-9）。

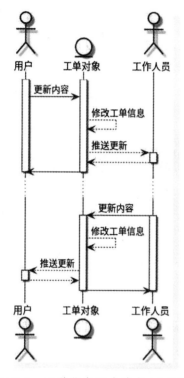

● 图 8-8 工单信息同步请求/响应时序图　　　　● 图 8-9 工单关闭请求/响应时序图

基于上述各个场景中的业务交互流程，不难发现工单状态的转移都由用户、工作人员及工单代理对象调用工单对象相应的服务接口触发，因此可以将工单对象的生命周期内总结为如图 8-10 所示的状态转移过程。

3. 应用服务搭建

（1）系统架构设计

工单管理后端应用服务主要通过 Web API 与 Web 前端或其他下游服务进行交互，在 .NET 平台下可以直接使用 ASP . NET Core 框架实现 Web API；核心工段管理服务逻辑可以直接使用 Orleans 框架实现，并采用 Orleans 框架提供的状态持久化服务进行数据存储。工单管理后端应用服务的系统架构如图 8-11 所示。

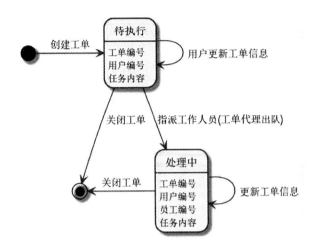

● 图 8-10　工单对象内部状态转移过程

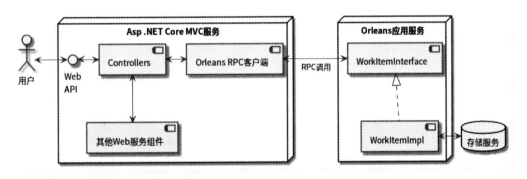

● 图 8-11　基于 Orleans 的工单管理服务系统架构示意图

其中，Orleans 应用服务中包含工单服务接口工程 WorkItemInterface 及工单服务工程 WorkItemImpl，并通过 Orleans RPC 客户端与 ASP．NET Core MVC 服务进行交互。ASP．NET Core Web MVC 服务可以看作是 Orleans 应用服务的一层代理转发服务，即将 Orleans 应用服务的 RPC 服务接口包装成 HTTP Web API 服务接口，实际上，该系统的下游应用服务既可以通过 ASP．NET Core Web API 接口访问 Orleans 应用服务对象，也可以直接通过 Orleans RPC 客户端与 Orleans 应用服务进行交互。

可以看出，采用上述方法进行应用服务搭建时，实际需要搭建两个相互独立的应用服务，并通过 RPC 接口进行交互，从而增加了系统的整体复杂程度。Orleans 从 2.0 版本开始就已经完全迁移至．NET Standard 平台，从 Orleans 2.1 版本开始 Orleans 应用服务可以与 ASP．Net Core 应用服务托管于同一个．NET 服务主机对象（Service Host）中运行。采用了上述联合主机托管（Co-hosting）方案实现的工单管理应用服务的系统架构如图 8-12 所示。

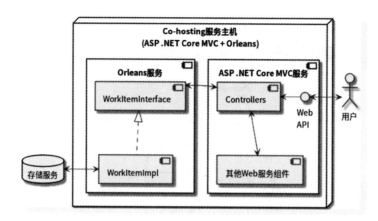

● 图 8-12　基于 Co-hosting 方案的工单管理服务系统架构示意图

（2）服务搭建与实现

在使用 Orleans 框架搭建应用服务时，通常需要将服务接口与实现逻辑拆分（即将接口定义与实现解耦），使 Orleans 服务接口工程可以被 Orleans 客户端工程单独引用。因此，可以将工单服务拆分为三个项目，见表 8-2。

表 8-2　工单处理服务系统子项目列表

项目名称	项目说明	项目类型	依赖程序集
WorkItemInterface. csproj	工单应用服务接口项目，使用 . NET Core SDK 编译	. NET Core 类库	Microsoft. Orleans. Core. Abstractions Microsoft. Orleans. CodeGenerator. MSBuild
WorkItemImpl. csproj	工单应用服务项目，使用 . NET Core SDK 编译	. NET Core 类库	Microsoft. Orleans. CodeGenerator. MSBuild Microsoft. Orleans. Core. Abstractions Microsoft. Orleans. Core Microsoft. Orleans. Runtime. Abstractions WorkItemInterface. csproj
WorkItemServer. csproj	ASP. NET Core Web API 服务及 Orleans 应用服务共同构建的应用服务项目，使用 . NET Core Web SDK 编译	. NET Core 控制台应用程序	Microsoft. Orleans. Core Microsoft. Orleans. OrleansProviders Microsoft. Orleans. OrleansRuntime WorkItemInterface. csproj WorkItemImpl. csproj

1）接口及对象定义。工单应用服务接口项目 WorkItemInterface. csproj 中主要包含工单对象及工单代理对象的 Grain 服务接口及相关接口类型定义。

工单优先级（WorkItemPriority）定义如下。

```
public enum WorkItemPriority
{
```

```
    Unknown = 0,       // 非法状态
    Low = 1,              //低优先级工单
    Medium = 2,        //中等优先级工单
    High = 3,            //高优先级工单
    Emergency = 4,    //紧急工单
}
```

工单服务接口（IWorkItemGrain）定义如下。

```
public interface IWorkItemGrain: IGrainWithIntegerCompoundKey
{
    // 关闭工单服务接口
    TaskAbortAsync();
    // 查询当前工单排序服务接口
    Task<long> SequenceLookupAsync();
    // 更新工单处理工作人员信息服务接口
    TaskSetWorkerIdAsync(long workerId);
    // 初始化工单上下文服务接口
    TaskInitContextAsync(WorkItemPriority priority, long customerId);
    // 用户更新工单上下文服务接口
    Task UpdateDataFromCustomerAsync(string data);
    // 工作人员更新工单上下文服务接口
    Task UpdateDataFromWorkerAsync(string data);
    // 获取工单内容服务接口
    Task<IEnumerable<string>> GetWorkItemDataAsync();
}
```

工单代理服务接口（IWorkItemAgentGrain）定义如下。

```
public interface IWorkItemAgentGrain: IGrainWithIntegerKey
{
    // 初始化工单代理服务接口
    TaskInitAgentAsync();
    // 用户提交工单服务接口
    Task<long> SubmitWorkItemAsync(WorkItemPriority priority, long customerId);
    // 工作人员处理等待工单服务接口
    Task<long> HandleWorkItemAsync(WorkItemPriority priority, long workerId);
    // 清空等待工单服务接口
    Task ClearPendingWorkItemsAsync(List<WorkItemPriority> priorities);
    // 查询工单等待排序服务接口
    Task<int> LookupWorkItemSequenceAsync(WorkItemPriority priority, long workItemId);
    // 用户取消正在等待处理的工单服务接口
    Task<bool> AbortWorkItemAsync(WorkItemPriority priority, long workItemId);
}
```

消息通知服务接口（INotificationGrain）定义如下。

```
public interface INotificationGrain: IGrainWithIntegerKey
{
    // 向用户发起通知服务接口
    TaskNotifyCustomerAsync(long customerId, string notification);
    // 向工作人员发起通知服务接口
    TaskNotifyWorkerAsync(long workerId, string notification);
}
```

2）Orleans 应用服务。工单应用服务项目 WorkItemImpl. csproj 中实现了各应用服务接口的实现逻辑，在工单应用服务项目中，首先需要对工单对象内的工单上下文（WorkItemContext）进行定义。

```
[Serializable]
public class WorkItemContext
{
    // 与工单关联的工作人员 ID
    public long? AssociatedWorkerId { get; set; }
    // 工单创建用户 ID
    public long CustomerId { get; set; }
    // 工单优先级
    public WorkItemPriority WorkItemPriority { get; set; }
    // 工单创建时间
    public DateTime CreateTime { get; set; }
    // 工单关闭时间
    public DateTime? CloseTime { get; set; }
    // 工单内容
    public List<string> Data { get; set; }
}
```

工单服务接口实际是对工单对象 WorkItemGrain 中保存的工单上下文信息的修改，而工单上下文 WorkItemContext 则可以直接作为 WorkItemGrain 对象的状态，并通过 Orleans 状态持久化 API 进行存储。

```
[StorageProvider(ProviderName = "InMemoryStorage")] // 使用名为 InMemoryStorage 的持久化服
                                                    //       务存储工单内容
public class WorkItemGrain: Grain<WorkItemContext>, IWorkItemGrain
{
    public async Task AbortAsync()
    {
        EnsureWorkItemValid();
        State.CloseTime = DateTime.UtcNow;
        State.AssociatedWorkerId = null;
        await WriteStateAsync();                     // 更新工单状态
        var workItemId = this.GetPrimaryKeyLong(out var agentId);
```

```
        var agent = GrainFactory.GetGrain<IWorkItemAgentGrain>(Convert.ToInt64(agen-
tId));
        await agent.AbortWorkItemAsync(State.WorkItemPriority, workItemId); // 通知工单代
理对象更新待处理工单队列
    }

    public async Task<long> SequenceLookupAsync()
    {
        EnsureWorkItemValid();
        var workItemId = this.GetPrimaryKeyLong(out var agentId);
        var agent = GrainFactory.GetGrain<IWorkItemAgentGrain>(Convert.ToInt64(agen-
tId));
        return await agent.LookupWorkItemSequenceAsync(State.WorkItemPriority, wor-
kItemId);                          // 向工单代理对象发起查询请求
    }

    public async Task SetWorkerIdAsync(long workerId)
    {
        EnsureWorkItemValid();
        State.AssociatedWorkerId = workerId;
        await WriteStateAsync();   // 更新工单状态
    }

    public async Task InitContextAsync(WorkItemPriority priority, long customerId)
    {
        Utils.ValidateWorkItemPriority(priority);
        State = new WorkItemContext
        {
            WorkItemPriority = priority,
            CreateTime = DateTime.UtcNow,
            CustomerId = customerId,
            Data = new List<string>()
        };                             // 初始化工单内容
        await WriteStateAsync(); // 更新工单状态
    }

    public async Task UpdateDataFromCustomerAsync(string data)
    {
        EnsureWorkItemValid(true);
        State.Data.Add(data);
        await WriteStateAsync(); // 更新工单状态
        await NotifyWorker(data); // 通知工作人员工单更新
    }

    public async Task UpdateDataFromWorkerAsync(string data)
```

```
    {
        EnsureWorkItemValid();
        State.Data.Add(data);
        await WriteStateAsync();        // 更新工单状态
        await NotifyCustomer(data); // 通知用户工单更新
    }

    public async Task<IEnumerable<string>> GetWorkItemDataAsync()
    {
        EnsureWorkItemValid();
        return State.Data.AsReadOnly(); // 读取工单内容并返回
    }

    // 检查工单上下文合法性
    private void EnsureWorkItemValid(bool alsoCheckWorker = false)
    {
        if (State.CustomerId == 0
            V || State.WorkItemPriority == WorkItemPriority.Unknown
            || alsoCheckWorker && State.AssociatedWorkerId == null
            || State.Data == null)
        {
            throw new Exception("工单信息错误");
        }
    }

    private async Task NotifyCustomer(string information)
    {
        var notifier = GrainFactory.GetGrain<INotificationGrain>(0);
        Vawait notifier.NotifyCustomerAsync(State.CustomerId, information); // 通过消息服
务接口发起通知
    }

    private async Task NotifyWorker(string information)
    {
        if (State.AssociatedWorkerId == null)
        {
            throw new InvalidOperationException();
        }
        var notifier = GrainFactory.GetGrain<INotificationGrain>(0);
        await notifier.NotifyWorkerAsync(State.AssociatedWorkerId.Value, information); //
通过消息服务接口发起通知
    }
}
```

由于用户在创建工单对象时，实际是通过工单代理对象进行工单创建及工单上下文初始化

的，因此工单代理对象 WorkItemAgentGrain 中需要同时维护当前工单代理对象的本地待处理工单队列，也需要维护工单编号计数器，以为每个工单对象分配独立的工单编号。由于 Grain 对象的逻辑在单线程语义中执行，因此工单代理对象在更新本地工单编号计数器时，并不需要考虑并发读取和更新的场景。工单代理类 WorkItemAgentGrain 的实现如下，在工单代理类中使用了 IPersistentState 接口对本地待处理工单队列和工单编号计数器进行持久化存储：

```
public class WorkItemAgentGrain: Grain, IWorkItemAgentGrain
{
    // 待处理工单队列
    private readonly IPersistentState<Dictionary<WorkItemPriority, LinkedList<long>> _
pendingWorkItems;
    // 工单编号计数器
    private readonly IPersistentState<long> _workItemIndex;
    private readonly ILogger<WorkItemAgentGrain> _logger;

    public WorkItemAgentGrain(
        ILogger<WorkItemAgentGrain> logger,
        // 在 InMemoryStorage 持久化服务中以状态名 pendingWorkItems 存储本地待处理工单队列
        [PersistentState("pendingWorkItems", "InMemoryStorage")]
        IPersistentState<Dictionary<WorkItemPriority, LinkedList<long>> pendingWor-
kItems,
        // 在 InMemoryStorage 持久化服务中以状态名 workItemIndex 存储工单编号计数器
        [PersistentState("workItemIndex", "InMemoryStorage")]
        IPersistentState<long> workItemIndex)
    {
        this._logger = logger;
        _pendingWorkItems = pendingWorkItems;
        _workItemIndex = workItemIndex;
    }

    public async Task InitAgentAsync()
    {
        if (_pendingWorkItems.State == null)
        {
            _pendingWorkItems.State = new Dictionary<WorkItemPriority, LinkedList<long>>
();
        }
        if (_pendingWorkItems.State.Any())
        {
            await ClearPendingWorkItemsAsync(_pendingWorkItems.State.Keys.ToList()).Ig-
nore(); //清理所有待处理工单对象
        }
        await _pendingWorkItems.ClearStateAsync(); // 清理本地等待队列
        await _workItemIndex.ClearStateAsync(); // 重置工单编号计数器
```

```
    }

    public async Task<long> SubmitWorkItemAsync(WorkItemPriority priority, long customer-
Id)
    {
        Utils.ValidateWorkItemPriority(priority);
        var currentAgentId = this.GetPrimaryKeyLong();
        _workItemIndex.State ++; // 更新工单编号计数器
        await _workItemIndex.WriteStateAsync();
        var id = _workItemIndex.State;
        var workItemGrain = GrainFactory.GetGrain<IWorkItemGrain> (id, currentAgentId.To-
String());
        await workItemGrain.InitContextAsync(priority, customerId); // 初始化工单上下文
        await EnqueueWorkItemAsync(priority, id); // 将工单对象排入本地等待队列
        return id;
    }

    public async Task<long> HandleWorkItemAsync(WorkItemPriority priority, long workerId)
    {
        Utils.ValidateWorkItemPriority(priority);
        _logger.LogInformation($"开始执行{nameof(HandleWorkItemAsync)}");
        if (! _pendingWorkItems.State.TryGetValue(priority, out var payload)) return -1L;
        var current = payload.First;
        if (current == null) return -1L;
        var id = current.Value;
        payload.RemoveFirst(); // 将工单编号移出本地待处理队列
        var workItem = GrainFactory.GetGrain<IWorkItemGrain> (id, this.GetPrimaryKeyLong
().ToString());
        await workItem.SetWorkerIdAsync(workerId); // 更新工单上下文
        return id;
    }

    public async Task ClearPendingWorkItemsAsync(List<WorkItemPriority> priorities)
    {
        priorities.ForEach(Utils.ValidateWorkItemPriority);
        _logger.LogInformation($"开始执行{nameof(ClearPendingWorkItemsAsync)}");
        var currentAgentId = this.GetPrimaryKeyLong().ToString();
        await Task.WhenAll(priorities.SelectMany(priority =>
        {
            if (! _pendingWorkItems.State.TryGetValue(priority, out var payload)) return
new[] {Task.CompletedTask};
```

```
            return payload.Select(id => GrainFactory.GetGrain<IWorkItemGrain>(id, curr-
entAgentId).AbortAsync()); //清理所有待处理工单对象
        })).Ignore();
        priorities.ForEach(priority => _pendingWorkItems.State[priority] = new
LinkedList<long>()); // 清理本地等待队列
        await _pendingWorkItems.WriteStateAsync();
    }


    public Task<int> LookupWorkItemSequenceAsync(WorkItemPriority priority, long wor-
kItemId)
    {
        Utils.ValidateWorkItemPriority(priority);
        Utils.ValidateWorkItemId(workItemId);
        var index = -1;
        // 查询本地等待队列
        if (_pendingWorkItems.State.TryGetValue(priority, out var payload))
        {
            var current = payload.First;
            while (current != null)
            {
                index++;
                if (current.Value == workItemId)
                {
                    return Task.FromResult(index + 1);
                }
                current = current.Next;
            }
        }
        return Task.FromResult(-1);
    }


    public async Task<bool> AbortWorkItemAsync(WorkItemPriority priority, long wor-
kItemId)
    {
        Utils.ValidateWorkItemPriority(priority);
        Utils.ValidateWorkItemId(workItemId);
        // 从本地等待队列中移除多余工单
        if (_pendingWorkItems.State.TryGetValue(priority, out var payload))
        {
            return payload.Remove(workItemId);
        }
        await _pendingWorkItems.WriteStateAsync();
        return false;
    }
```

```
// 将工单编号加入本地等待队列
private async Task EnqueueWorkItemAsync(WorkItemPriority priority, long workItemId)
{
    if (_pendingWorkItems.State.TryGetValue(priority, out var payload))
    {
        payload.AddLast(workItemId);
    }
    else
    {
        var queue = new LinkedList<long>();
        queue.AddLast(workItemId);
        _pendingWorkItems.State[priority] = queue;
    }
    await _pendingWorkItems.WriteStateAsync();
}
```

在工单管理项目中，消息通知服务对象本身仅为其他服务对象提供消息的投递功能，因此可以将其定义为 Silo 本地的无状态服务以提高系统的整体性能。

```
[StatelessWorker(2)] // 每个 Silo 节点上 NotificationGrain 实例池的最大容量为 2
public class NotificationGrain: INotificationGrain
    {
    private readonly ILogger<NotificationGrain> _logger;
    public NotificationGrain(ILogger<NotificationGrain> logger)
    {
        this._logger = logger;
    }

    public Task NotifyCustomerAsync(long customerId, string notification)
    {
        _logger.LogInformation($"通知用户{customerId}:{notification}");
        return Task.CompletedTask;
    }

    public Task NotifyWorkerAsync(long workerId, string notification)
    {
        _logger.LogInformation($"通知工作人员{workerId}:{notification}");
        return Task.CompletedTask;
    }
}
```

此外，在工单服务实现中使用的工具类方法定义如下。

```
public static class Utils
{
    // 验证工单优先级
    public static void ValidateWorkItemPriority(WorkItemPriority priority)
    {
        if (priority == WorkItemPriority.Unknown)
        {
            throw new NotSupportedException();
        }
    }

    // 验证工单 ID
    public static void ValidateWorkItemId(long workItemId)
    {
        if (workItemId < 0)
        {
            throw new NotSupportedException();
        }
    }

    // 忽略异步方法异常
    public static async Task Ignore(this Task t)
    {
        try
        {
            await t;
        }
        catch (Exception)
        {
            // 忽略异常
        }
    }
}
```

3）ASP．NET Core Web API 控制器。根据 MVC 设计原则，在 Web API 层应对工单对象和工单代理对象分别创建对应的控制器对象：工单控制器（WorkItemController）和工单代理控制器（WorkItemAgentController）。

WorkItemController 负责处理与工单实体相关的服务接口，包括待处理工单排序查询服务接口（SequenceLookupAsync）、关闭工单服务接口（AbortAsync）、更新工单内容服务接口（UpdateAsync）及工单内容查询服务接口（GetDataAsync），其代码实现逻辑如下。

```
[ApiController]
[Route("api/[controller]")]
```

```
public class WorkItemController: ControllerBase
{
    private readonly IGrainFactory _client;

    public WorkItemController(IGrainFactory client)
    {
        _client = client;
    }

    // 工单排序查询服务接口
    [HttpGet("agent/{agentId}/lookup/{id}")]
    public async Task<IActionResult> SequenceLookupAsync(
        [FromRoute(Name = "agentId")] long agentId,
        [FromRoute(Name = "id")] long id)
    {
        try
        {
            var result = await ResolveGrain(agentId, id).SequenceLookupAsync();
            if (result> 0)
            {
                return new OkObjectResult(new {CurrentPosition = result});
            }
        }
        catch (Exception e)
        {
            return new BadRequestObjectResult(e.Message);
        }
        return new NotFoundResult();
    }

    // 关闭工单服务接口
    [HttpPost("agent/{agentId}/abort/{id}")]
    public async Task<IActionResult> AbortAsync(
        [FromRoute(Name = "agentId")] long agentId,
        [FromRoute(Name = "id")] long id)
    {
        try
        {
            await ResolveGrain(agentId, id).AbortAsync();
            return new OkResult();
        }
        catch (Exception e)
        {
            return new BadRequestObjectResult(e.Message);
        }
```

```
    }

    // 更新工单内容服务接口
    [HttpPost("agent/{agentId}/update/{id}")]
    public async Task<IActionResult> UpdateAsync(
        [FromRoute(Name = "agentId")] long agentId,
        [FromRoute(Name = "id")] long id,
        [FromBody] string data)
    {
        try
        {
            await ResolveGrain(agentId, id).UpdateDataFromCustomerAsync(data);
            return new OkResult();
        }
        catch (Exception e)
        {
            return new BadRequestObjectResult(e.Message);
        }
    }

    // 工单内容查询服务接口
    [HttpGet("agent/{agentId}/{id}")]
    public async Task<IActionResult> GetDataAsync(
        [FromRoute(Name = "agentId")] long agentId,
        [FromRoute(Name = "id")] long id)
    {
        try
        {
            return new OkObjectResult(await ResolveGrain(agentId, id).GetWorkItemData-
Async());
        }
        catch (Exception e)
        {
            return new BadRequestObjectResult(e.Message);
        }
    }
    }

    private IWorkItemGrain ResolveGrain(long agentId, long workItemId)
    {
        return _client.GetGrain<IWorkItemGrain>(workItemId, agentId.ToString());
    }
}
```

工单代理控制器类 **WorkItemAgentController** 负责处理与工单代理实体的相关服务接口，包括代理初始化服务接口（Init）、工单创建服务接口（SubmitAsync）、工单处理服务接口（HandleAsync）及本地等待队列清理服务接口（**ClearAsync**），其定义如下。

```
[ApiController]
[Route("api/[controller]")]
public class WorkItemAgentController: ControllerBase
{
    private readonly IGrainFactory _client;

    public WorkItemAgentController(IGrainFactory client)
    {
        _client = client;
    }

    // 工单代理初始化服务接口
    [HttpPost("{id}/init")]
    public async Task<IActionResult> Init(long id)
    {
        await ResolveGrain(id).InitAgentAsync();
        return new OkResult();
    }

    // 工单创建服务接口
    [HttpPost("{id}/submit/{priority}/{customerId}")]
    public async Task<IActionResult> SubmitAsync(
        [FromRoute(Name = "id")] long id,
        [FromRoute(Name = "priority")] WorkItemPriority workItemPriority,
        [FromRoute(Name = "customerId")] long customerId)
    {
        var workItemId = await ResolveGrain(id).SubmitWorkItemAsync(workItemPriority,
customerId);
        return new OkObjectResult(new {WorkItemId = workItemId});
    }

    // 工单处理服务接口
    [HttpPost("{id}/handle/{priority}/{workerId}")]
    public async Task<IActionResult> HandleAsync(
        [FromRoute(Name = "id")] long id,
        [FromRoute(Name = "priority")] WorkItemPriority workItemPriority,
        [FromRoute(Name = "workerId")] long workerId)
    {
        var workItemId = await ResolveGrain(id).HandleWorkItemAsync(workItemPriority,
workerId);
        return new OkObjectResult(new {WorkItemId = workItemId});
    }

    // 本地工单等待队列清理服务接口
```

```
    [HttpPost("{id}/clear/{priority}")]
    public async Task<IActionResult> ClearAsync(
        [FromRoute(Name = "id")] long id,
        [FromRoute(Name = "priority")] WorkItemPriority workItemPriority)
    {
        await ResolveGrain(id).ClearPendingWorkItemsAsync(new List<WorkItemPriority>
{workItemPriority});
        return new OkResult();
    }

    private IWorkItemAgentGrain ResolveGrain(long agentId)
    {
        return _client.GetGrain<IWorkItemAgentGrain>(agentId);
    }
}
```

工单控制器类 WorkItemController 和工单代理控制器类 WorkItemAgentController 中的服务接口实际是对内部 WorkItemGrain 和 WorkItemAgentGrain 服务在 Web API 层的简单逻辑封装, 并通过 ASP. NET 服务框架映射至指定的路由中供外部访问。

4) Web API 应用服务。在实现了 Orleans 应用服务及 ASP. NET Core MVC Web API 服务接口后, 即可以基于. Net Core 运行时构建 Orleans 及 ASP. NET Core Co-hosting 的工单服务应用。

在应用程序中初始化. NET Core 通用主机构建器。

```
//初始化默认通用主机构建器
var hostBuilder = Host.CreateDefaultBuilder(args).
    ConfigureServices(services =>
    {
        services.Configure<ConsoleLifetimeOptions>(options =>
        {
            options.SuppressStatusMessages = true; //关闭主机生存期状态消息提示
        });
    })
    .ConfigureLogging(builder =>
    {
        builder.AddConsole(); //将主机日志定向为使用命令行输出
    });
```

向. NET Core 通用主机构建器加入 ASP. NET Web 主机构建配置。

```
//配置 ASP.NET Core Web 主机
hostBuilder = hostBuilder.ConfigureWebHostDefaults(webBuilder =>
{
    webBuilder.Configure((ctx, app) =>
    {
```

```
        if (ctx.HostingEnvironment.IsDevelopment())
        {
            // 在开发环境中捕获同步及异步异常对象
            app.UseDeveloperExceptionPage();
        }

            app.UseRouting();    // 使用 ASP.NET 路由中间件
            app.UseAuthorization(); // 使用 ASP.NET 授权中间件
            app.UseEndpoints(endpoints =>
            {
                endpoints.MapControllers(); //将控制器配置 ASP.NET 终结点
            });
        });
    })
.ConfigureServices(services =>
{
    services.AddControllers(); //向托管服务注册控制器对象
});
```

向 . NET Core 通用主机构建器中加入 Orleans 服务构建配置（使用 InMemoryStorage 服务作为本地 Orleans 开发集群的持久化存储服务）。

```
//配置 Orleans 服务
hostBuilder = hostBuilder.UseOrleans(builder =>
{
    builder
        .UseLocalhostClustering() //指定 Silo 节点加入本地开发集群
        .Configure<ClusterOptions>(options =>
        {
            options.ClusterId = "dev"; //配置集群 ID
            options.ServiceId = "WorkItemServer"; //配置服务 ID
        })
        .ConfigureApplicationParts(parts =>
parts.AddApplicationPart(typeof(WorkItemAgentGrain).Assembly)
        .WithReferences()) //向 Silo 节点注册 Grain 服务
        .AddMemoryGrainStorageAsDefault() //将 MemoryGrainStorage 服务配置为默认存储服务
        .AddMemoryGrainStorage(name: "InMemoryStorage") //添加名为 InMemoryStorage 的存储
服务
        .Configure<EndpointOptions>(options => options.AdvertisedIPAddress = IPAddress.
Loopback); //配置集群终结点
});
return hostBuilder.RunConsoleAsync(); //启动服务主机
}
```

在 Main 函数中完成构建并启动 . NET Core 通用主机。

```
hostBuilder.RunConsoleAsync(); //启动服务主机
```

至此，完成了对工单管理应用的后台 Web API 服务 WorkItemServer 的搭建，在服务启动后，ASP. NET Core 框架默认在本地端口 5000 监听并接收外部 Web 服务请求，开发人员可以通过 Web API 调试工具（如 curl 或 Postman 等）对服务接口进行测试。当部署至生产环境时，开发人员可以将底层存储服务替换为外部持久化存储服务，以确保 Orleans 服务内各 Grain 实例状态的可靠存储。

▶▶ 8.2.2 案例：企业会议管理系统

1. 应用背景

会议是一种最常见的企业办公形式，但在传统的办公模式下，由于会议室资源对会议人员不透明，容易造成会议室资源利用不均及会议冲突等问题，从而导致人力及行政资源浪费。因此，在数字化办公流程中，企业需要一套便捷的会议室管理系统，将企业内部的会议室资源透明化地展现给员工，从而更加方便员工安排会议日程及工作。

典型的企业会议管理系统需要提供以下基本功能。

1）管理员可以将会议室信息录入会议管理系统，包括每个会议室的规模、地址及资源配置等。

2）管理员可以按需启用/停用各工区会议室。

3）员工可以通过会议管理系统查询各会议室的会议日程。

4）员工可以通过会议管理系统预定或取消会议日程。

2. 功能及流程设计

管理员在企业会议管理系统中主要负责管理会议室资源的配置、录入及可用状态的维护工作：会议室的工区地址、资源配置及容量可以作为会议室对象的基本静态属性，会议室的可用状态则由管理员通过会议室管理功能进行动态管控。在多工区企业中，管理员还可以以工区为粒度对工区下的所有会议室进行管理，因此，管理员在维护会议室资源时，也将填写和录入会议室的对应工区信息，其处理时序如图 8-13 所示。

当会议室由企业管理员录入并上线后，企业员工即可以通过会议管理功能预约和管理各会议室的会议日程，主要包括会议日程的查看、预约及取消操作。当企业员工查看会议室资源时，企业员工首先将查看特定工区下的所有可用会议室列表，该列表中通常包含会议室的地址及其他简略信息，再根据员工所选的特定会议室查询详细会议日程表，其处理时序如图 8-14 所示。

当员工发起会议日程的预约及取消操作时，系统需要检查并修改该会议室的会议日程表，以保证会议室资源的释放并避免日程冲突，其处理时序如图 8-15 所示。

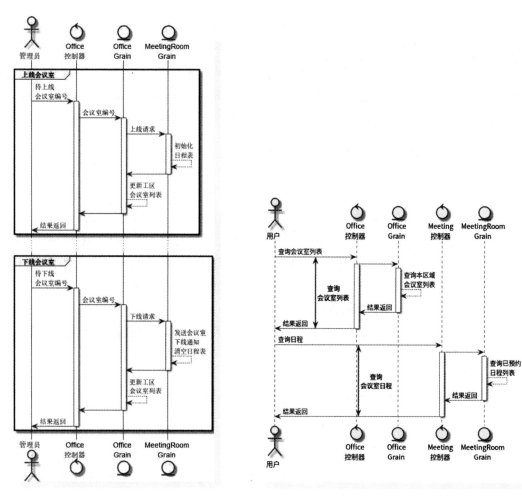

● 图 8-13　会议室上线/下线处理时序图　　● 图 8-14　查询会议室预约状况请求/响应时序图

　　由此可用看出，在系统中可以用定义会议室对象（MeetingRoom Grain）及工区对象（Office Grain）分别对会议室实体及工区实体进行描述，其中，MeetingRoom Grain 需要在其内部维护该会议室的详细配置等属性及日程排期信息，Office Grain 则需要管理下属各 MeetingRoom Grain 的基本信息及可用状态。

3. 应用服务搭建

　　与企业工单处理系统类似，可以使用 Orleans 与 ASP . Net Core 应用服务联合托管（Co-hosting）的方式搭建企业会议管理系统的后端服务，通过 ASP . Net Core Web API 向外提供基于 Orleans 实现的会议管理服务。与企业工单处理系统类似，会议管理系统也可被简单拆分为三个项目，见表8-3。

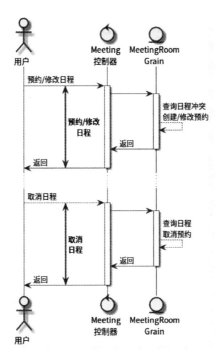

● 图 8-15　创建/取消会议室预约请求/响应时序图

表 8-3　企业会议管理系统子项目列表

项目名称	项目说明	项目类型	依赖程序集
MeetingRoom. Interface. csproj	会议管理服务接口项目，使用 . NET Core SDK 编译	. NET Core 类库	Microsoft. Orleans. Core. Abstractions Microsoft. Orleans. CodeGenerator. MSBuild
MeetingRoom. Implementation. csproj	会议管理 Orleans 服务应用逻辑实现，使用 . NET Core SDK 编译	. NET Core 类库	Microsoft. Orleans. CodeGenerator. MSBuild Microsoft. Orleans. Core. Abstractions Microsoft. Orleans. Core Microsoft. Orleans. Runtime. Abstractions MeetingRoom. Interface. csproj
MeetingRoom. Service. csproj	由 Orleans & ASP. NET Core Web API Co-hosting 搭建的会议管理应用服务，使用 . NET Core Web SDK 编译	. NET Core 控制台应用程序	Microsoft. Orleans. Core Microsoft. Orleans. OrleansProviders Microsoft. Orleans. OrleansRuntime MeetingRoom. Interface. csproj MeetingRoom. Implementation. csproj

（1）构建 Orleans 应用服务

Office Grain 负责维护工区下辖的会议室状态列表，并对外提供会议室启用状态管理服务，可以使用工区名称或编号作为寻址标识符，其服务接口 IOfficeGrain 内定义的方法如下。

· 193

```
public interface IOfficeGrain: IGrainWithStringKey
{
    // 获取启用中的会议室列表
    Task<List<string>> GetOnlineMeetingRoomsAsync();
    // 停用会议室
    Task<bool> OfflineMeetingRoomAsync(string meetingRoomName);
    // 启用会议室
    Task<bool> OnlineMeetingRoomAsync(string meetingRoomName);
    // 判断当前会议室是否已启用
    Task<bool> IsMeetingRoomOnlineAsync(string meetingRoomName);
}
```

MeetingRoom Grain 则主要负责维护单个会议室的日程排期信息，可用会议室编号作为寻址标识符，其服务接口 IMeetingRoomGrain 内定义的方法如下。

```
public interface IMeetingRoomGrain: IGrainWithStringKey
{
    // 启用当前会议室
    Task OnlineMeetingRoomAsync();
    //停用当前会议室
    Task OfflineMeetingRoomAsync();
    // 预定会议日程
    Task<bool> TryBookAsync(Meeting meeting);
    // 取消会议日程
    Task<bool> TryCancelBookingAsync(Meeting meeting);
    // 查询特定时间段内的已预订会议日程
    Task<List<Meeting>> CheckBookedMeetingsAsync(DateTimeOffset from, DateTimeOffset
to);
}
```

系统内会议对象需要包含会议本身的基本信息，本例中会议对象主要有会议发起人 Email 字段、会议开始时间及持续时长等信息。

```
public class Meeting
{
    // 会议预订人 Email
    public string OwnerEmail { get; set; }
    // 会议开始时间
    public DateTimeOffset StartTime { get; set; }
    // 会议时长
    public TimeSpan Duration { get; set; }
    // 会议结束时间
    public DateTimeOffset FinishTime => StartTime + Duration;
}
```

基于上述对会议对象的定义，会议室日程可定义为一个有序的会议对象列表，会议日程数据与会议室启用状态标识即为 MeetingRoom Grain 的内部状态。

```
public class MeetRoomState
{
    // 会议室启用状态标识
    public bool IsOnlineNow { get; set; }
    // 按会议起始时间排序的会议室日程列表
    public SortedList<DateTimeOffset, Meeting> Calendar { get; set; }
}
```

由此可以在 MeetingRoom. Implementation. csproj 项目中实现 IMeetingRoomGrain 服务接口所定义的会议室服务功能。

```
public class MeetingRoomGrain: IMeetingRoomGrain
{
    private readonly IPersistentState<MeetRoomState> _meetingRoomState;

    public MeetingRoomGrain([PersistentState("roomState", "InMemoryStorage")]
        IPersistentState<MeetRoomState> meetingRoomState)
    {
        _meetingRoomState = meetingRoomState;
    }

    public async Task OnlineMeetingRoomAsync()
    {
        if (_meetingRoomState.State.IsOnlineNow)
        {
            return;
        }
        _meetingRoomState.State.Calendar = new SortedList<DateTimeOffset, Meeting>();
        _meetingRoomState.State.IsOnlineNow = true;
    }

    public async Task OfflineMeetingRoomAsync()
    {
        if (! _meetingRoomState.State.IsOnlineNow)
        {
            return;
        }
        _meetingRoomState.State.Calendar?.Clear();
        _meetingRoomState.State.IsOnlineNow = false;
    }

    public async Task<bool> TryBookAsync(Meeting meeting)
    {
```

```
        if (! _meetingRoomState.State.IsOnlineNow)
        {
            return false;
        }
        var canBook = true;
        foreach (var meetingInstance in _meetingRoomState.State.Calendar.Where (meetingInstance =>
            meeting.StartTime <meetingInstance.Value.FinishTime))
        {
            if (meeting.FinishTime> meetingInstance.Value.StartTime)
            {
                canBook = false;
            }
            break;
        }
        if (! canBook)
        {
            return false;
        }
        _meetingRoomState.State.Calendar.Add(meeting.StartTime, meeting);
        return true;
    }

    public async Task<bool> TryCancelBookingAsync(Meeting meeting)
    {
        if (! _meetingRoomState.State.IsOnlineNow)
        {
            return false;
        }
        if (_meetingRoomState. State. Calendar. TryGetValue (meeting. StartTime, out var
bookedMeeting) &&
            string.Equals(bookedMeeting.OwnerEmail, meeting.OwnerEmail))
        {
_meetingRoomState.State.Calendar.Remove(meeting.StartTime);
            return true;
        }
        return false;
    }

    public async Task<List<Meeting>> CheckBookedMeetingsAsync (DateTimeOffset @from, DateTimeOffset to)
    {
        var retVal = new List<Meeting> ();
        if (! _meetingRoomState.State.IsOnlineNow)
        {
```

```
            return retVal;
        }
        foreach (var meetingInstance in _meetingRoomState.State.Calendar)
        {
            if (@from> meetingInstance.Key)
            {
                continue;
            }
            if (to<meetingInstance.Key)
            {
                break;
            }
            retVal.Add(meetingInstance.Value);
        }
        return retVal;
    }
}
```

Office Grain 作为 MeetingRoom Grain 的上层管理对象，需要在管理员对各会议室状态进行操作时，同步维护所有下辖 MeetingRoom Grain，因此其内部状态为一组 MeetingRoom Grain 标识列表。

```
public class OfficeGrain: Grain, IOfficeGrain
{
    private readonly IPersistentState<HashSet<string>> _onlineMeetingRooms;

    public OfficeGrain([PersistentState("rooms", "InMemoryStorage")]
        IPersistentState<HashSet<string>> onlineMeetingRooms)
    {
        _onlineMeetingRooms = onlineMeetingRooms;
    }

    public async Task<List<string>> GetOnlineMeetingRoomsAsync()
    {
        return _onlineMeetingRooms.State.ToList();
    }

    public async Task<bool> OfflineMeetingRoomAsync(string meetingRoomName)
    {
        if (! _onlineMeetingRooms.State.Contains(meetingRoomName)) return false;
        await GrainFactory.GetGrain<IMeetingRoomGrain>(meetingRoomName).OfflineMeetin-
gRoomAsync();
        _onlineMeetingRooms.State.Remove(meetingRoomName);
        return true;
    }
```

```
public async Task<bool> OnlineMeetingRoomAsync(string meetingRoomName)
{
    if (_onlineMeetingRooms.State.Contains(meetingRoomName)) return true;
    await GrainFactory.GetGrain<IMeetingRoomGrain>(meetingRoomName).OnlineMeetin-
gRoomAsync();
    _onlineMeetingRooms.State.Add(meetingRoomName);
    return true;
}

public async Task<bool> IsMeetingRoomOnlineAsync(string meetingRoomName)
{
    return _onlineMeetingRooms.State.Contains(meetingRoomName);
}
}
```

（2）搭建 Web API 应用服务

在会议管理系统中，Web API 应用服务主要负责底层 Orleans 服务接口封装、聚合及调用权限校验。由于 Orleans 服务中的 Office Grain 及 MeetingRoom Grain 分别代表了服务模型中的工区及会议室资源实体，示例中的 Web API 采用了 RESTful 规范进行设计，在 Office 控制器及 MeetingRoom 控制器中直接通过 Orleans API 调用 Office Grain 及 MeetingRoom Grain 内的相应服务接口，实现了 Orleans 应用服务逻辑的简单封装及聚合。

Office 控制器的实现逻辑如下。

```
[ApiController]
[Route("api/[controller]")]
public class OfficeController
{
    private readonly IGrainFactory _client;

    public OfficeController(IGrainFactory client)
    {
        _client = client;
    }

    [HttpGet("{officeId}/meeting_rooms")]
    public async Task<IActionResult> ListMeetingRoomsAsync([FromRoute(Name = "offi-
ceId")] string officeId)
    {
        var rooms = await ResolveOfficeGrain(officeId).GetOnlineMeetingRoomsAsync();
        return new OkObjectResult(rooms);
    }

    [HttpPost("{officeId}/meeting_room/{roomId}/offline")]
```

```
        public async Task<IActionResult> OfflineRoomAsync(
            [FromRoute(Name = "officeId")] string officeId,
            [FromRoute(Name = "roomId")] string roomId)
        {
            var result = await ResolveOfficeGrain(officeId).OfflineMeetingRoomAsync(roomId);
            return result ? (IActionResult) new OkResult(): new NotFoundResult();
        }


        [HttpPost("{officeId}/meeting_room/{roomId}/online")]
        public async Task<IActionResult> OnlineRoomAsync(
            [FromRoute(Name = "officeId")] string officeId,
            [FromRoute(Name = "roomId")] string roomId)
        {
            var result = await ResolveOfficeGrain(officeId).OnlineMeetingRoomAsync(roomId);
            return result ? (IActionResult)new OkResult(): new NotFoundResult();
        }


        private IOfficeGrain ResolveOfficeGrain(string officeId)
        {
            return _client.GetGrain<IOfficeGrain>(officeId);
        }
    }
```

MeetingRoom 控制器的实现逻辑如下。

```
[ApiController]
[Route("api/office/{officeId}/[controller]")]
public class MeetingRoomController
{
    private readonly IGrainFactory _client;

    public MeetingRoomController(IGrainFactory client)
    {
        _client = client;
    }


    [HttpGet("{roomId}")]
    public async Task<IActionResult> ListMeetingRoomSchedulesAsync(
        [FromRoute] string officeId,
        [FromRoute] string roomId,
        [FromQuery] DateTimeOffset from,
        [FromQuery] DateTimeOffset to)
    {
```

```
        if (! await ResolveOfficeGrain(officeId).IsMeetingRoomOnlineAsync(roomId))
        {
            return new NotFoundResult();
        }
        var rooms = await ResolveMeetingRoomGrain(roomId).CheckBookedMeetingsAsync(from,
to);
        return new OkObjectResult(rooms);
    }


    [HttpPost("{roomId}/book")]
    public async Task<IActionResult> BookMeetingAsync(
        [FromRoute] string officeId,
        [FromRoute] string roomId,
        [FromBody] Meeting meeting)
    {
        if (! await ResolveOfficeGrain(officeId).IsMeetingRoomOnlineAsync(roomId))
        {
            return new NotFoundResult();
        }
        var result = await ResolveMeetingRoomGrain(roomId).TryBookAsync(meeting);
        return result ? (IActionResult)new OkResult(): new ConflictResult();
    }


    [HttpPost("{roomId}/cancel")]
    public async Task<IActionResult> CancelMeetingAsync(
        [FromRoute] string officeId,
        [FromRoute] string roomId,
        [FromBody] Meeting meeting)
    {
        if (! await ResolveOfficeGrain(officeId).IsMeetingRoomOnlineAsync(roomId))
        {
            return new NotFoundResult();
        }
        var result = await ResolveMeetingRoomGrain(roomId).TryCancelBookingAsync(meet-
ing);
        return result ? (IActionResult)new OkResult(): new NotFoundResult();
    }


    private IOfficeGrain ResolveOfficeGrain(string officeId)
    {
        return _client.GetGrain<IOfficeGrain>(officeId);
    }

    private IMeetingRoomGrain ResolveMeetingRoomGrain(string meetingRoomId)
    {
```

```
            return _client.GetGrain<IMeetingRoomGrain>(meetingRoomId);
        }
    }
```

与工单处理系统类似。完成 Web API 控制器逻辑实现后，将 Orleans 服务注册在 ASP. NET Core MVC Web API 服务内，即可完成 Co-hosting 主机的搭建，同时完成 Orleans 服务集群与 Web API 服务的构建。

8.3 搭建流式数据处理服务

在网络环境复杂并对数据一致性要求较高的场景下，为了保证各服务间服务调用的可靠性和一致性，在实际系统开发的非实时场景下，各后端服务应用间通常会使用消息队列及数据库异步同步的方式进行系统间的异步调用及消息传递，以简化系统间同步调用所需的异常处理逻辑并提升整体服务的稳定性。Orleans 框架对流式数据处理服务提供了原生支持，开发人员仅需在虚拟 Actor 程序模型的基础上对现有程序进行少量改造及简单配置，即可使应用服务支持数据的异步流式处理。本节将以一个用户任务统计及奖励发放服务的后台系统为例，介绍如何使用 Orleans 搭建流式数据处理服务。

▶▶ 8.3.1 案例：网页流量计数

1. 应用背景

在日常互联网应用中，为了直观地向用户展示网页或商品的受关注程度，一种常用的方式是在页面中加入当前（或最近一段时间）用户的流量计数，如 "XX 名用户正在浏览此商品"，或 "最近 XX 天内共有 XX 用户关注过该产品" 等提示。对于中大型网站（或应用）后台，由于用户的访问量通常具有随机的突发性，因此，应用后台浏览量（或访问量）统计服务需要在支撑高并发访问时，以准确且实时的方式对进行流量统计。

2. 功能设计

网页流量计数器需要对每个页面（或商品）实现独立的滑动时间窗计数器，当用户访问目标网页时，由网页前端渲染程序上报网页访问行为并拉取计数器数值进行展示。因此，当用户访问网站页面时，将同时发起一次浏览行为上报请求及一次浏览计数读取请求，页面流量计数器的访问量与实际页面的请求量呈正比。在处理浏览行为上报请求时，计数器需要记录该浏览行为发生的系统时间戳，并根据当前时间对前页面下的所有用户浏览行为记录进行维护，剔除时间窗口外的记录并更新计数值总数，其系统架构示意图如图 8-16 所示。

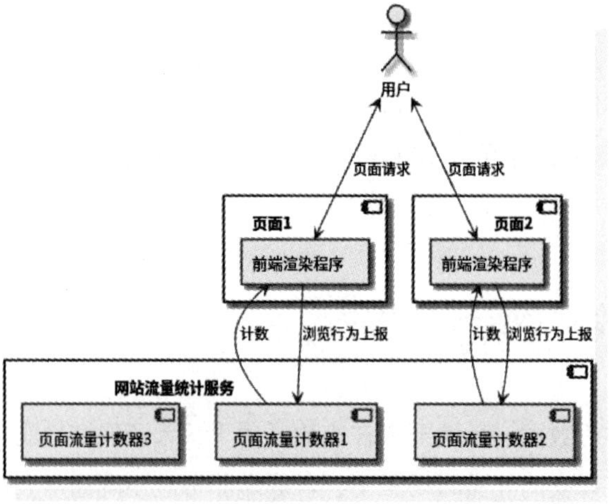

● 图 8-16　网页流量计数服务架构示意图

3. 应用服务搭建

（1）服务架构设计

流量计数器可以通过维护一个内存中线程安全的简单滑动时间窗计数器实现，而在实际应用场景下，采用锁策略实现的页面流量计数器虽然能够通过严格串行的执行所有用户的浏览行为计数，保证计数数值的准确性，但页面流量计数器的执行效率将直接影响所有用户对该页面的访问速率，在业务流量峰值时可能成为整体系统的容量瓶颈。若再考虑计数器本身的数据存储可靠性增加冗余设计（如对计数器数值的定期刷写数据库），则会进一步降低计数器的业务吞吐量。

为了解决单点实时统计方式的流量计数器设计方案中的单点问题，使其具备较高的横向扩展性，可以将页面浏览上报事件抽象为页面浏览事件流，异步统计页面流量的计数值，即将用户页面请求中的访问行为上报写入页面访问事件流中，由该页面的流量计数器进行异步消费，完成对页面访问量的准实时统计。对高并发场景下的计数器数值的读取请求，则可以直接通过返回当前计数器数值（或其定时缓存）进行承载。

基于 Orleans 流式数据处理模型的网页流量计数器如图 8-17 所示。

系统由 Orleans/ASP . NET Core Co-hosting 实例组成，用户对单个页面的 HTTP 请求通过负载均衡器分流至不同的 Co-hosting 实例进行响应：页面计数查询请求将由 PageCounter 控制器同步返回页面计数器 Grain 内的计数器值（或缓存值）；浏览行为上报请求则通过 PageCounter 控制器写入 Co-hosting 实例本地的无状态计数器 Grain（作为一级计数缓存），并由该无状态计数器 Grain 内部的定时器（Timer）定时触发写入页面计数流中，由该页面对应的页面计数器 Grain 异步消费、更新并持久化至其内部状态进行可靠性存储。

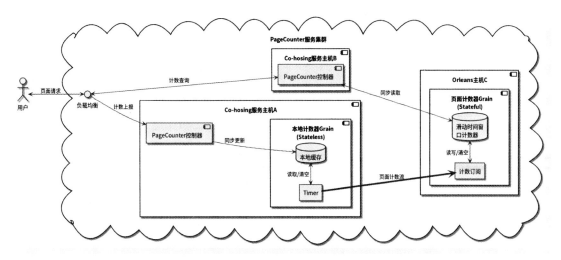

● 图 8-17 基于 Orleans 流式数据处理框架的网页流量计数器

（2）服务搭建与实现

页面计数服务（PageViewCounter. sln）可以拆分为内部服务接口（PageViewCounter. Interface）、Orleans 应用逻辑实现（PageViewCounter. Implementation）及 ASP. NET Core Co-hosting 服务（PageViewCounter. Service）3 个子工程，见表 8-4。

1）接口及对象定义。内部服务接口 PageViewCounter. Interface. csproj 中对计数器 Grain 接口及一些内部数据模型进行了定义。

Silo 本地的无状态页面计数缓存 Grain 服务接口（ILocalCounterGrain）定义如下。ASP. NET Core Web API 服务可以直接透传前端页面上报的页面 URL 进行浏览行为上报。

```
public interface ILocalCounterGrain: IGrainWithIntegerKey
{
    // 上报页面的访问行为
    public Task ReportCounterAsync(string pageUrl);
}
```

页面流量计数器 Grain 服务接口（IPageCounterGrain）对外提供了一个根据页面 URL 查询页面访问量计数的方法，其定义如下。

```
public interface IPageCounterGrain: IGrainWithGuidKey
{
    // 向读取计数器中读取指定页面的访问量计数
    [AlwaysInterleave]
    public Task<long> GetCountAsync(string pageUrl);
}
```

表 8-4 页面计数服务子项目列表

项目名称	项目说明	项目类型	依赖程序集
PageViewCounter. Interface. csproj	页面计数器服务接口定义项目，使用 .NET Core SDK 编译	.NET Core 类库	Microsoft. Orleans. Core. Abstractions Microsoft. Orleans. CodeGenerator. MSBuild Newtonsoft. Json
PageViewCounter. Implementation. csproj	页面计数器 Orleans 服务应用逻辑实现，使用 .NET Core SDK 编译	.NET Core 类库	Microsoft. Orleans. CodeGenerator. MSBuild Microsoft. Orleans. Core. Abstractions Microsoft. Orleans. Core Microsoft. Orleans. Runtime. Abstractions Microsoft. Extensions. Logging. Console PageViewCounter. Interface. csproj
PageViewCounter. Server. csproj	采用 Orleans & ASP. NET Core Web API Co-hosting 搭建的页面计数器应用服务，使用 .NET Core Web SDK 编译	.NET Core 控制台应用程序	Microsoft. Orleans. Core Microsoft. Orleans. OrleansProviders Microsoft. Orleans. OrleansRuntime Microsoft. AspNetCore. Mvc. NewtonsoftJson PageViewCounter. Interface. csproj PageViewCounter. Implementation. csproj

2）Orleans 数据流设计。页面浏览事件数据流中的页面流量数据由集群内各 Co-hosting 主机的本地无状态页面计数缓存 Grain 写入，通过 Orleans 流式服务传递至页面计数器 Grain 进行消费统计，页面浏览事件数据流使用页面的 URL 作为数据流标识，由于当前版本的 Orleans 数据流只能使用 GUID 作为数据流标识，因此需要一个由页面 URL 至 GUID 的映射函数进行转换，将不同页面的浏览时间写入对应的事件流中，在系统实际实现过程中，可以将页面 URL 字符串的 MD5 值作为页面事件数据流的 GUID，以降低 URL 至 GUID 映射过程中的碰撞概率。

```
[MethodImpl(MethodImplOptions.AggressiveInlining | MethodImplOptions. AggressiveOptimization)]
public static Guid CalculateGuidForString(string str, MD5 md5)
{
    return new Guid(md5.ComputeHash(Encoding.UTF8.GetBytes(str)));
}
```

在数据流生产侧，页面计数缓存 Grain 将定时向各 URL 对应的数据流中写入缓存时间内的页面访问计数，从而减少 Orleans 集群内部的远程过程调用请求数量。

```
public override Task OnActivateAsync()
{
    RegisterTimer(async o => { await EmitLocalCounterDataAsync(); }, null, TimeSpan.FromSeconds(1),
        TimeSpan.FromSeconds(1));
```

```
        return base.OnActivateAsync();
    }

public override async Task OnDeactivateAsync()
{
    await EmitLocalCounterDataAsync();
    await base.OnDeactivateAsync();
}

private async Task EmitLocalCounterDataAsync()
{
    // 若页面计数器缓存中有计数值
    if (_pageCounterCache.Any())
    {
        var streamProvider = GetStreamProvider(Constant.StreamProviderName);
        var now = DateTimeOffset.UtcNow;
        // 按当前时间将页面访问计数统计写入对应的数据流中
        await Task.WhenAll(_pageCounterCache.Select(async keyValuePair =>
        {
            var pageUrl = keyValuePair.Key;
            var stream = streamProvider.GetStream<PageCountDetail>(Utils.CalculateGuid-
ForString(pageUrl, _md5),
                Constant.StreamProviderNamespace);
            await stream.OnNextAsync(new PageCountDetail()
            {
                PageUrl = pageUrl,
                Count = keyValuePair.Value,
                Timestamp = now,
            });
        }));
        _pageCounterCache.Clear();
    }
}
```

    页面计数器 Grain 通过同样的算法注册并订阅其对应的页面事件数据流，页面浏览事件的订阅是一种典型的持久化订阅场景，页面计数器 Grain 需要使用隐式订阅方式向 Orleans 运行时注册 Grain 与数据流间的订阅关系。

```
[ImplicitStreamSubscription("PageCounter")]
public class PageCounterGrain: Grain, IPageCounterGrain
{
    public override async Task OnActivateAsync()
    {
        var streamProvider = GetStreamProvider(Constant.StreamProviderName);
        // 隐式订阅页面计数流,当前 Grain ID 即为页面 URL 所映射的 GUID
```

```
        await streamProvider.GetStream<PageCountDetail>(this.GetPrimaryKey(), Constant.
StreamProviderNamespace)
            .SubscribeAsync(PersistentTelemetryEventAsync);
        await base.OnActivateAsync();
    }
}
```

3）Orleans 数据处理。页面计数缓存 Grain 中维护了不同页面在一定时间内的本地访问计数，页面访问上报请求的响应速率仅由更新该计数缓存操作决定，Orleans 运行时将确保 ReportCounterAsync 方法以单线程语义执行，因此可以直接使用非线程安全的 Dictionary 对象作为缓存容器。

```
[StatelessWorker]
public class LocalCounterGrain: Grain, ILocalCounterGrain
{
    private readonly Dictionary<string, int> _pageCounterCache;

    private readonly MD5 _md5;

    public LocalCounterGrain()
    {
        _pageCounterCache = new Dictionary<string, int>();
        _md5 = MD5.Create();
    }

    public async Task ReportCounterAsync(string pageUrl)
    {
        if (_pageCounterCache.TryGetValue(pageUrl, out var count))
        {
            var retVal = count + 1;
            _pageCounterCache[pageUrl] = retVal;
            return;
        }
        _pageCounterCache[pageUrl] = 1;
        return;
    }
}
```

页面计数器 Grain 内则需要实现针对单个页面的滑动时间窗计数器：将整体时间窗口划分为多个小时间窗，并将事件发生的时间戳作为键值，对浏览计数进行分段统计，统计时间窗内的流量计数值则为该范围内所有小时间窗计数值之和（在 PageViewCounter. Implementation 代码示例中实现了一种以分钟为最小聚合单位的滑动时间窗计数器）。另外，考虑到页面 URL 到 GUID 的映射可能出现哈希碰撞，因此，每个以 GUID 作为 Grain 寻址标识的页面计数器 Grain

可能需要维护多个页面的滑动时间窗计数器。

统计页面计数器 Grain 消费页面事件数据流时，可直接调用滑动时间窗计数器进行。

```
private async Task PersistentTelemetryEventAsync(PageCountDetail pageCountDetail,
StreamSequenceToken token = null)
{
if (! _pageCounters.State.ContainsKey(pageCountDetail.PageUrl))
{
    _pageCounters.State[pageCountDetail.PageUrl] = new TimeRangeCounter30m();
}

_pageCounters.State[pageCountDetail.PageUrl].ReportCount(pageCountDetail.Count, Date-
TimeOffset.UtcNow);
    await _pageCounters.WriteStateAsync();
}
```

响应页面流量计数读取请求调用时，可直接返回对应滑动时间窗计数器的数值。

```
public async Task<long> GetCountAsync(string key)
{
if (_pageCounters.State.TryGetValue(key, out var counter))
{
    return counter.GetCounterSum();
}

return 0L;
}
```

4）服务构建与 Web API 设计。至此已经实现了流量计数服务后端的基本数据处理功能，可以通过 HTTP Web API 接口对外提供计数上报及查询服务，即通过 PageViewCounter. Server 服务将 HTTP 服务请求与后端流量计数服务集成。

在用户查询页面浏览计数时，PageCounter 控制器将由 Orleans 运行时进行 Grain 寻址，并同步调用页面计数器 Grain 服务接口返回对应的页面浏览计数，其过程如图 8-18 所示。

页面浏览计数查询为一个 HTTP GET 请求，通过传入目标页面的 URL，由 PageCounter

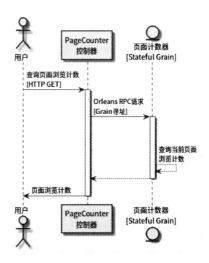

● 图 8-18 页面浏览计数查询请求/响应时序图

控制器计算出相应页面计数器 Grain 的 GUID 后，交由 Orleans 运行时进行寻址并调用 RPC 请求完成。

```
[HttpGet("count")]
public async Task<IActionResult> GetCounter([FromQuery] string pageUrl)
{
    try
    {
        using (var md5 = MD5.Create())
        {
            // 从 IKeyCounterGrain 中读取页面访问计数
            var counter
                = await _client.GetGrain<IPageCounterGrain>(Utils.CalculateGuidFor-
String(pageUrl, md5))
                    .GetCountAsync(pageUrl);
            return new OkObjectResult(counter);
        }
    }
    catch (Exception e)
    {
        return new BadRequestObjectResult(e.Message);
    }
}
```

页面浏览上报通过 HTTP POST 请求触发，PageCounter 控制器调用本地计数缓存 Grain 记录用户对特定页面的访问记录，本地计数缓存 Grain 将缓存的访问记录按页面 URL 进行聚合后统一写入页面计数事件流，该处理过程如图 8-19 所示。

为了减轻单个本地计数缓存 Grain 的负载压力，可以在 PageCounter 控制器中将浏览上报请求根据页面 URL 分发至不同的本地计数缓存 Grain 中，进而消除本地计数缓存 Grain 单线程执行语义所带来的性能瓶颈。处理页面浏览上报请求部分的逻辑如下。

```
[HttpPost("report")]
public async Task<IActionResult> ReportEvent([FromQuery] string pageUrl)
{
    try
    {
        // 上报页面访问事件至 ILocalCounterGrain
        await _client.GetGrain<ILocalCounterGrain>(pageUrl.Sum(c => c))
            .ReportCounterAsync(pageUrl);
        return new OkResult();
    }
    catch (Exception e)
    {
```

```
            return new BadRequestObjectResult(e.Message);
        }
    }
```

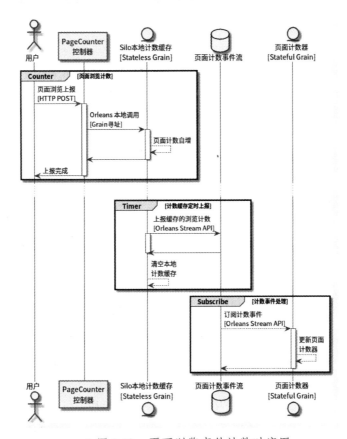

● 图 8-19　页面浏览事件计数时序图

最后，再完成相应的 Orleans 集群配置（包括集群通信配置、Grain 状态存储及数据流组件初始化等），并将 Orleans 流式处理服务注册至 ASP. NET Core 主机实例，此后即可通过 ASP. NET Core Web API 向网页前端提供流量计数及查询服务。

▶▶ 8.3.2　案例：应用内活跃度奖励系统

1. 应用背景

在实际互联网应用场景中，电商或游戏平台经常会在自身服务系统内，通过设立任务及奖励的方式鼓励用户及玩家进行应用内的互动，并以此增加服务内用户的活跃度及平台黏性。互联网应用服务中的奖励任务通常需要用户完成一系列的特定操作（诸如分享或邀请注册）等，并根据用户的任务进度发放相应的奖励（应用积分或现金奖励）。与此同时，由于此类活动任务通常与应用运营的方式紧密关联，因此在应用后台需要一套可以支撑多类场景的专用系统对参与用户进行活动任务统计及奖励发放，该系统通常需要满足如下业务需求。

1）分类处理由上游系统产生的用户行为数据。

2）根据当前活动配置记录并统计对应的用户行为数据。

3）根据用户的任务完成进度及活动策略向用户发放相应的奖励。

4）可以为用户提供任务进度的查询服务。

5）提供后台接口以调整用户任务状态数据及奖励发放规则。

2. 功能设计

系统在记录任务状态时，首先需要从用户维度对上游系统发布的用户行为数据进行分类，并按照当前活动任务条件进行过滤及聚合统计，根据统计数据进行判别及奖励发放，因此用户的任务状态实际可以由一个独立 Actor 对象进行维护；在奖励发放阶段，系统则需要根据当前的规则（如生成随机金额的奖励物品或进行任务间的级联组合）针对特定用户完成相应的事件触发或业务逻辑。同时考虑到该系统的数据源通常仅来自用户的行为操作，上游系统在发布数据时，依赖于独立的数据中间件服务，以屏蔽下游系统的处理异常。

假设该活动奖励系统需要支持以下两种活动任务及相应的奖励发放策略：

1）用户邀请活动任务，即平台用户在邀请一定数量的新用户后，可以阶段性地得到随机大小的现金奖励，以及平台用户在完成固定数量的新用户邀请任务后，可以得到固定大小的现金奖励。

2）内容分享活动任务，即平台用户在每次进行内容分享后，可以获得随机大小的积分奖励，以及平台用户在进行一定数量的内容分享后，可以获得固定大小的积分奖励。

若用户的操作行数据由上游系统发布，则该任务奖励系统的流式数据处理模型如图 8-20 所示。

其中，用户活动事件由用户操作触发，并通过 Web API 或 RPC 服务投递至活动奖励系统，活动任务统计组件首先对用户活动事件进行分类统计，并根据活动统计 Grain 内部的事件计数器状态触发对应的奖励事件；活动奖励发放组件中的各类奖励发放 Grain 类型则等待并监听相应的奖励事件，在奖励事件触发后负责完成相应的奖励发放逻辑。

由于任务统计及奖励发放逻辑都是由用户行为数据流触发的，因此可以根据用户事件的处理策略设计任务奖励系统的流程。从系统内用户行为事件及奖励发放事件的处理过程来看，可以将活动奖励系统的业务流程分解为以下几步。

1）上游系统通过活动任务服务 API 提交用户行为事件。

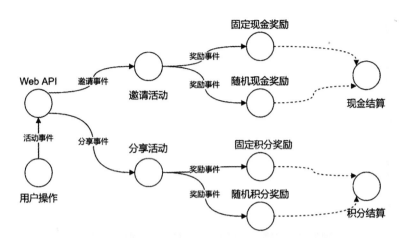

● 图 8-20 任务奖励系统流式数据处理模型

2）活动任务统计组件根据用户行为类别更新用户对应的活动任务状态。

3）活动任务统计组件根据用户的活动任务状态及活动任务触发条件，触发相应的奖励发放事件。

4）奖励发放组件根据奖励发放事件的内容进行活动奖励发放。

简单分析可知，用户活动任务奖励发放的处理流程完全由该用户的活动任务状态决定，而单个用户的活动任务状态转移图如图 8-21 所示。

不难看出，奖励发放组件仅在用户活动任务状态变更时触发，因此，活动任务组件只需根据接收到的用户事件流维护该用户的任务状态，即可完成业务需求。在一般的互联网场景中对活动任务统计及奖励发放功能通常没有强实时性要求，因此可以使用消息队列对事件信息流进行暂存及处理，以简化系统的整体复杂度，并提高运行时可靠性。综上所述，该活动任务奖励系统的流程如图 8-22 所示。

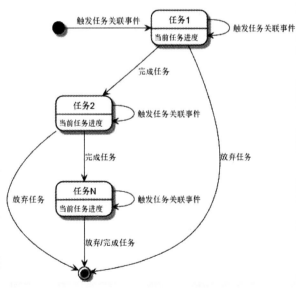

● 图 8-21 活动任务状态转移图

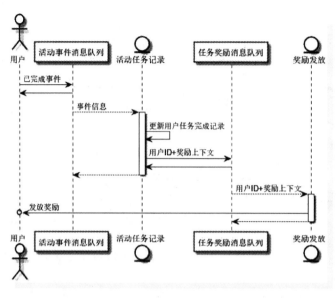

● 图 8-22　用户活动事件处理时序图

3. 应用服务搭建

（1）服务架构设计

活动奖励服务作为一个典型的后端数据处理服务，其主要逻辑是处理用户行为数据，而相关行为数据的生成和后续任务的奖励发放逻辑实际都依赖于对外部服务接口的调用，活动奖励服务本身只需向外部提供一个服务接口进行用户任务进度的查询，该功能可以通过 ASP. Net Core Web API 实现。与此同时，在实际应用中活动奖励服务通常会通过消息中间件服务订阅并消费上游用户行为数据，在此也可以复用 ASP. Net Core Web API 组件，允许上游服务通过 Web API 服务接口直接将用户行为事件投递至活动奖励服务内部的活动事件消息队列并触发活动奖励服务的处理逻辑。采用联合主机托管方案实现的活动奖励服务的系统架构如图 8-23 所示。

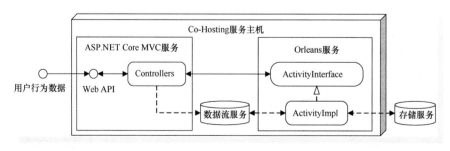

● 图 8-23　Orleans 流式数据处理框架的活动奖励服务架构图

（2）服务搭建与实现

活动奖励服务可以被简单拆分为以下 3 个项目，见表 8-5。

表 8-5　活动奖励服务子项目列表

项目名称	项目说明	项目类型	依赖程序集
ActivityInterface. csproj	活动奖励服务接口项目，使用 . NET Core SDK 编译	. NET Core 类库	Microsoft. Orleans. Core. Abstractions Microsoft. Orleans. CodeGenerator. MSBuild Newtonsoft. Json
ActivityImpl. csproj	活动奖励数据流服务项目，使用 . NET Core SDK 编译	. NET Core 类库	Microsoft. Orleans. CodeGenerator. MSBuild Microsoft. Orleans. Core. Abstractions Microsoft. Orleans. Core Microsoft. Orleans. Runtime. Abstractions Microsoft. Extensions. Logging. Console ActivityInterface. csproj
ActivityServer. csproj	ASP. NET Core Web API 服务及 Orleans 应用服务共同构建的应用服务项目，使用 . NET Core Web SDK 编译	. NET Core 控制台应用程序	Microsoft. Orleans. Core Microsoft. Orleans. OrleansProviders Microsoft. Orleans. OrleansRuntime Microsoft. AspNetCore. Mvc. NewtonsoftJson ActivityInterface. csproj ActivityImpl. csproj

1）接口及对象定义。活动任务服务接口工程 ActivityInterface. csproj 包含活动任务服务中的 Grain 服务接口及相关数据事件类型的定义。

首先，基于示例需求中所描述的应用活动及奖励类型，可以在活动任务服务中定义如下枚举值及流式服务名称常量。

```
public enum ActivityType
{
    Unknown = 0, // 未知类型
    Invitation = 1, // 邀请活动
    Share = 2, // 分享活动
}

public enum RewardType
{
    Unknown = 0, //未知类型
    RandomPoints = 1, // 随机积分奖励
    FixedPoints = 2, // 固定积分奖励
    RandomCash = 3, // 随机现金奖励
    FixedCash = 4, // 固定现金奖励
```

```
}

public static class Constant
{
    public static string StreamProviderName = "MemoryStream";
}
```

在服务接口工程内，还需针对不同的用户行为定义相应的用户行为事件及事件上下文类型。

```
//用户分享事件
public class ShareActivityEvent: ActivityEvent<ShareContext>
{
    public override ActivityType ActivityType => ActivityType.Share;
}

//用户邀请事件
public class InvitationActivityEvent: ActivityEvent<InvitationContext>
{
    public override ActivityType ActivityType => ActivityType.Invitation;
}

//用户分享事件上下文
public class ShareContext
{
    // 分享渠道
    [JsonProperty(nameof(Channel))]
    public string Channel { get; set; }

    // 分享链接
    [JsonProperty(nameof(ShareUrl))]
    public string ShareUrl { get; set; }

    // 分享时间
    [JsonProperty(nameof(ShareDateTime))]
    public DateTime ShareDateTime { get; set; }
}

//用户邀请事件上下文
public class InvitationContext
{
    // 邀请用户 ID
    [JsonProperty(nameof(UserId))]
    public long UserId { get; set; }

    // 邀请用户名
```

```
    [JsonProperty(nameof(UserName))]
    public string UserName { get; set; }

    // 邀请时间
    [JsonProperty(nameof(InvitationDateTime))]
    public DateTime InvitationDateTime { get; set; }
}

//用户行为事件基类
public abstract class ActivityEventBase
{
    [JsonProperty(nameof(CustomerId))]
    public long CustomerId { get; set; }

    [JsonProperty(nameof(ActivityType))]
    [JsonConverter(typeof(StringEnumConverter))]
    public abstract ActivityType ActivityType { get; }

    public static bool GetMappedActivityType(Type type, out ActivityType activityType)
    {
        return ActivityEventTypeMapping.TryGetValue(type, out activityType);
    }

    public static bool GetMappedActivityClassType(ActivityType activityType, out Type type)
    {
        return ActivityEventTypeToClassTypeMapping.TryGetValue(activityType, out type);
    }

    private static readonly IReadOnlyDictionary<Type, ActivityType> ActivityEventTypeMap-
ping =
        typeof(ActivityEventBase).Assembly.GetTypes()
            .Where(t => t.IsClass && ! t.IsAbstract && typeof(ActivityEventBase).IsAs-
signableFrom(t))
            .Select(t => (ActivityEventBase)Activator.CreateInstance(t))
            .ToDictionary(t => t.GetType(), t => t.ActivityType);

    private static readonly IReadOnlyDictionary<ActivityType, Type> ActivityEventTypeTo-
ClassTypeMapping =
        typeof(ActivityEventBase).Assembly.GetTypes()
            .Where(t => t.IsClass && ! t.IsAbstract && typeof(ActivityEventBase).IsAs-
signableFrom(t))
            .Select(t => (ActivityEventBase)Activator.CreateInstance(t))
```

```
                .ToDictionary(t => t.ActivityType, t => t.GetType());
    }

public abstract class ActivityEvent<TEventPayload> : ActivityEventBase
{
    [JsonProperty(nameof(Payload))]
    public TEventPayload Payload { get; set; }
}
```

以及定义用户活动任务状态和任务进度类。

```
//用户邀请活动任务上下文
public class InvitationActivityContext : CustomerActivityContextBase
{
    // 用户的历史邀请记录
    public Dictionary<long, InvitationContext> InvitationHistory { get; set; }
}


//用户分享活动任务上下文
public class ShareActivityContext : CustomerActivityContextBase
    {
    // 用户的历史分享记录
    public List<ShareContext> Shares { get; set; }
}


//用户活动任务上下文基类
public abstract class CustomerActivityContextBase { }

//邀请活动进度对象
public class InvitationActivityProgress : ActivityProgressBase
{
    public override ActivityType ActivityType => ActivityType.Invitation;

    // 邀请活动的目标邀请人数
    public int TargetInvitationCount { get; set; }

    // 当前用户已邀请的用户数
    public int CurrentInvitationCount { get; set; }
}


//分享活动进度对象
public class ShareActivityProgress : ActivityProgressBase
{
    public override ActivityType ActivityType => ActivityType.Share;
    // 分享活动的目标分享次数
```

```
    public int TargetShareCount { get; set; }
    // 当前用户的分享次数
    public int CurrentShareCount { get; set; }
}

public abstract class ActivityProgressBase
{
    // 活动类型
    public abstract ActivityType ActivityType { get; }
}
```

同时，还需声明任务奖励数据流中的事件及相关类型。

```
//发放固定金额现金奖励事件对象
public class FixedCashRewardEvent: RewardEvent<decimal>
{
    public override RewardType RewardType => RewardType.FixedCash;
}

//发放随机金额现金奖励事件对象
public class RandomCashRewardEvent: RewardEvent<RandomStrategy>
{
    public override RewardType RewardType => RewardType.RandomCash;
}

//发放固定数量积分奖励事件对象
public class FixedPointRewardEvent: RewardEvent<decimal>
{
    public override RewardType RewardType => RewardType.FixedPoints;
}

//发放随机数量积分奖励事件对象
public class RandomPointRewardEvent: RewardEvent<RandomStrategy>
{
    public override RewardType RewardType => RewardType.RandomPoints;
}

//随机金额发放策略对象
public class RandomStrategy
{
    // 随机金额上限
    public decimal Maximun { get; set; }

    // 随机金额下限
    public decimal Minimun { get; set; }
```

```csharp
    public decimal GetRandomDecimal()
    {
        return new decimal(new Random().NextDouble()) * (Maximun-Minimun) + Minimun;
    }
}

public abstract class RewardEvent<TRewardPayload> : RewardEventBase
    {
    // 奖励事件详情
    public TRewardPayload Payload { get; set; }
}

public abstract class RewardEventBase
{
    // 奖励类型
    public abstract RewardType RewardType { get; }

    // 根据奖励事件实例类型获取奖励类型
    public static bool GetMappedRewardType(Type rewardEventInstanceType, out RewardType rewardType)
    {
        return RewardEventTypeMapping.TryGetValue(rewardEventInstanceType, out rewardType);
    }

    // 根据奖励类型创建奖励事件对象实例
    public static RewardEventBase ActivateRewardEventBaseInstance(RewardType rewardType)
    {
        return (RewardEventBase)Activator.CreateInstance(RewardEventConstructorMapping[rewardType]);
    }

    private static readonly IReadOnlyDictionary<Type, RewardType> RewardEventTypeMapping
= typeof(RewardEventBase).Assembly.GetTypes()
        .Where(t => t.IsClass && ! t.IsAbstract && typeof(RewardEventBase).IsAssignableFrom(t)).Select(
            t => (RewardEventBase)Activator.CreateInstance(t))
        .ToDictionary(t => t.GetType(), t => t.RewardType);

    private static readonly IReadOnlyDictionary<RewardType, Type> RewardEventConstructorMapping =
        typeof(RewardEventBase).Assembly.GetTypes()
    .Where(t => t.IsClass && ! t.IsAbstract && typeof(RewardEventBase).IsAssignableFrom(t)).ToDictionary(
```

```
            t => ((RewardEventBase)Activator.CreateInstance(t)).RewardType, t => t);
    }
```

最后，声明 Orleans 服务内的 Grain 类型服务接口（由于奖励发放 Grain 仅作为奖励事件数据流的消费服务，因此其接口声明中并不包含任何服务方法）。

```
//分享活动任务服务接口
public interface IShareActivityGrain: ICustomerActivityGrain, IRemindable { }

// 邀请活动任务服务接口
public interface IInvitationActivityGrain: ICustomerActivityGrain { }

//用户活动任务服务接口定义
public interface ICustomerActivityGrain: IGrainWithGuidCompoundKey
{
    // 获取当前用户的活动任务进度服务接口
    Task<ActivityProgressBase> GetCurrentProgressAsync();
}

//奖励发放 Grain 接口定义
public interface IRewardGrain: IGrainWithGuidKey { }
```

2）Orleans 数据流设计。在系统设计中划分出的活动事件消息队列及任务奖励消息队列可以映射为 Orleans 系统内的用户行为数据流及任务奖励数据流。考虑到同一数据流中的消息事件需要分发至各用户专属的不同类型的 Grain 实例处理，可以使用 Orleans 数据流的隐式订阅模型，将用户行为数据流及任务奖励数据流中的消息事件按类型进行细分，即使用消息事件类型作为逻辑事件流的标识（Orleans 流式服务框架会对底层数据流式服务进行复用，因此在数据流逻辑层面对事件流的分类并不会增加系统的运行开销），在活动任务流式系统中将存在以下数据流集合。

- 用户分享活动行为数据流（数据流名称为 Share）。
- 用户邀请活动行为数据流（数据流名称为 Invitation）。
- 固定数量现金奖励数据流（数据流名称为 FixedCash）。
- 固定数量积分奖励数据流（数据流名称为 FixedPoints）。
- 随机数量现金奖励数据流（数据流名称为 RandomCash）。
- 随机数量积分奖励数据流（数据流名称为 RandomPoints）。

3）数据处理逻辑设计。Orleans 流式数据处理系统中 Grain 实例需要主动订阅数据流并注册消息处理方法。在本例中，用户活动任务 Grain 及奖励发放 Grain 则需要实现对用户行为事件及奖励发放事件的消息处理方法，此外，用户活动任务 Grain 还需提供当前用户的活动任务状态查询服务。考虑到不同用户活动任务 Grain 及奖励发放 Grain 的服务逻辑具有较高可重用性，因此可以使用继承的方式实现内部逻辑。

用户活动任务 Grain 类型的 UML 类图如图 8-24 所示。

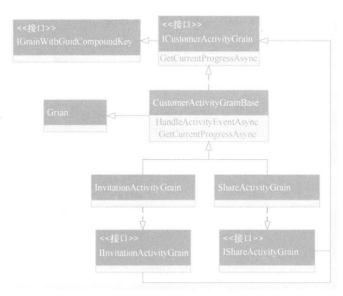

● 图 8-24　活动任务 Grain 类图

活动任务类的服务逻辑实现如下（示例代码中，对邀请活动任务类 InvitationActivityGrain 及分享活动任务类 ShareActivityGrain 的任务奖励的触发条件使用了硬编码定义，而在实际应用中开发人员可以通过读取配置的方式实现任务奖励策略的动态变更，此外，示例代码中还使用了 Orleans 定时通知功能来实现分享活动任务状态的定时重置）。

```
public abstract class CustomerActivityGrainBase<TActivityContext, TEventPayload, TActivi-
tyProgress> : Grain,
    ICustomerActivityGrain
    where TActivityContext: CustomerActivityContextBase
    where TEventPayload: class
    where TActivityProgress: ActivityProgressBase
{
    // 活动任务进度及上下文字段
    protected readonly IPersistentState<TActivityContext> ActivityContext;
    protected readonly ILogger < CustomerActivityGrainBase < TActivityContext, TEventPay-
load, TActivityProgress>> Logger;
    protected CustomerActivityGrainBase(
        IPersistentState<TActivityContext> activityContext,
        ILogger < CustomerActivityGrainBase < TActivityContext, TEventPayload, TActivi-
tyProgress>> logger)
```

```
    {
        ActivityContext = activityContext;
        Logger = logger;
    }

    public override async Task OnActivateAsync()
    {
        // Grain 激活时重新注册用户活动事件流订阅
        var streamProvider = GetStreamProvider(Constant.StreamProviderName);
        var customerId = this.GetPrimaryKey(out _);
        // 根据 NamedImplicitStreamSubscriptionAttribute 特性中指定的用户活动事件类型，订阅对
应的活动事件流
        var stream = streamProvider.GetStream<ActivityEventBase>(customerId, GetType().
GetCustomAttribute<NamedImplicitStreamSubscriptionAttribute>()?.GetStreamNamespace());
        await stream.SubscribeAsync(HandleActivityEventAsync);
    }

    // 活动事件响应函数
    private async Task HandleActivityEventAsync(ActivityEventBase @event, StreamSequence-
Token token = null)
    {
        // 根据活动事件类型抽取事件内容
        var eventPayload = ExtractEventPayload(@event);
        if (eventPayload == null)
        {
            Logger.LogWarning($"{GetType().Name}接收到错误的活动事件类型{@event.Activity-
Type}");
            throw new InvalidDataException();
        }
        // 处理活动事件
        await HandleEventAsync(eventPayload);
    }

    // 获取当前活动任务进度
    public async Task<ActivityProgressBase> GetCurrentProgressAsync()
    {
        await EnsureActivityContextNotNullAsync();
        return GenerateCurrentActivityProgressAsync(ActivityContext.State);
    }

    // 由派生类实现的活动事件处理方法
    protected abstract Task HandleEventAsync(TEventPayload eventPayload);

    // 由派生类实现的活动上下文状态初始化方法
```

```
    protected abstract TActivityContext InitActivityContext();

    // 由派生类实现的当前活动进度状态读取方法
    protected abstract TActivityProgress GenerateCurrentActivityProgressAsync(TActivity-
Context currentContext);

    // 由派生类实现的活动上下文状态初始化判别方法
    protected abstract bool ShouldInitActivityContext(TActivityContext context);

    protected async Task EnsureActivityContextNotNullAsync()
    {
        // 确保当前 Grain 内活动进度对象处于合法状态
        if (ShouldInitActivityContext(ActivityContext.State))
        {
            ActivityContext.State = InitActivityContext();
            await ActivityContext.WriteStateAsync();
        }
    }

    // 根据用户活动事件类型抽取事件内容
    private TEventPayload ExtractEventPayload(ActivityEventBase @event)
    {
        if (ActivityEventBase.GetMappedActivityType(@event.GetType(), out var activity-
Type))
        {
            if (@event.ActivityType == activityType)
            {
                return ((ActivityEvent<TEventPayload>) @event)?.Payload;
            }
        }
        return null;
    }

    // 发送任务奖励事件方法
    protected Task SendRewardAsync<TRewardPayload>(RewardType rewardType, TRewardPayload
payload)
    {
    var streamProvider = GetStreamProvider(Constant.StreamProviderName);
        var customerId = this.GetPrimaryKey(out _);
        var stream = streamProvider.GetStream<RewardEvent<TRewardPayload>>(customerId,
rewardType.ToString());
        var @event = (RewardEvent<TRewardPayload>) RewardEventBase.ActivateRewardEvent-
BaseInstance(rewardType);
        @event.Payload = payload;
        return stream.OnNextAsync(@event);
```

```
        }
}

//声明 ShareActivityGrain 对 Share 的用户数据流进行隐式订阅
[NamedImplicitStreamSubscription(nameof(ActivityType.Share))]
public class ShareActivityGrain: CustomerActivityGrainBase <ShareActivityContext, Share-
Context,
    ShareActivityProgress>, IShareActivityGrain
{
    // 单次分享任务的目标分享次数上限
    private const int DailyShareRewordCount = 5;
    // 单次分享任务完成时的积分奖励下限
    private const int MinRewardPoints = 10;
    // 单次分享任务完成时的积分奖励上限
    private const int MaxRewardPoints = 50;
    // 单次分享可获得的积分数量
    private const int FixedCashRewordAmount = 2;
    // 任务状态重置的提醒任务名
    private const string ReminderName = nameof(ShareActivityGrain) + "_Reminder";
    public ShareActivityGrain(
        [PersistentState("activityContext", "InMemoryStorage")]
        IPersistentState<ShareActivityContext> activityContext,
         ILogger <CustomerActivityGrainBase <ShareActivityContext, ShareContext, ShareAc-
tivityProgress>> logger)
        : base(activityContext, logger) { }

    protected override async Task HandleEventAsync(ShareContext eventPayload)
    {
        await EnsureActivityContextNotNullAsync();
        if (! ActivityContext.State.Shares.Any())
        {
            // 在用户进行首次分享时,向 Orleans 运行时注册任务状态重置的提醒任务
            await RegisterStateResetReminder();
        }
        // 更新当前用户的分享任务状态
        ActivityContext.State.Shares.Add(eventPayload);
        if (ActivityContext.State.Shares.Count <DailyShareRewordCount)
        {
            // 在用户分享次数未超过分享奖励次数上限时,触发随机积分的任务奖励事件
            await SendRewardAsync(RewardType.RandomPoints,
                new RandomStrategy() {Minimun = MinRewardPoints, Maximun = MaxReward-
Points});
        }
        else if (ActivityContext.State.Shares.Count == DailyShareRewordCount)
        {
```

```
        // 在用户分享次数达到分享次数上限时(即用户完成分享次数目标时),触发固定积分的任务奖励事件
            await SendRewardAsync (RewardType. FixedCash, new decimal (FixedCashRewordA-
mount));
        }
        // 更新持久化存储中的活动进度
        await ActivityContext.WriteStateAsync ();
    }

    protected override ShareActivityContext InitActivityContext ()
    {
        // 活动进度对象初始化逻辑
        return new ShareActivityContext ()
        {
            Shares = new List<ShareContext> ()
        };
    }

    protected override ShareActivityProgress GenerateCurrentActivityProgressAsync (
        ShareActivityContextcurrentContext)
    {
        // 根据当前用户活动状态,生成活动任务进度状态对象
        return new ShareActivityProgress
        {
            TargetShareCount = DailyShareRewordCount,
            CurrentShareCount = currentContext.Shares.Count
        };
    }

    protected override bool ShouldInitActivityContext (ShareActivityContext context)
    {
        return context.Shares == null;
    }

    public async Task ReceiveReminder (string reminderName, TickStatus status)
    {
        // 接收到活动进度定时重置提醒
        if (reminderName == ReminderName)
        {
            // 清空当前用户的分享活动任务状态
            await ActivityContext.ClearStateAsync ();
            // 注销活动进度定时重置提醒任务
            var reminder = await GetReminder (ReminderName);
            if (reminder != null)
            {
```

```
                await UnregisterReminder(reminder);
                return;
            }
        }
        Logger.LogWarning($"忽略来自{reminderName}的提醒任务");
    }

    private Task RegisterStateResetReminder()
    {
        // 将活动进度定时重置提醒触发时间设置为首次分享事件发生后的 24 小时
        return RegisterOrUpdateReminder(ReminderName, TimeSpan.FromHours(24), TimeSpan.
FromHours(24));
    }
}

//声明 InvitationActivityGrain 对 Invitation 用户数据流进行隐式订阅
[NamedImplicitStreamSubscription(nameof(ActivityType.Invitation))]
public class InvitationActivityGrain: CustomerActivityGrainBase < InvitationActivityCon-
text, InvitationContext,
    InvitationActivityProgress>, IInvitationActivityGrain
{
    // 用户邀请任务的目标邀请人数
    private const int TargetInvitationRewordUserCount = 10;
    // 单次用户邀请完成时用户获得的现金奖励上限
    private const double MaxRewardPerInvitation = 5.0;
    // 单次用户邀请完成时用户获得的现金奖励下限
    private const double MinRewardPerInvitation = 3.0;
    // 用户邀请任务完成时获得的固定现金奖励数量
    private const double FinalInvitationReward = 10.0;

    public InvitationActivityGrain(
        [PersistentState("activityContext", "InMemoryStorage")]
        IPersistentState<InvitationActivityContext> activityContext,
        ILogger<CustomerActivityGrainBase<InvitationActivityContext, InvitationContext,
InvitationActivityProgress>> logger)
        : base(activityContext, logger) { }

    protected override async Task HandleEventAsync(InvitationContext eventPayload)
    {
        await EnsureActivityContextNotNullAsync();
        // 过滤重复邀请的用户活动消息
        if (ActivityContext.State.InvitationHistory.ContainsKey(eventPayload.UserId))
        {
            return;
```

```
    }
    // 更新当前用户的邀请任务状态
    ActivityContext.State.InvitationHistory[eventPayload.UserId] = eventPayload;
    if (ActivityContext.State.InvitationHistory.Count == TargetInvitationRewordUser-
Count)
    {
        // 当前用户完成目标邀请数目时,触发固定金额的任务奖励事件
        await SendRewardAsync(RewardType.FixedCash, new decimal(FinalInvitationReward));
    }
    else if (ActivityContext.State.InvitationHistory.Count < TargetInvitationRewor-
dUserCount)
    {
        // 当前用户完成单次新用户邀请时,触发随机金额的任务奖励事件
        await SendRewardAsync(RewardType.RandomCash, new RandomStrategy()
        {
            Minimun = new decimal(MinRewardPerInvitation),
            Maximun = new decimal(MaxRewardPerInvitation),
        });
    }
    // 更新持久化存储中的活动进度
    await ActivityContext.WriteStateAsync();
}


protected override InvitationActivityContext InitActivityContext()
{
    // 活动进度对象初始化逻辑
    return new InvitationActivityContext()
    {
        vInvitationHistory = new Dictionary<long, InvitationContext>()
    };
}


protected override InvitationActivityProgress GenerateCurrentActivityProgressAsync(
    InvitationActivityContextcurrentContext)
{
    // 根据当前用户活动状态,生成活动任务进度状态对象
    return new InvitationActivityProgress
    {
        TargetInvitationCount = TargetInvitationRewordUserCount,
        CurrentInvitationCount = currentContext.InvitationHistory.Count
    };
}
```

```
    protected override bool ShouldInitActivityContext(InvitationActivityContext context)
    {
        return context.InvitationHistory == null;
    }
}
```

奖励发放 Grain 类型的 UML 类图如图 8-25 所示。

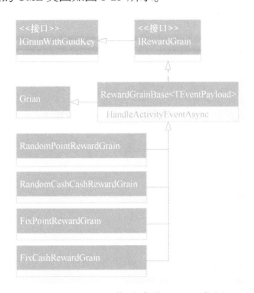

● 图 8-25 奖励发放 Grain 类图

各奖励发放 Grain 类型的实现代码如下（示例中省略了实际奖励发放的处理逻辑）。

```
public abstract class RewardGrainBase<TEventPayload> : Grain, IRewardGrain
{
    protected readonly ILogger<RewardGrainBase<TEventPayload>> Logger;
    protected RewardGrainBase(ILogger<RewardGrainBase<TEventPayload>> logger)
    {
        Logger = logger;
    }

    public override async Task OnActivateAsync()
    {
        // Grain 激活时重新注册活动奖励发放事件流订阅
        var streamProvider = GetStreamProvider(Constant.StreamProviderName);
        // 根据 NamedImplicitStreamSubscriptionAttribute 特性中指定的活动奖励事件类型,订阅对
应的活动奖励事件流
        var stream = streamProvider.GetStream<RewardEventBase>(this.GetPrimaryKey(),
```

```
GetType().GetCustomAttribute<NamedImplicitStreamSubscriptionAttribute>()?.GetStream-
Namespace());
        await stream.SubscribeAsync(HandleActivityEventAsync);
    }

    // 活动事件响应函数
    private async Task HandleActivityEventAsync(RewardEventBase @event, StreamSequenceTo-
ken token = null)
    {
        // 根据活动事件类型抽取事件内容
        var success = TryExtractEventPayload(@event, out var payload);
        if (! success)
        {
            Logger.LogWarning($"{GetType().Name}接收到错误的奖励事件类型{@event.Reward-
Type}");
            throw new InvalidDataException();
        }
        // 处理活动事件
        await HandleEventAsync(payload);
    }

    // 由派生类实现的奖励事件处理方法
    protected abstract Task HandleEventAsync(TEventPayload eventPayload);

    // 根据奖励事件类型抽取事件内容
    private bool TryExtractEventPayload(RewardEventBase @event, out TEventPayload pay-
load)
    {
        if (RewardEventBase.GetMappedRewardType(@event.GetType(), out var rewardType))
        {
            if (@event.RewardType == rewardType)
            {
                if (@event is RewardEvent<TEventPayload> typedEvent)
                {
                    payload = typedEvent.Payload;
                    return true;
                }
            }
        }
        payload = default;
        return false;
    }

    protected long GetCustomerId()
```

```
    {
        // 从当前 Grain ID 中抽取用户 ID
        var guid = this.GetPrimaryKey();
        // 从 GUID 的低 64bit 中抽取长整型数据
        if (BitConverter.ToInt64(guid.ToByteArray(), 8) != 0)
            throw new OverflowException();
        return BitConverter.ToInt64(guid.ToByteArray(), 0);
    }
}
```

```
//声明 FixCashRewardGrain 对 FixedCash 奖励事件流进行隐式订阅
[NamedImplicitStreamSubscription(nameof(RewardType.FixedCash))]
public class FixCashRewardGrain: RewardGrainBase<decimal>
{
    public FixCashRewardGrain(ILogger<RewardGrainBase<decimal>> logger): base(logger) { }

    protected override Task HandleEventAsync(decimal eventPayload)
    {
        // 模拟发放固定金额的现金奖励
        eventPayload = decimal.Round(eventPayload, 2, MidpointRounding.ToZero);
        Logger.LogInformation($"为{GetCustomerId()}增加{eventPayload}现金奖励");
        return Task.CompletedTask;
    }
}
```

```
//声明 FixPointRewardGrain 对 FixedPoints 奖励事件流进行隐式订阅
[NamedImplicitStreamSubscription(nameof(RewardType.FixedPoints))]
public class FixPointRewardGrain: RewardGrainBase<decimal>
{
    public FixPointRewardGrain(ILogger<RewardGrainBase<decimal>> logger): base(logger) { }

    protected override Task HandleEventAsync(decimal eventPayload)
    {
        // 模拟发放固定数量的积分奖励
        eventPayload = decimal.Round(eventPayload, 0, MidpointRounding.ToZero);
        Logger.LogInformation($"为{GetCustomerId()}增加{eventPayload}积分奖励");
        return Task.CompletedTask;
    }
}
```

```
//声明 RandomCashCashRewardGrain 对 RandomCash 奖励事件流进行隐式订阅
[NamedImplicitStreamSubscription(nameof(RewardType.RandomCash))]
public class RandomCashCashRewardGrain: RewardGrainBase<RandomStrategy>
```

```
{
    public RandomCashCashRewardGrain(ILogger<RewardGrainBase<RandomStrategy>> logger):
base(logger) { }

    protected override Task HandleEventAsync(RandomStrategy eventPayload)
    {
        // 模拟发放随机金额的现金奖励
        var actualReward = decimal.Round(eventPayload.GetRandomDecimal(),2,MidpointRounding.
AwayFromZero);
        Logger.LogInformation($"为{GetCustomerId()}增加{actualReward}现金奖励");
        return Task.CompletedTask;
    }
}

//声明 RandomPointRewardGrain 对 RandomPoints 奖励事件流进行隐式订阅
[NamedImplicitStreamSubscription(nameof(RewardType.RandomPoints))]
public class RandomPointRewardGrain: RewardGrainBase<RandomStrategy>
    {
    public RandomPointRewardGrain(ILogger<RewardGrainBase<RandomStrategy>> logger): base
(logger) { }

    protected override Task HandleEventAsync(RandomStrategy eventPayload)
    {
        // 模拟发放随机数量的积分奖励
        var actualReward = decimal. Round (eventPayload. GetRandomDecimal (), 0, Mid-
pointRounding.ToZero);
        Logger.LogInformation($"为{GetCustomerId()}增加{actualReward}积分奖励");
        return Task.CompletedTask;
    }
}
```

由于目前无法直接从 Orleans 数据流隐式订阅特性 ImplicitStreamSubscriptionAttribute 中获取与 Grain 类型绑定的数据流名称，因此在上述示例代码中使用该特性的派生类 NamedImplicit-StreamSubscriptionAttribute 对各 Grain 类型的订阅数据流名称进行了标注。

```
//可获取绑定数据流名称的隐式数据流订阅特性类
public  class  NamedImplicitStreamSubscriptionAttribute:  ImplicitStreamSubscriptionAt-
tribute
{
    public NamedImplicitStreamSubscriptionAttribute(string streamNamespace):base(stream-
Namespace)
    {
        StreamNamespace = streamNamespace.Trim();
    }
    public string GetStreamNamespace() => StreamNamespace;
```

```
    private string StreamNamespace { get; }
}
```

4）构建流式处理应用服务。在完成底层 Orleans 流式处理服务实现后，根据系统设计方案还需要通过 ASP. NET Core Web API 服务对 Orleans 服务进行包装及发布。由于用户活动行为事件 InvitationActivityEvent 及 ShareActivityEvent 都为泛型类型且通过 ActivityEventBase 基类中的 ActivityType 字段与活动类型绑定，因此可以通过自定义 Json 反序列化类实现 Web API 接口的泛型复用。

```
//用户活动事件 Json 字符串反序列化类
public class ActivityEventConverter: JsonConverter
{
    public override bool CanConvert(Type objectType)
    {
        return ActivityEventType.IsAssignableFrom(objectType) &&! objectType. IsAbstract;
    }

    public override bool CanRead => ! string.IsNullOrWhiteSpace(ActivityEventTypeField-
Name);

    public override object ReadJson(JsonReader reader, Type objectType, object existingVal-
ue,
        JsonSerializer serializer)
    {
        var jo = JObject.Load(reader);
        var eventType = jo[ActivityEventTypeFieldName].ToObject<ActivityType>();
        if (ActivityEventBase.GetMappedActivityClassType(eventType, out var type))
        {
            return (ActivityEventBase) JsonConvert.DeserializeObject(jo.ToString(), type,
                SpecifiedSubclassConversion);
        }

        return null;
    }

    public override bool CanWrite => false;

    public override void WriteJson(JsonWriter writer, object value, JsonSerializer serial-
izer)
    {
        throw new NotImplementedException();
    }
```

```
    private static readonly JsonSerializerSettings SpecifiedSubclassConversion = new Json-
SerializerSettings()
        {ContractResolver = new ActivityEventSpecifiedConcreteClassConverter()};

    private static readonly Type ActivityEventType = typeof(ActivityEventBase);

    private static readonly string ActivityEventTypeFieldName = ActivityEventType.Get-
Properties()
        ?.FirstOrDefault(p => p.PropertyType == typeof(ActivityType))?.Name;

    private class ActivityEventSpecifiedConcreteClassConverter: DefaultContractResolver
    {
        protected override JsonConverter ResolveContractConverter(Type objectType)
        {
            if (ActivityEventType.IsAssignableFrom(objectType) && ! objectType.IsAbstract)
                return null;
            return base.ResolveContractConverter(objectType);
        }
    }
}
```

还可以在活动事件基类中使用 **JsonConverter** 特性进行标注。

```
//指定使用自定义用户活动事件反序列化类进行 Json 反序列化
[JsonConverter(typeof(ActivityEventConverter))]
public abstract class ActivityEventBase { /*...*/ }
```

利用活动行为事件类与活动类型的绑定关系，开发人员还可以在 **MVC Web API** 控制器处理逻辑中根据活动行为事件对象的 **ActivityType** 字段取值将用户活动行为事件发布至对应的数据流中。

在开发人员实现用户当前活动任务进度的查找服务接口时，需要根据用户通过 Web API 传入的活动类型参数对该类型的活动任务 Grain 实例发起查询请求。此时开发人员可以使用自定义标注的方式将活动任务服务接口 **IInvitationActivityGrain** 及 **IShareActivityGrain** 与对应的活动类型进行绑定，并在控制器逻辑中根据该自定义标注值进行映射。

```
//定义活动类型绑定关系标注
[AttributeUsage(AttributeTargets.Interface)]
public class BindingActivityTypeAttribute: Attribute
{
    // 用以标注与 Grain 服务接口绑定的活动事件类型
    public ActivityType ActivityType { get; set; }
```

```
}

//指定 IInvitationActivityGrain 服务接口与邀请活动事件绑定
[BindingActivityType(ActivityType = ActivityType.Invitation)]
public interface IInvitationActivityGrain: ICustomerActivityGrain { }

//指定 IShareActivityGrain 服务接口与分享活动事件绑定
[BindingActivityType(ActivityType = ActivityType.Share)]
public interface IShareActivityGrain: ICustomerActivityGrain, IRemindable { }
```

基于上述活动类型的绑定关系，用户活动服务的 Web API 控制器的示例代码如下所示。

```
[ApiController]
[Route("api/[controller]")]
public class CustomerActivityController: ControllerBase
{
    private readonly IClusterClient _client;
    public CustomerActivityController(IClusterClient client)
    {
        _client = client;
    }

    // 获取用户任务进度服务接口
    [HttpGet("customer/{customerId}/activity/{activityType}")]
    public async Task<IActionResult> GetCurrentProgressAsync(
        [FromRoute(Name = "customerId")] long customerId,
        [FromRoute(Name = "activityType")] ActivityType activityType)
    {
        try
        {
            var result = await ResolveGrain(customerId, activityType).GetCurrentProgres-
sAsync();
            return new OkObjectResult(result);
        }
        catch (Exception e)
        {
            return new BadRequestObjectResult(e.Message);
        }
    }

    // 发布用户活动事件服务接口
    [HttpPost("report")]
    public async Task<IActionResult> ReportCustomerActivityEvent([FromBody]ActivityEven-
tBase @event)
    {
```

```
        try
        {
            // 根据活动事件类型及用户 ID,将活动事件投递至相应的用户活动事件数据流中
            var stream = _client.GetStreamProvider(Constant.StreamProviderName)
                .GetStream<ActivityEventBase>(ToGuid(@event.CustomerId), @event.Activi-
tyType.ToString());
            await stream.OnNextAsync(@event);
            return new OkResult();
        }
        catch (Exception e)
        {
            return new BadRequestObjectResult(e.Message);
        }
    }

    // 将长整型数据作为 GUID 的低 64bit 转换为 GUID 类型
    private static Guid ToGuid(long value)
    {
        var guidData = new byte[16];
        Array.Copy(BitConverter.GetBytes(value), guidData, 8);
        return new Guid(guidData);
    }

    private static readonly IReadOnlyDictionary < ActivityType, Type > CustomerActivi-
tyGrainTypeMapping =
        typeof(ICustomerActivityGrain).Assembly.GetTypes()
            .Where(t => t.IsInterface && typeof(ICustomerActivityGrain).IsAssignableFrom
(t))
            .Select(t => (t, t.GetCustomAttribute<BindingActivityTypeAttribute>()))
            .Where(tuple => tuple.Item2 != null && tuple.Item2.ActivityType != Activity-
Type.Unknown)
            .ToDictionary(t => t.Item2.ActivityType, t => t.t);

    private ICustomerActivityGrain ResolveGrain(long customerId, ActivityType activity-
Type)
    {
        if (CustomerActivityGrainTypeMapping.TryGetValue(activityType, out var grain-
Type))
        {
            return _client.GetGrain<ICustomerActivityGrain>(grainType, ToGuid(customer-
Id), activityType.ToString());
        }
        return null;
    }
}
```

最后，基于 . Net Core 运行时构建 Orleans 及 ASP. NET Core Co-hosting 的活动任务奖励流式处理应用服务，其中 ASP. NET Core MVC Web API 服务及 Orleans 服务的构建流程如下。

```
//配置 ASP.NET Core Web 主机
hostBuilder = hostBuilder.ConfigureWebHostDefaults(webBuilder =>
{
    webBuilder.Configure((ctx, app) =>
    {
        if (ctx.HostingEnvironment.IsDevelopment())
        {
            // 在开发环境中捕获同步及异步异常对象
            app.UseDeveloperExceptionPage();
        }
        app.UseRouting();// 使用 ASP.NET 路由中间件
        app.UseAuthorization(); // 使用 ASP.NET 授权中间件
        app.UseEndpoints(endpoints =>
        {
            endpoints.MapControllers(); //将控制器配置为 ASP.NET 终结点
    });
    });
})
.ConfigureServices(services =>
{
    //向托管服务注册控制器对象并使用 NewtonsoftJson 提供 Json 数据格式的序列化服务
    services.AddControllers().AddNewtonsoftJson();
});

//配置 Orleans 服务
hostBuilder = hostBuilder.UseOrleans(builder =>
{
    builder
        .UseLocalhostClustering() //指定 Silo 节点加入本地开发集群
        .Configure<ClusterOptions>(options =>
        {
            options.ClusterId = "dev"; //配置集群 ID
            options.ServiceId = "ActivityServer"; //配置服务 ID
        })
        .ConfigureApplicationParts(parts =>
parts.AddApplicationPart(typeof(CustomerActivityGrainBase<,>).Assembly)
            .WithReferences()) //向 Silo 节点注册 Grain 服务
        .AddMemoryGrainStorageAsDefault() //将 MemoryGrainStorage 服务配置为默认存储服务
        .AddMemoryGrainStorage(name: "InMemoryStorage") //添加名为 InMemoryStorage 的存储
服务
        .UseInMemoryReminderService() // 使用基于 MemoryStoreage 的通知服务
```

```
            .AddSimpleMessageStreamProvider(Constant.StreamProviderName) // 注册简单消息流数据
流服务
            .AddMemoryGrainStorage("PubSubStore") // 注册流式服务所需的 PubSub 存储服务
            .Configure<EndpointOptions>(options => options.AdvertisedIPAddress = IPAddress.
Loopback); //配置集群终结点
    });
```

至此便完成了对互联网应用场景中的用户活动流式服务 ActivityServer 的搭建，与 Web 应用服务类似，在服务启动后 ASP. NET Core 框架默认在本地端口 5000 监听并接收外部 Web 服务请求，开发人员可以基于 ASP. NET Web API 中的路由配置访问相关服务接口。

8.4 本章小结

通过对业务场景的数据模型与调用链分析，开发人员可以通过 Orleans 框架快速搭建场景的互联网应用服务。Orleans 运行时通过 Co-hosting 技术与 ASP. NET Core Web 服务深度集成，支持通过 Web API 发布应用服务接口，可以高效地完成 Web 应用服务的设计与搭建；此外，采用 Orleans 流式处理框架搭建的数据处理应用可以兼具数据处理服务的实时性与 Web 应用服务的扩展性，开发人员可以基于流式数据便捷地完成负责应用逻辑的集成与联动，而无须关心底层数据投递与传输细节。

Orleans 与云服务

Orleans 作为原生支持分布式场景的服务端框架，极大地简化了应用开发人员在大容量、高并发业务场景下的应用开发模型。Orleans 运行时框架原生支持应用服务容量的弹性伸缩，从而使开发人员可以根据实际业务场景需要，对线上服务进行快速扩容及调整，还通过引入虚拟 Actor 模型，使 Actor 编程模型更加适用于云计算场景下的应用服务搭建。

Orleans 应用服务的可用性与开发人员在实际系统搭建过程中选用的底层基础服务（如 Membership Table、状态存储及数据流传输等）紧密相关，基础服务控件的性能也将直接决定 Orleans 应用服务整体的 SLA（Service-Level Agreement，服务等级协议），因此，将 Orleans 应用服务部署在云（如 Microsoft Azure、AWS 或 GCP 等）平台上可以极大程度地减少开发人员对基础设施服务（如数据库、消息中间件服务、日志监控数据流及服务器等）的日常维护成本，并提高服务的整体可靠性水平。与此同时，使用云平台搭建 Orleans 应用服务还可以充分利用 Orleans 框架中动态可伸缩架构的优势，从而高效利用服务器资源并减少系统的运行成本。

9.1 使用云平台构建 Orleans 应用

Orleans 应用服务可以通过 Orleans 框架的 NuGet 扩展包与多种云平台服务集成（见表 9-1），使开发人员能够以极低的开发成本在云平台下完成应用服务的搭建和迁移。

开发人员可以基于 Orleans 框架的高度可扩展性，根据实际业务场景，选择使用部分服务集成的方式接入云服务平台（如仅使用部分云服务基础组件构建 Orleans 应用，或使用不同云服务供应商提供的基础服务组件）或将 Orleans 应用完全托管于云服务平台（即使用云服务平台的虚拟机或云应用服务搭建服务，该策略可以利用云服务内的网络通信优化策略进一步降低 Orleans 服务应用层与基础设施服务间的通信损耗）。上述两种服务部署策略的区别仅在于应用服务器的管理方式，其与 Orleans 应用服务本身的初始化过程及运行逻辑无关。

表9-1　Orleans 框架常用云服务扩展 NuGet 包

NuGet 扩展包	Orleans 组件/服务	依赖的云服务组件	云服务平台
Microsoft. Orleans. Clustering. AzureStorage	Membership 表	Azure Table	Microsoft Azure
Microsoft. Orleans. GrainDirectory. AzureStorage	Grain 目录	Azure Table	Microsoft Azure
Microsoft. Orleans. Hosting. AzureCloudServices	Orleans 运行时主机	Azure Cloud Service	Microsoft Azure
Microsoft. Orleans. Hosting. ServiceFabric	Orleans 运行时主机	Azure Service Fabric	Microsoft Azure
Microsoft. Orleans. Persistence. AzureStorage	持久化服务	Azure Table/Azure Blob	Microsoft Azure
Microsoft. Orleans. Reminders. AzureStorage	持久化通知服务	Azure Table	Microsoft Azure
Microsoft. Orleans. Streaming. AzureStorage	数据流服务	Azure Queue/Azure Blob/ Azure Table	Microsoft Azure
Microsoft. Orleans. Streaming. EventHubs	数据流服务	Azure Event Hub	Microsoft Azure
Microsoft. Orleans. Transactions. AzureStorage	分布式事务存储服务	Azure Table	Microsoft Azure
Microsoft. Orleans. Clustering. DynamoDB	Membership 表	DynamoDB	AWS
Microsoft. Orleans. Persistence. DynamoDB	持久化服务	DynamoDB	AWS
Microsoft. Orleans. Reminders. DynamoDB	持久化通知服务	DynamoDB	AWS
Microsoft. Orleans. Streaming. SQS	数据流服务	Amazon SQS	AWS
Microsoft. Orleans. Streaming. GCP	数据流服务	PubSub	Google Cloud Platform

开发人员还可以基于云服务平台提供的其他服务平台搭建 Orleans 应用，例如，Orleans 可以通过 Azure Service Fabric 无状态服务的方式运行在 Azure Service Fabric 服务平台上，通过 Azure Service Fabric 服务平台进一步提高 Orleans 服务的容灾性。

9.2　搭建容器化 Orleans 服务

Orleans 框架继承了 .NET Core 运行时的跨平台特性，可以直接在 Windows、Linux、OSX 等多种平台上运行，开发人员还可以使用容器化的方式部署 Orleans 应用服务，从而进一步降低应用服务与运行平台的耦合度，并提高服务对差异化运行环境的适配性。Orleans 应用服务的容器化部署过程与普通 .NET Core 应用并无显著差异，下面将以第 8 章中的搭建流式数据处理服务为例，介绍如何使用 Docker 构建容器化 Orleans 应用集群。

▶▶ 9.2.1 构建 Orleans 应用服务镜像

为了使用第 8 章中实现的 Orleans 流式数据处理服务项目构建多 Silo 实例 Orleans 集群，需要对 Orleans 服务的初始化配置进行改造。

```
//配置 Orleans 服务
hostBuilder = hostBuilder.UseOrleans(builder =>
{
    builder
        // 指定 Silo 节点加入主机 IP 为 172.10.0.10 的 Silo 节点所管理的服务集群
        // 该 silo 节点的内部服务端口为 11111
        .UseDevelopmentClustering(new IPEndPoint(IPAddress.Parse("172.10.0.10"), 11111))
        .Configure<ClusterOptions>(options =>
        {
            options.ClusterId = "dev"; //配置集群 ID
            options.ServiceId = "ActivityServer"; //配置服务 ID
        })
        .ConfigureApplicationParts(parts =>
parts.AddApplicationPart(typeof(CustomerActivityGrainBase<,>).Assembly)
        .WithReferences()) //向 Silo 节点注册 Grain 服务
        .AddMemoryGrainStorageAsDefault() //将 MemoryGrainStorage 服务配置为默认存储服务
        .AddMemoryGrainStorage(name: "InMemoryStorage") //添加名为 InMemoryStorage 的存储
服务
        .UseInMemoryReminderService() // 使用基于 MemoryStoreage 的通知服务
        .AddSimpleMessageStreamProvider(Constant.StreamProviderName) // 注册简单消息流数据
流服务
        .AddMemoryGrainStorage("PubSubStore") // 注册流式服务所需的 PubSub 存储服务
        .ConfigureEndpoints(siloPort: 11111, gatewayPort: 30000); //配置本 Silo 节点的内部服
务及网关端口号
});
```

在上述代码中，测试 Orleans 服务集群的集群管理节点 IP 地址被配置为 172.10.0.10，且 Silo 节点将开放 11111 及 30000 端口，分别作为内部集群通信服务端口及外部网关服务端口。

完成上述改造后，可以根据 Orleans 服务工程编写镜像描述文件 Dockerfile。该 Orleans 服务工程结构如图 9-1 所示。

可以在工程根目录 Activity 下创建镜像描述文件 Dockerfile 及 .dockerignore 文件（用描述镜像打包过程中需要忽略的文件）。该 Orleans 服务的 Dockerfile 文件如下所示。

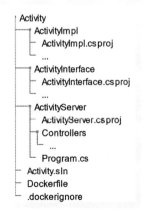

```
Activity
  ├ ActivityImpl
  │  ├ ActivityImpl.csproj
  │  └ ...
  ├ ActivityInterface
  │  ├ ActivityInterface.csproj
  │  └ ...
  ├ ActivityServer
  │  ├ ActivityServer.csproj
  │  ├ Controllers
  │  │  └ ...
  │  └ Program.cs
  ├ Activity.sln
  ├ Dockerfile
  └ .dockerignore
```

● 图 9-1 支持 Docker 部署的 Orleans 应用工程结构

```
FROM mcr.microsoft.com/dotnet/core/sdk:3.1 AS build
WORKDIR/source
COPY* .sln .
COPYActivityInterface/ * .csproj ./ActivityInterface/
COPYActivityImpl/ * .csproj ./ActivityImpl/
COPYActivityServer/ * .csproj ./ActivityServer/
RUNdotnet restore-r linux-x64
COPYActivityInterface/../ActivityInterface/
COPYActivityImpl/../ActivityImpl/
COPYActivityServer/../ActivityServer/
RUNdotnet publish -c release -o /orleans -r linux-x64 --self-contained false --no-restore
FROM mcr.microsoft.com/dotnet/core/aspnet:3.1-buster-slim
WORKDIR/orleans
COPY--from=build /orleans ./
ENTRYPOINT["./ActivityServer"]
```

上述 Dockerfile 文件是通过以下步骤构建服务镜像的。

1）拉取 . NET Core 3. 1 SDK 镜像，并作为基础构建平台镜像。

2）在构建平台根目录下创建 source 目录并设为工作目录。

3）将 Dcokerfile 文件所在目录下的 . sln 类型文件复制至当前工作目录。

4）将相关项目文件（ActivityInterface/ * . csproj、ActivityImpl/ * . csproj 及 ActivityServer/ * . csproj）复制至构建平台的对应路径下。

5）使用 dotnet 命令基于 linux-x64 运行时平台还原项目文件所依赖的 NuGet 包。

6）将相关项目源文件复制至构建平台的对应路径下。

7）使用 dotnet 命令基于 linux-x64 运行时编译并发布项目工程，并将编译结果输出至 Orleans 目录下。

8）拉取基于 Debian buster-slim 的 ASP . NET Core 3. 1 运行时镜像，作为 Orleans 服务的基础运行时平台（若 Orleans 服务没有基于 Co-Hosting 技术使用 ASP . NET Core 框架搭建，可以选择拉取 . NET Core 运行时镜像作为基础运行时平台）。

9）在运行时平台根目录下创建 Orleans 目录并设为工作目录。

10）将构建平台 Orleans 目录下的所有文件复制至运行时平台工作目录下。

11）将运行时镜像启动程序入口设置为 ActivityServer 文件。

. dockerignore 文件内容如下，在容器镜像打包过程中，将忽略 bin 目录、obj 目录及 out 目录下的所有文件及以 Dockerfile 字段开头和 md 类型的文件。

```
# directories
* */bin/
* */obj/
```

```
* */out/

# files
Dockerfile*
* */*.md
```

完成 Dockerfile 编写后，可以在 Dockerfile 所在目录下使用 Docker 对 Orleans 服务进行容器镜像打包（需要确保本地 docker 服务已启动）。

```
docker build -t activity-silo .
```

完成打包后，可以通过 Docker image ls 命令查看该 Orleans 服务的容器镜像。

```
>docker image ls
REPOSITORY       TAG       IMAGE ID       CREATED         SIZE
activity-silo    latest    c798c829e966   41 seconds ago  214MB
```

▶▶9.2.2 搭建容器化 Orleans 服务集群

在完成 Orleans 服务的编译及镜像打包后，开发人员可以直接使用 Docker 服务（或容器集群管理系统，如 Kubernetes 等）搭建容器化 Orleans 服务集群。由于在实例工程中，将 IP 地址为 172.10.0.10 的 Silo 节点指定为 Orleans 服务集群的 Membership 表管理节点，因此该集群内所有 Silo 容器节点在启动时都将尝试连接并注册至 Silo 节点。

使用 Docker 服务在本地搭建包含有两个 Silo 节点的 Orleans 服务集群步骤如下。

1）在 Docker 服务中新建一个桥接网络，并将该桥接子网的网段配置为 172.10.0.0/16，网关地址配置为 172.10.0.1。

```
docker network create--driver bridge --subnet =172.10.0.0/16 --gateway =172.10.0.1 orleans-
network
```

2）使用 docker 命令启动 Orleans Silo 服务节点，将该节点的 IP 地址配置为 172.10.0.10，并将该 Silo 节点的 80 端口映射至本机的 5000 端口。

```
docker run-itd --network =orleans-network --ip =172.10.0.10 -p 5000:80 -p 4000:6789 activity-
silo
```

3）使用以下 docker 命令启动第二个 Silo 服务节点，将 Silo 节点的 IP 地址配置为 172.10.0.11，并将该 Silo 节点的 80 端口映射至本机的 5001 端口。

```
docker run-itd --network =orleans-network --ip =172.10.0.11 -p 5001:80 -p 4001:6789 activity-
silo
```

待上述两个 Silo 节点初始化完毕后，将自动组成一个 Orleans 服务集群，开发人员可以通过本地 5000 及 5001 端口访问上述 Silo 容器节点的 Web API 服务并由此验证 Orleans 服务集群的连通性。在实际集群搭建过程中，通常会使用额外的代理（如 Nginx 等）容器在集群搭建反向代理服务，并通过对外仅暴露标准服务端口（如 80 及 443）实现集群内各节点间外部流量的转发与负载均衡。

9.3　Azure Service Fabric Reliable Actors 应用程序框架

Azure Service Fabric Reliable Actors 是 Azure 云平台基于 Service Fabric 分布式系统平台搭建的虚拟 Actor 模型应用程序框架，允许开发人员通过 Reliable Actors API 搭建单线程执行语义的高可靠的可扩展分布式服务应用。Reliable Actors 框架在服务编程模型及使用方式上与 Orleans 有诸多相似之处，同时基于 Service Fabric 平台实现了对 Actor 内部状态的高效、可靠的持久化存储，适用于搭建完全托管于云平台的大规模分布式应用。

▶▶9.3.1　Service Fabric 与 Reliable Services 框架

1. Service Fabric 平台

Service Fabric 分布式系统平台是微软推出的针对应用服务的基础运行框架，用以支撑高可用可伸缩的微服务应用，开发人员可以通过 Service Fabric 平台轻松打包、部署和管理大规模分布式应用服务（类似于 Kubernetes）；Service Fabric 还提供了精简的 Reliable Services API 并允许开发人员以多种方式使用 Service Fabric 平台构建高可靠的有状态应用服务。Service Fabric 平台在 Windows 和 Linux 系统中均可使用，并可以在私有云、物理服务集群、公有云（Azure 或 AWS）虚拟机集群等多种平台下部署，开发人员也可以直接使用 Azure Service Fabric 服务直接在 Azure 中使用 Service Fabric 构建应用。Service Fabric 框架的主要子系统结构如图 9-2 所示。

Service Fabric 框架以分布式平台中可信的点对点传输服务为基础，通过联合子系统将若干服务节点聚合为状态一致的可扩展服务实体（即服务集群）；Service Fabric 框架将通过可靠性子系统内的状态检测、资源管理及故障转移服务保证服务集群的可靠性；Service Fabric 宿主子系统负责在单个服务节点上管理应用程序集服务的生命周期；通信子系统允许 Service Fabric 应用服务在 Service Fabric 框架内进行服务寻址及服务发现；管理子系统和测试子系统则可以帮助开发人员在 Service Fabric 应用服务运行过程中对应用程序服务的生命周期及服务故障进行监控、管理及调试。Service Fabric 框架在上述系统之上提供了统一、高效且可靠的 API，使开发人员能快速部署并协调容器化微服务应用。

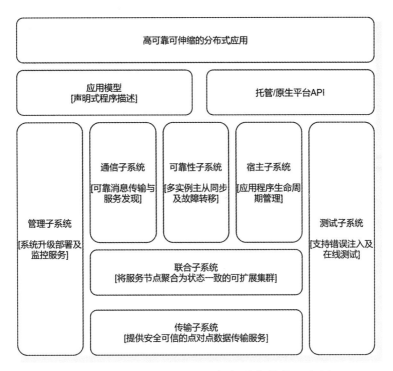

● 图 9-2　Service Fabric 框架系统结构示意图

2. Service Fabric Reliable Services 框架

在 Service Fabric 框架之上，Azure 还为开发人员提供了名为 Reliable Services 的编程模型，使开发人员能够直接使用 Service Fabric API 快速搭建有状态（或无状态）的高可靠应用服务。Reliable Services 凭借 Service Fabric 框架具备了原生的服务可靠性及可用性保证，以及服务容量的可伸缩性及服务状态的一致性，并为开发人员提供了简单的服务生命周期管理 API。Reliable Services 框架将应用服务按照模型划分为无状态 Reliable Service 和有状态 Reliable Service。其中，无状态服务（如通信网关或 Web 代理服务等）不会在当前请求上下文之外维护一个可变的服务状态，而有状态服务（如用户账户或队列服务等）则需要对服务自身的状态进行维护与更新，目前绝大多数互联网应用服务都可以看作是由有状态服务和无状态服务组合构成的系统。

有状态的 Reliable Services 应用通过可靠集合（Reliable Collections）对服务内部状态进行高效且可靠的持久化存储，并由 Service Fabric 框架维护状态数据的备份、更新及同步操作。可靠集合在 Microsoft. ServiceFabric. Data. Collections 命名空间下提供了与传统 .NET 数据集合类似的数据操作 API，使开发人员能够在高动态的云服务场景中以传统方式在应用服务内维护和使用数据集合。与其他高可用技术（如 Azure Table、Azure Queue 等存储服务）不同，可靠集合实际将应用服务的数据存取操作约束至服务集群本地进行，并通过少量网络 I/O 操作将数据更新操作进行主从同步，从而降低应用服务运行时的读写延迟并最大化系统吞吐量。可靠集合可以看成是基于 . NET 并发集合（Concurrent Collections）API（位于 System. Collections. Concurrent 命名空间中）的分布式一致性扩展，允许开发人员以异步的方式对数据集合进行操作，并支持事务更新。目前 Microsoft. ServiceFabric. Data. Collections 命名空间中包含三种数据集合：

1）Reliable Dictionary：提供具备多副本的事务性异步操作的键值对集合，其 API 设计及使用方法类似于 ConcurrentDictionary，键和值可以是任何类型。

2）Reliable Queue：提供具备多副本的事务性异步操作的严格先进先出（FIFO）队列集合，其 API 设计及使用方法类似于 ConcurrentQueue，队列元素值可以是任何类型。

3）Reliable Concurrent Queue：提供用于实现高吞吐量场景下具备多副本的事务性异步操作的数据队列集合，该队列按照"尽力而为"（Best Effort）的策略保证数据元素的顺序，其 API 设计及使用方法类似于 ConcurrentQueue，队列元素值可以是任何类型。

▶▶9.3.2 Reliable Actors 模型

Azure Service Fabric Reliable Actors 是基于 Reliable Services 平台的高可靠性的可扩展虚拟 Actor 模型应用开发框架，并同时支持 C# 和 Java 语言。Reliable Actors 框架将应用服务内的独立执行组件称为 Actor 对象，各执行组件通过有状态 Reliable Services 服务接口对外提供服务。

```
static class Program
{
    private static void Main()
    {
        // 向 Service Fabric Actor Service 运行时注册 TestActor 执行组件并创建服务
        ActorRuntime.RegisterActorAsync<TestActor> (
            (context, actorType) => new ActorService(context, actorType, () => new TestAc-
tor()))
            .GetAwaiter().GetResult();

        Thread.Sleep(Timeout.Infinite);
    }
}
```

Reliable Actors 应用服务中的 Actor 对象件可以通过 Actor ID 进行唯一标识，Actor ID 的实际类型为 int64，Reliable Actors 应用服务框架将根据 Actor ID 将 Actor 对象映射至服务集群的特定分区中，在该分区中实例化并运行 Actor 对象服务实例。Reliable Actors 应用服务中，所有 Actor 服务类型都需要继承 Actor 基类；在 Actor 服务逻辑内部，需要通过 ActorProxy 的方式，通过 Reliable Actor 框架的服务发现及寻址功能，实现 Actor 服务对象间的消息传输与服务调用。

```
//生成一个随机 Actor ID
var actorId = ActorId.CreateRandom();
//通过本地 TestActor 服务代理,创建目标 Actor 对象的服务接口引用对象
var testActor = ActorProxy.Create<ITestActor>(actorId, new Uri("fabric:/SFActorApp/
TestActorService"));

//在 testActor 实例上运行 TestAsync 任务
await testActor.TestAsync();
```

在 Reliable Actors 编程模型中，每个 Reliable Actor 实例都是有状态的独立执行单元，而开发人员可以使用 StatePersistence 特性标注，为 Reliable Actor 类型定义不同的内部状态持久化及备份策略。

- StatePersistence. Persisted（持久化状态）：向 Reliable Actor 运行时声明使用磁盘持久化的方式存储策略保存该 Reliable Actor 类型的内部状态，即将该类型的内部状态通过 Service Fabric 本地磁盘存储的方式进行存储，同时将 Reliable Actor 对象的实例数量设置为 3（其中一个实例对象为主实例对象，其余两个实例对象为备份实例对象，Service Fabric 运行时会自动将三份实例对象指派至不同的服务分区中以提高系统可靠性）。
- StatePersistence. Volatile（易失性状态）：向 Reliable Actor 运行时声明使用内存持久化的方式存储策略保存该 Reliable Actor 类型的内部状态，即将该类型的内部状态仅存储于服务节点的内存中，同时将 Reliable Actor 对象的实例数量设置为 3。
- StatePersistence. None（非持久化状态）：向 Reliable Actor 运行时声明该 Reliable Actor 类型无须内部状态的持久化存储，即将该类型的内部状态仅存储于服务节点的内存中，且 Actor 对象的实例状态为 1。

可以看出，持久化状态选项可以在服务集群完全中断服务时保留各 Reliable Actor 实例的状态，而易失性状态选项则仅提供了服务运行时的状态可靠性保证，开发人员在实际开发过程中可以按照业务场景及需求选用特定的持久化状态存储策略。

Reliable Actors 的状态存储实际是通过 Service Fabric 可靠集合的 Reliable Dictionary 类型实现的，且所有 Reliable Actors 状态对象都是通过 . Net DataContract 进行序列化存储的。在 Actor 业务逻辑中可以通过 Actor 基类中的 StateManager 状态管理器对象进行状态的添加、读取、更新及删除操作。

```
//向状态管理器中添加对象
this.StateManager.AddStateAsync<int>("MyState", 1);

//从状态管理器中读取对象
this.StateManager.GetStateAsync<int>("MyState");
```

```
//将对象保存至状态管理器中
this.StateManager.SetStateAsync<int>("MyState", 2);

//从状态管理器中删除对象
this.StateManager.RemoveStateAsync("MyState");
```

在 Reliable Actors 框架中，Actor 实例的生命周期管理及请求响应方式都与 Orleans 极为相似：Actor 实例在首次接收到服务请求时，由 Reliable Actor 运行时负责响应的资源分配工作，在 Actor 实例激活过程中调用 OnActivateAsync 方法完成 Actor 实例对象的初始化过程；在 Actor 实例对象就绪后，按照单线程语义完成服务逻辑的执行与响应，并根据各 Actor 实例的闲置时长，由 Reliable Actor 运行触发垃圾回收过程，执行 OnDeactivateAsync 方法释放并回收系统资源。

与 Orleans 服务不同的是，Reliable Actors 框架在处理外部服务请求时，仅允许归属于同一调用链的服务请求重入并发执行（以避免服务调用死锁）。Reliable Actors 框架还为开发人员提供了 Actor 定时器与通知服务组件，其使用方式与 Orleans 定时器与通知服务极为类似。

与 Orleans 不同的是，Reliable Actors 框架允许开发人员通过服务接口枚举（遍历）服务分区中的 Actor 实例对象。

```
//通过服务代理连接至指定 Actor 服务分区
var actorServiceProxy = ActorServiceProxy.Create(
    new Uri("fabric:/SFActorApp/TestActorService"), partitionKey);

ContinuationToken continuationToken = null;
List<ActorInformation> actors = new List<ActorInformation>();
//循环枚举指定服务分区中的 Actor 实例信息
do
{
    var page = await actorServiceProxy.GetActorsAsync(continuationToken, cancellationTo-
ken);
    actors.AddRange(page.Items);
    continuationToken = page.ContinuationToken;
}
while (continuationToken != null);
```

还允许通过服务接口显式删除特定 Actor 实例及其内部状态。

```
//指定待删除的 Actor 对象实例
var actorToDelete = new ActorId(id);

//服务代理连接至该 Actor 实例对象
var testActorServiceProxy = ActorServiceProxy.Create(
```

```
        new Uri("fabric:/SFActorApp/TestActorService"), actorToDelete);

    //发起 Actor 实例对象删除任务
    await testActorServiceProxy.DeleteActorAsync(actorToDelete, cancellationToken)
```

在接收到 Actor 实例删除请求后，若该 Actor 实例仍处于活跃状态，Reliable Actor 运行时将立即对该 Actor 实例执行休眠操作，并永久删除该 Actor 实例的持久化状态；若该 Actor 实例当前未处于活跃状态，则 Reliable Actor 运行时将直接对该 Actor 实例的持久化状态进行永久删除操作。

Reliable Actors 框架与 Orleans 框架的主要技术指标对比见表 9-2。

表 9-2　Reliable Actors 框架与 Orleans 框架对比

主要技术指标	Reliable Actors 框架	Orleans 框架
应用开发语言	C#、Java	C#
项目构建平台	. NET Standard、Java	. NET Standard
项目开源及维护状态	已开源，由 Microsoft 维护	已开源，由开发社区维护
平台兼容性	可在 Windows/Linux 平台下调试，并部署在 Azure 托管的 Service Fabric 服务中	基于 . NET Core 运行时，可部署于 Windows/Linux 服务集群、私有云、容器服务、Azure Cloud Services、Azure Service Fabric 集群及混合云集群等多种环境中
业务逻辑执行语义	Actor 实例内单线程执行	Grain 实例内单线程执行
请求执行策略	仅允许同一调用链中的请求交织执行	允许多种请求交织执行策略
Actor 实例寻址方式	使用 int64 对 Actor 实例进行标识，API 支持传入使用 GUID、字符串及长整形类型构造的 Actor ID 对象	使用 uint64 及 String 类型对 Grain 实例进行标识，API 支持 GUID、长整形及带字符串的混合类型标识对象对 Grain 实例进行寻址
Actor 生命周期管理	激活过程由运行时实例化并调用 OnActivateAsync 方法；休眠过程由运行时根据 Actor 对象实例的闲置时长触发垃圾回收过程，由运行时调用 OnDeactivateAsync 方法；休眠过程可以通过 API 显式触发	激活过程由运行时实例化并调用 OnActivateAsync 方法；休眠过程由运行时根据 Grain 实例的闲置时长触发垃圾回收过程，由运行时调用 OnDeactivateAsync 方法；休眠过程仅可通过 Grain 内部 API 延迟或触发
Actor 分配策略	使用基于 Service Fabric 服务分区的 Actor 实例指派算法，在不同服务节点的不同分区中分配并激活 Actor 对象实例	使用分布式 Hash 环记录 Grain 实例的宿主节点，并支持多种（如随机分配、本地 Silo 节点优先或基于 Silo 节点负载等）Grain 实例分配策略
Actor 实例遍历	可通过 API 对服务分区内 Actor 实例进行枚举遍历	不支持

（续）

主要技术指标	Reliable Actors 框架	Orleans 框架
集群管理	基于 Service Fabric 的服务发现及节点状态管理机制	服务集群的管理依赖于 Membership 表，开发人员使用多种服务（Azure Table、SQL、Consul 或 ZooKeeper 集群）实现 Membership 表
对象序列化	使用 Data Contract 序列化管理器	默认使用 Orleans 序列化管理器，并允许开发人员自定义序列化逻辑
状态持久化	可选状态持久化级别；通过 Service Fabric 可靠数据集合进行 Actor 状态存储；持久化的 Actor 状态数据默认保存在服务集群的本地磁盘中；开发人员可以通过 Service Fabric 服务配置自定义持久化存储方式；持久化数据由 Service Fabric 提供备份及同步；支持状态的新增、修改、读取及删除操作	使用 IPersistentState <TState> 及 Grain <TState> API 实现 Grain 内部状态的保存；持久化的数据保存在自定义存储服务中；支持状态的读取及写入操作；持久化数据的备份及同步由自定义存储服务保证
服务的 CAP 特性	CP，即保证强一致性及分区容错性；由 Service Fabric 框架保证 Actor 实例的唯一性，并在服务中保证 Actor 实例状态的一致性	AP，即保证高可用性及分区容错性；Grain 实例可能在多个 Silo 节点中激活，实例状态的最终一致性由外部状态持久化服务保证
定时及提醒任务	支持	支持
服务节点启动任务	无	支持
分布式事务	可由 Actor 实例的一致性状态存储服务实现	框架提供分布式事务 API，并可依赖持久化存储服务实现
无状态工作者实例	不支持	支持 Silo 本地的无状态 Grain，且无状态 Grain 数量可由开发人员配置，并根据实际负载进行动态伸缩
流式处理	不支持	基于流式传输组件，提供集群内的异步消息流式传输及处理服务
消息订阅与发布	支持在 Actor 实例与客户端间发布及订阅消息	通过使用 Orleans 观察者模型，实现 Orleans 运行时内部任意可寻址对象间的消息订阅与发布
多集群服务	基于 Service Fabric 组件多集群服务	依赖于 Membership 表及 Gossip 协议及集群配置协议搭建多集群应用服务

从上述对比可以看出，Azure Service Fabric Reliable Actors 框架与 Orleans 虽然在系统实现策略上具有一定差异，但在两者为开发人员提供的 Actor 开发模型功能具有非常多的相似性。因此，可以大致地将 Azure Service Fabric Reliable Actors 框架看作是 Orleans 框架在 Azure Service Fabric 平台上的定制化版本。

9.4 案例：基于 Azure 公有云服务构建共享单车管理平台

　　城市共享单车是近年新兴的智能物联网（IoT）应用，共享单车企业在人流热点区域（如公交/地铁站、商业中心、学校及居民区等）设立单车租赁点，并提供自助式的分时租赁服务，以低碳环保的方式帮助民众解决了日常出行服务中的"最后一公里"问题。共享单车服务平台作为典型的移动互联网＋IoT 应用，需要并发处理来自海量用户及设备的服务请求及运行数据，服务平台整体响应的实时性、系统容量动态伸缩性及数据存储可靠性将直接影响用户使用体验，对系统的架构设计及性能优化提出了较高的要求。

　　相较于使用传统 Web 应用或其他中心式应用的架构模型，Orleans 作为专门针对可伸缩分布式场景开发的应用程序框架，可以提供全托管的集群搭建、负载均衡、高可靠数据存储及故障转移解决方案，使开发人员能专注于业务数据模型的设计，并高效完成应用逻辑的开发工作。作为微软公司提供官方技术支持的开源 .NET 框架，Orleans 针对 Azure 云服务平台开发了许多个组件集成库，应用开发人员可以直接在应用程序中集成多种 Azure 云服务组件，实现应用平台从 IT 基础设施到服务架构的全托管，在提高系统稳定性的同时显著降低开发及运维成本。

▶▶9.4.1 系统功能及流程设计

　　共享单车的使用通常由用户通过移动设备 App 发起，平台可以全程追踪并记录用户行程，并在行程完成时自动完成计费并向用户推送行程记录。

　　用户在使用共享单车时，首先由通过移动应用扫描共享单车二维码（即设备 ID）向服务平台发起设备租赁申请，平台在进行认证授权后，触发设备的远程解锁操作并推送通知至用户移动设备，在后台完成行程订单的创建及初始化过程。其中，设备的远程解锁信令既可以通过移动网络推送至用户的移动应用，再由用户设备

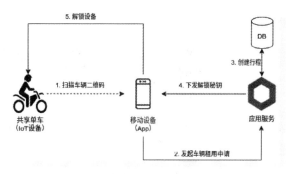

● 图 9-3　共享单车本地（移动设备）解锁流程

与共享单车间的近场通信链路（如蓝牙或 NFC）完成解锁操作（见图 9-3），也可直接通过共享单车设备与服务平台间的数据链路连接进行下发解锁（见图 9-4）。

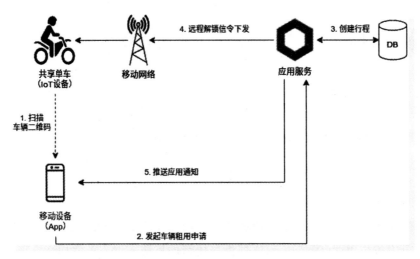

● 图 9-4　共享单车远程信令解锁流程

第一种方案主要依赖用户设备与共享单车间的通信，解锁信令最终经由用户设备进行下发，需要使用较高安全性的设备解锁密钥生成算法；而第二种方案的安全性较高，但需要应用平台与各远程设备间保持较为稳定可靠的双向通信链路。

在共享单车使用过程中，平台可以基于共享单车的实时遥测数据上报记录设备的地理位置，从而绘制用户的行程轨迹，其数据链路如图9-5所示。

● 图 9-5　共享单车实时遥测数据上报流程

当行程结束时，平台也可由设备的实时遥测数据进行自动订单完成及费用结算，并将结果推送至用户移动设备中，其流程如图9-6所示。

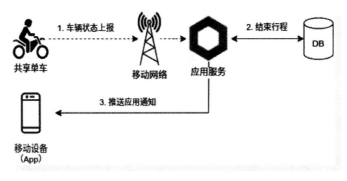

● 图 9-6　共享单车结束行程流程

不难看出，共享单车设备、用户、行程都可以抽象为独立有状态的数据实体，且各实体间

的状态变更逻辑也有着明确的依赖关系，可以基于 Actor 模型与 Orleans 框架进行场景的建模与
搭建，共享单车的解锁过程时序如图 9-7 所示。

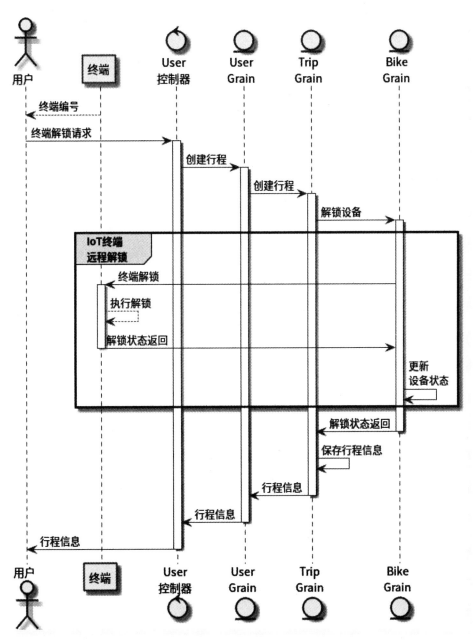

● 图 9-7　共享单车解锁请求/响应时序图

由设备重新上锁触发的行程结束处理时序流程如图 9-8 所示。

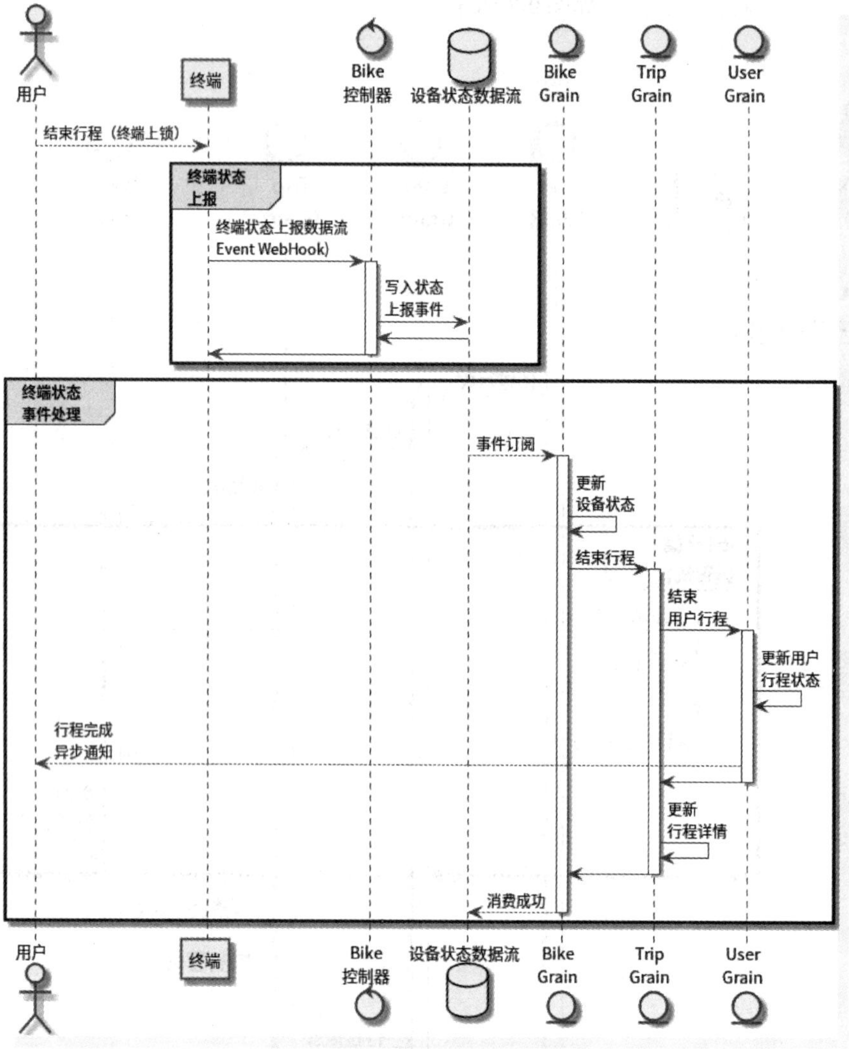

● 图 9-8　共享单车行程结束请求/响应时序图

▶▶9.4.2　相关 Azure 服务介绍

1. IoT Hub

Azure IoT Hub（即 Azure IoT 中心）是 Azure 云平台提供的物联网设备与应用桥接托管服务，可以在 IoT 设备与应用间建立安全、可靠的双向通信链路，Azure IoT Hub 最高支持百万量级的物联网设备连接及数据事件传递，每个 IoT 设备可以独立地通过加密信道与 Azure IoT Hub 进行双向通信。

（1）IoT 设备

IoT 设备可以通过 MQTT 协议、AMQP 及 HTTPS 协议与 Azure IoT Hub 托管服务进行连接，并支持基于 WebSocket 的 MQTT 及 AMQP，以满足设备的长连接应用场景。

在将 IoT 设备连接至 Azure IoT Hub 时，开发人员既可以自主开发及实现自定义数据连接层逻辑，也可将 Azure IoT Hub 设备 SDK 直接集成至 IoT 设备中。Azure 为开发人员提供了多种语言的物联网设备 SDK，包括面向低成本受限设备（即运算能力及设备内存容量较低的设备）的嵌入式 C 语言 SDK 及基于完整操作系统高级语言运行时环境的 C、C#、Java、Node.js 和 Python SDK 等，开发人员可以在 Windows、Linux、MacOS 等桌面操作系统及 iOS、Android 等移动设备操作系统下的 Azure IoT Hub 设备 SDK 与 IoT 本地程序集成。

当使用 Azure IoT Hub 托管服务时，每台 IoT 设备需要首先通过 Azure 门户网站或 Azure CLI 工具进行注册，并在 Azure IoT Hub 设备 SDK 内通过唯一的连接字符串与 Azure IoT Hub 进行连接。

IoT 设备通过向 Azure IoT Hub 发送遥测数据实现 "Device To Cloud" 的数据上报，Azure IoT Hub 将以事件的形式向应用服务传递各远程设备的遥测数据。Azure IoT Hub 还可以通过与 Azure 存储账户集成，满足设备文件上传等数据密集型应用。

考虑到 IoT 设备通常无法与应用服务间维持连续且稳定的通信链路，进而造成间歇性的数据传输延迟及故障，Azure IoT Hub 设备 SDK 内置了对网络、协议及应用程序错误的自动重试及过滤逻辑：当 SDK 由于无法恢复错误停止数据发送及接受等操作时，将通过异常信息或错误返回值通知用户；SDK 也可根据用户定义的重试策略自动对可恢复错误引起的操作中断进行重试。

（2）应用服务 SDK

Azure IoT Hub 应用服务 SDK 是集成在系统后端应用服务内，用于管理和调用 Azure IoT Hub 各项功能的系统组件，应用服务既可以通过 Azure IoT Hub 应用服务 SDK 向特定 IoT 设备异步发送 "Cloud to Device" 消息，也可以直接对特定设备发起远程过程调用完成实时操作，Azure IoT Hub 应用服务 SDK 还提供了推送计划任务及广播作业等高层次 API，进一步简化了常用 IoT 设备应用场景的开发流程。

（3）数据集成与监控

Azure IoT Hub 提供了原生的 Azure Event Grid 接入支持，可以将多种平台事件直接通过 Azure Event Grid 与 Azure 云平台内的其他组件（如 Azure Function、存储队列、事件中心、服务总线队列及服务总线主题等）进行数据集成，包括 IoT 设备的删除与创建、远程设备连接的建立与断开及远程设备遥测数据上报完成等。此外，Azure IoT Hub 还支持通过 Webhook 的方式将上述事件及内容投递至用户自定义的 HTTP Web API 终结点，触发相应事件的实时处理逻辑。

在 Azure 门户管理页面为 Azure IoT Hub 提供了消息、设备、可靠性等多维度数据监控，包括连接设备数量、遥测消息数量，推送消息失败率等，开发和维护人员可以直接基于数据图表及监控判断 Azure IoT Hub 服务的运行状况，并配置相应的监控报警规则。

2. Cloud Table 及 Cosmos DB 存储服务

在互联网应用内存在大量动态结构或弱类型数据的处理场景，在存取此类数据时通常不需要进行严格的数据模型关系约束及管理，且通常在高并发场景下更加关注数据存取的读写吞吐量。针对此类应用，开发人员可以直接利用 Azure Cloud Table 和 Azure Cosmos DB 搭建针对弱类型或弱关联关系数据集的低成本数据仓储。

Azure Cloud Table（即 Azure 表存储）是 Azure 存储账户服务的一部分，适用于海量非结构化（或半结构化）数据集存储场景，Azure 表存储服务包含以下组件。

- 存储账户：即 Azure 存储账户服务，其包含 Azure Blob Storage（块存储）、Azure Storage Queue（存储队列）、Azure Cloud File Shares（文件存储）及 Azure Cloud Table（Azure 表存储），是数据可靠性冗余策略配置的基本单位。
- 数据表：即实际数据存储数据表，是数据实体的集合，数据表不对表内数据实体进行强制格式约束，单个数据表可以存储 TB 量级的数据实体。
- 数据实体：即数据表中具有逻辑语义的数据集合，与关系型数据库中的数据行类似，在 Azure Cloud Table 中，单个数据实体的大小上限为 1MB。
- 实体属性：在 Azure Cloud Table 中，数据实体的属性以属性名称/值的形式成对存在，每个数据实体最多包含 252 个实体属性及 3 个系统属性（分区键、行键及时间戳），Azure Cloud Table 在单个数据表内通过分区键和行键唯一来确定数据实体，同一数据表内的不同数据实体可以具有不同的实体属性。

在单个 Azure Cloud Table 内，所有数据实体按照分区键及行键进行有序存储，即具有相同分区键的数据实体将被聚合存储在同一存储分区中，再根据分区中所有数据实体的行键进行有序存储，数据实体的分区键及行键是字符串类型，自定义实体属性支持以下类型数据。

- 字符串：使用 UTF-16 编码，最大长度为 64KB。
- Int64：64bit 整型。
- Int32：32bit 整型。

- Guid：128bit 全局唯一标识符。
- Double：64bit 双精度浮点数。
- Datetime：64bit UTC 时间戳。
- Bool：布尔值。
- Byte ［］：字节数组，最大长度为 64KB。

在对 Azure Cloud Table 数据实体进行查询时，考虑到 Azure Cloud Table 的存储模型限制，若同时指定了目标实体的分区键值及行键值，Azure Cloud Table 服务可以直接读取该数据实体的属性并返回；当查询语句内只指定了目标实体的分区键值（或范围时）时，Azure Cloud Table 服务将会扫描整个目标存储分区后返回；而当查询语句内缺失了目标实体的分区键值过滤条件时，Azure Cloud Table 服务则会进行全表扫描查询。因此，开发人员需要根据实际应用场景设计 Azure Cloud Table 内的分区键及行键模型，从而对数据查询效率进行优化。

在进行数据更新或写入操作时，Azure Cloud Table 将为每个数据实体维护一个字符串类型的版本标识属性，对数据实体的任何属性字段更新操作都会改变该版本标识属性值，因此在实际应用场景中，该版本标识属性通常用以辅助实现对实体的幂等性操作。

开发人员可以通过 RESTful 格式的 Web API 对 Azure Cloud Table 进行读写及删除创建等操作，也可以通过 Azure Cloud Table SDK 使用 C#、Java、Python 等高级语言完成数据实体的增删查改操作。

与 Azure Cloud Table 类似，Azure Cosmos DB 也提供了基于键 – 值对的非结构化数据存储服务，但 Azure Cosmos DB 在兼容 Azure Cloud Table API 的同时，提供了更加多样化的存储操作 API（如 Cassandra API、MongoDB API 及 Gremlin API），使用保留容量模型为用户提供更加优秀的运行时性能（承诺 99% 的读取操作响应延迟小于 10 毫秒，写入操作延迟小于 15 毫秒），并提供了全球化的异地扩展及数据表横向拆分能力。

3. SignalR Service 及 Notification Hubs

消息推送及通知是移动互联网应用的常见功能，应用服务可以通过在线或离线通道向用户即时传递信息：当用户设备处于在线状态时，应用服务可以直接通过应用内部通信协议（如 Websockets 或主动轮询拉取）进行消息的即时推送，推送信息一般通过应用内消息或控件图标的红点、高亮等方式进行展示；而当用户设备处于离线状态时，由于客户端应用无法主动拉取服务数据，应用服务需要借助用户移动设备系统内置的消息通路进行离线消息推送，以系统通知的形式展示信息。

ASP. NET CoreSignalR 是由微软公司开源的 Web 实时通信组件库，ASP. NET Core Web 应用程序可以通过使用 SignalR API 将消息直接推送至客户端而无须额外添加其他复杂的数据交互逻辑。SignalR 将根据服务端/客户端运行时环境，自动选用最佳的底层数据传输协议（包括 WebSockets/Server-Sent Events 及 HTTP 长轮询）实现端到端实时通信数据流。ASP. NET SignalR Core 支持自动连接管理、系统扩容、连接分组及消息群发等功能。SignalR 应用服务通过 SignalR Hub 实现客户端与服务端间的方法调用，SignalR Hub 是由 SignalR 组件库管理的高级通信管道，允许服务调用方（客户端或服务端）向指定接口传递强类型的参数，由 SignlR 组件库通过指定的序列化协议（MessagePack 或 Json）对参数及返回值进行传递及解析。目前，SignalR 提供了 JavaScript、. NET 及 Java 版本的客户端 SDK 及 . NET 版本的服务端 SDK。

在用户基数较多的情况下，大型移动互联网应用服务器需要同时维护数十万个长连接，客户端连接的心跳保活、断线重连及上下文同步等逻辑会给应用服务器造成极大的负载压力，Azure SignalR Service 作为 ASP. NET Core SignalR 功能的云托管版本，使用覆盖全球的专用数据中心及网络直接承接所有来自 SingalR 客户端的通信连接，从而减轻后端服务的网络连接压力：应用服务器在完成来自 SignalR 客户端的连接鉴权请求（即通信方式协商）后，SignalR 客户端与应用服务间的长连通道将被重定向至 Azure SignalR Service，实际由 Azure SignalR Service 建立与客户端进行数据通信；所有来自客户端的数据将由 Azure SignalR Service 与应用服务器间的长连通道进行转发，应用服务在完成处理后，响应消息再经由 Azure SignalR Service 返回至 SignalR 客户端（见图 9-9）。可以看出在此情况下，应用服务器只需维护少量与 Azure SignalR Service 通信的连接即可管理大量来自客户端的实时请求。此外，当应用服务发起消息群发时，只需将消息群发命令传递给 Azure SignalR Service，实际的消息分发逻辑也将由 Azure SignalR Service 完成，进一步降低应用服务器的负载压力。

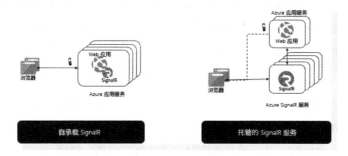

• 图 9-9　自承载 SignalR 服务与 Azure SignalR 服务对比

在实现应用程序的异步（离线）消息推送功能时，应用服务如果直接基于移动端操作系统平台的原生推送能力搭建通知推送平台，开发人员需要同时接入多种推送服务并支持复杂的推送任务调度，同时还需要根据实际业务需求完成一系列复杂的系统基础能力建设以支持系统容量的动态调节，如图 9-10 所示。

● 图 9-10　基于原生推送能力的通知推送服务架构

与 Azure SingalR Service 类似，为了简化应用服务消息推送应用交互，Azure Notification Hubs 向应用开发人员提供了跨平台、全托管的移动客户端系统消息的推送能力，移动应用开发人员只需简单地通过 Notification Hubs 移动端 SDK 将设备注册至 Notification Hubs，服务端应用程序即可通过 Azure Notification Hubs 进行消息推送，如图 9-11 所示。

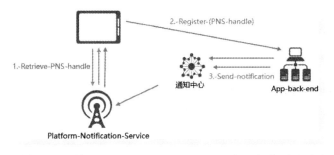

● 图 9-11　基于 Azure Notification Hubs 的通知推送服务架构

Azure Notification Hubs 支持应用服务向 iOS（APNs，Apple Push Notification 服务）、Android（Google Cloud Message 及 Firebase Cloud Messaging）及 Windows（Windows 推送通知服务及 Microsoft 推送通知服务）系统客户端推送消息通知；提供了应用服务无感知的动态容量伸缩能力，支持百万量级客户端的低延迟推送任务；提供了包括广播推送、点对点推送、标记（分组）推送、模板化推送、计划任务推送及静默推送等多种推送模式并支持云服务或本地服务集群通过 .NET/Node. js/Java/Python SDK 及共享访问签名（Share Access Signature，SAS）与云端 Notification Hubs 服务集成。

4. Azure Monitor 监控平台

Azure Monitor 旨在帮助开发人员一站式地解决应用服务的日志管理、异常监控及数据可视化能力问题，所有 Azure 云服务组件都可与 Azure Monitor 平台直接交互，可通过 Azure Monitor 监测、分析及存储运行时关键指标、性能计数器、日志及用量情况，其他系统（如 Azure Event

Hub、Azure Logic Apps）也可与 Azure Monitor 平台无缝集成，即时响应监控事件及数据变更。

在 Azure Monitor 平台上，开发人员可以通过 Application Insights 进行服务日志的实时分析及异常检测。开发人员可以通过在应用程序内部集成 Application Insights SDK，监控和读取部署在本地集群、混合集群及公有云上各类服务的遥测数据。例如，在 ASP. NET Core 应用服务中通过以下代码配置并注册 Application Insight 服务组件，即可在 Azure Monitor 平台上读取和分析应用服务通过 Microsoft. Extensions. Logging. ILogger 接口打印的日志及服务 CPU 使用率数据。

```
public void ConfigureServices(IServiceCollection services)
{
    services.ConfigureTelemetryModule<EventCounterCollectionModule>(
        (module, o) =>
        {
            // 增加 CPU 使用率监测
            module.Counters.Add(new EventCounterCollectionRequest("System.Runtime", "cpu-usage"));
        }
    );
    // 注册 Application Insights 遥测服务
    services.AddApplicationInsightsTelemetry("<Application-Insights-InstrumentationKey>");
}
```

在完成 Application Insight 接入后，开发人员和系统管理员就可以在 Azure 管理门户上通过 Application Insight 服务查看性能日志，如图 9-12 所示。

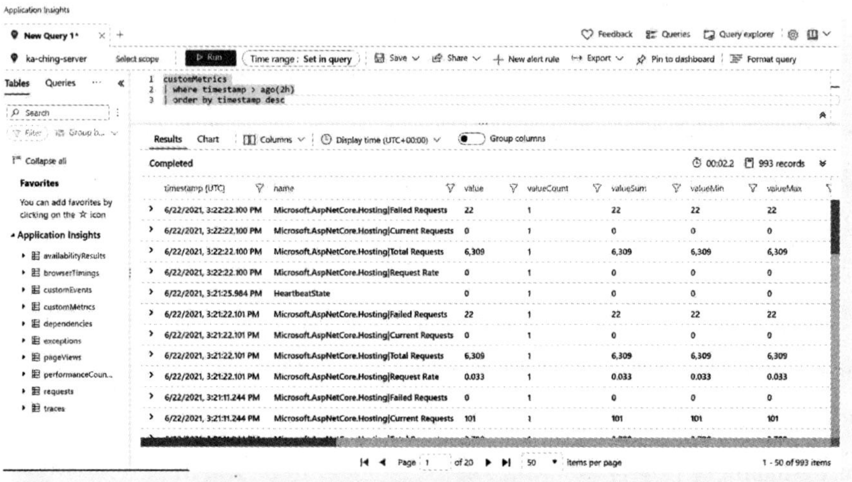

● 图 9-12　Azure Application Insight 日志查询界面

开发人员可以在 Azure Monitor 平台基于各类遥测数据配置系统监控报警，报警信息会通过即时消息、应用推送、邮件、短信及电话等方式进行通知，并可将监控事件推送至 Webhook、

Event Hub 和其他第三方服务中，实现跨系统的数据同步，如图 **9-13** 所示。

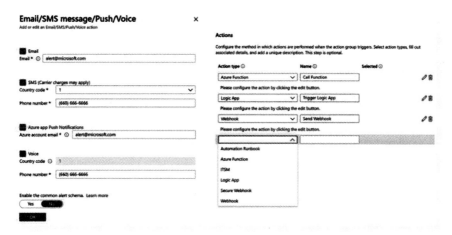

● 图 9-13　Azure Monitor 平台监控事件配置界面

▶▶9.4.3　实现应用服务平台

使用 Azure 云服务组件搭建的共享单车服务平台架构如图 **9-14** 所示。

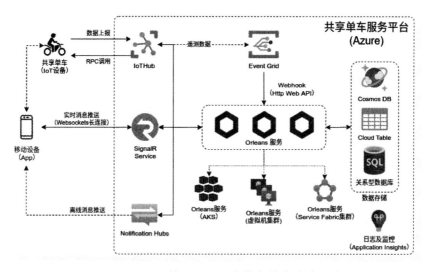

● 图 9-14　基于 Azure 的共享单车服务平台

其中，核心 Orleans 服务集群中的 Silo 节点通过 Orleans/ASP. NET Core Co-hosting 方案实现，使用 Azure Kubernetes 服务、裸虚拟机集群或 Service Fabric 集群进行搭建；关系型和非关系型数据的存储分别由 Cloud Table（或 Cosmos DB）及 Azure SQL 数据库服务完成；Azure SignalR Service 和 Notification Hubs 提供对移动设备的实时及离线消息推送通知能力；共享单车 IoT 设备的遥测数据统一通过 IoT Hub 进行上报收集，并经由 Event Grid 转为 HTTP 的 Webhook 发送至 Orleans 服务集群的 Web API 中进行处理，核心 Orleans 服务集群也可通过 IoT Hub 的 "Cloud-To-Device" 消息直接调用 IoT 设备的本地方法进行设备管控；系统中所有组件的日志及性能计数由 Azure Application Insights 统一收集并展现给应用开发人员。

与其他工程示例类似，可以基于通用的 Orleans 应用服务框架及 Orleans/ASP. NET Core Co-hosting 方案搭建共享单车平台的后台服务，主要包含服务接口及数据模型定义（EBike. Interfacce. csproj）、数据处理及应用逻辑实现（EBike. Implementation. csproj）和 Orleans/ASP. NET Core Web API Co-hosting 服务（EBike. Service. csproj）。此外，为了在开发环境中测试后端服务与 IoT 设备间的数据交互流程，可以在 . NET 控制台程序（Ebike. Device. csproj）内集成 Azure IoT Hub 设备 . NET SDK，并对实际共享单车 IoT 设备内的应用程序逻辑进行模拟。本例中共享单车平台解决方案项目划分及依赖关系见表9-3。

表 9-3　共享单车服务平台子项目列表

项目名称	项目说明	项目类型	依赖程序集
EBike. Interfacce. csproj	共享单车平台服务接口及数据模型定义项目，使用 . NET Core SDK 编译	. NET Core 类库	Microsoft. Orleans. Core. Abstractions Microsoft. Orleans. CodeGenerator. MSBuild Newtonsoft. Json
EBike. Implementation. csproj	共享单车平台数据处理及应用逻辑实现项目，使用 . NET Core SDK 编译	. NET Core 类库	Microsoft. Orleans. CodeGenerator. MSBuild Microsoft. Orleans. Core. Abstractions Microsoft. Orleans. Core Microsoft. Orleans. Runtime. Abstractions Microsoft. Extensions. Logging. Console Microsoft. Azure. Devices Microsoft. AspNetCore. SignalR. Core EBike. Interfacce. csproj
EBike. Service. csproj	ASP. NET Core Web API 服务及 Orleans 应用服务共同构建的应用服务项目，使用 . NET Core Web SDK 编译	. NET Core 控制台应用程序	Microsoft. Orleans. Core Microsoft. Orleans. OrleansProviders Microsoft. Orleans. OrleansRuntime Microsoft. AspNetCore. Mvc. NewtonsoftJson Microsoft. Azure. EventGrid Microsoft. Orleans. Persistence. AzureStorage Microsoft. Orleans. Streaming. AzureStorage Microsoft. Azure. SignalR Microsoft. Azure. NotificationHubs EBike. Implementation. csproj
Ebike. Device. csproj	共享单车 IoT 设备模拟程序，使用 . NET Core SDK 编译	. NET Core 控制台应用程序	Microsoft. Azure. Devices. Client EBike. Interfacce. csproj

首先要实现 IoT 设备的遥测数据上报逻辑，定义 IoT 设备遥测数据状态对象 BikeStatus，该对象包含共享单车的基本设备状态信息。

```
public class BikeStatus
{
    ///<summary>
    /// 遥测数据记录时间
    ///</summary>
    public DateTimeOffset ReportTimeUtc { get; set; }

    ///<summary>
    /// 当前设备行进中的行程 ID
    ///</summary>
    public Guid? CurrentTripId { get; set; }

    ///<summary>
    /// 当前设备所处位置
    ///</summary>
    public GeoPosition? CurrentPosition { get; set; }

    ///<summary>
    /// 当前设备电量
    ///</summary>
    public int PowerPercentage { get; set; }

    ///<summary>
    /// 当前设备锁状态
    ///</summary>
    public LockStatus LockStatus { get; set; }

    ///<summary>
    /// 当前设备累计行程里程数
    ///</summary>
    public long CumulativeTripDistance { get; set; }
}
```

一般情况下车辆主要基于本地系统内的计时器定时上报遥测数据，但在车辆解锁及上锁时需要即时将车辆信息上报至服务平台，为了简化服务平台区分上报场景的逻辑，可以将遥测数据类型与设备状态组合在场景定义 IoT 设备遥测数据对象 BikeEvent 内部。

```
public enum BikeEventType
{
    Unknown = 0,
    ///<summary>
    /// 常规状态上报
```

```
            ///</summary>
         StatusReport = 1,
            ///<summary>
            /// 设备锁状态变更
            ///</summary>
         LockChanged = 2,
    }

public class BikeEvent
{
         ///<summary>
         /// 事件类型
         ///</summary>
         public BikeEventType EventType { get; set; }

         ///<summary>
         /// 车辆状态信息
         ///</summary>

    }
```

可以通过 IoT Hub 设备 SDK 将定时触发任务的启停逻辑绑定为 IoT Hub 连接状态变更回调函数，从而实现 IoT 设备与 IoT Hub 连接建立成功时自动定时上报设备状态信息。首先定义遥测数据上报定时器的初始化方法。

```
private static Timer InitAndTriggerTelemetryReportTimer(DeviceClient client)
{
    // 初始化遥测状态上报定时器
    return new Timer(async x =>
    {
         try
         {
              var messagePayload = JsonConvert.SerializeObject(
                  // 模拟读取当前车辆状态信息
                  new BikeEvent
                  {
                       EventType = BikeEventType.StatusReport,
                       BikeStatus = new BikeStatus()
                       {
                            CurrentPosition = GetRandomGeoPosition(),
                            CumulativeTripDistance = 100,
                            LockStatus = LockStatus.Locked,
                            PowerPercentage = 90,
                            ReportTimeUtc = DateTimeOffset.UtcNow,
                            CurrentTripId = _currentTripId,
```

```
                    }
                });

            // 序列号遥测数据对象
            using var eventMessage = new Message(Encoding.UTF8.GetBytes(messagePayload))
            {
                ContentEncoding = Encoding.UTF8.ToString(),
        ContentType = "application/json",
            };

            // 发送遥测数据
        vawait client.SendEventAsync(eventMessage).ConfigureAwait(false);
        }
    catch (Exception e)
        {
            Console.WriteLine($"failed to send telemetry event with exception {e}");
        }
    }, null, TimeSpan.Zero, TimeSpan.FromSeconds(10));
}
```

在连接状态变更回调函数内完成定时遥测数据上报计时器的注册及释放逻辑，并注册至 IoT Hub 设备客户端实例中（其中设备连接字符串需要开发人员在 Azure 管理门户上注册并录入 IoT 设备获取）。

```
private static async void ConnectionStatusChangeHandler(ConnectionStatus status,
    ConnectionStatusChangeReason reason, DeviceClient client)
{
    Console.WriteLine($"Connection status changed: status={status}, reason={reason}");
    switch (status)
    {
        case ConnectionStatus.Connected:
            // 连接完成时开启定时遥测数据上报计时器
            _telemetrySendTimer = InitAndTriggerTelemetryReportTimer(client);
            break;
        default:
            // 连接断开时停止并释放遥测数据上报计时器
            _telemetrySendTimer?.Change(-1, -1);
            await (_telemetrySendTimer?.DisposeAsync().AsTask() ?? Task.CompletedTask);
            _telemetrySendTimer = null;
            break;
    }
}
```

```
//IoT Hub 设备客户端实例初始化逻辑
using (var client = DeviceClient.CreateFromConnectionString("<设备连接字符串>"))
{
    try
    {
        // 注册连接状态变更回调函数
        client.SetConnectionStatusChangesHandler((s, r) => ConnectionStatusChangeHandler
(s, r, client));
        // 启动 IoT Hub 客户端连接
        await client.OpenAsync(ServiceTokenSource.Token).ConfigureAwait(false);
        await Task.Delay(-1, ServiceTokenSource.Token).ConfigureAwait(false);
    }
    catch (TaskCanceledException)
    {
        await client.CloseAsync().ConfigureAwait(false);
    }
    catch (Exception e)
    {
        Console.WriteLine($"met exception {e}");
    }
}
```

在应用平台服务侧，定义 Azure IoT Hub 遥测事件 Webhook 终结点控制器 EBikeController 及相应 Post 请求响应函数 ReportBikeStatusAsync。为了简化 Webhook 内部的数据处理逻辑、最大化系统吞吐量并提升系统可靠性，在处理来自 IoT 设备的遥测数据时 ReportBikeStatusAsync 函数将直接向 Orleans 数据流中写入遥测数据并返回，而实际遥测数据处理逻辑将由订阅方异步完成。此外，由于 Azure IoT Hub 平台会自动向所注册的 Webhook 终结点地址发起验证请求，因此在 ReportBikeStatusAsync 函数内部，也需要处理并响应此类验证请求。

```
[ApiController]
[Route("api/[controller]")]
public class EBikeController: ControllerBase
{
    private readonly IGrainFactory _client;
    private readonly ILogger<EBikeController> _logger;
    private readonly IServiceProvider _serviceProvider;

    public EBikeController(IGrainFactory client, ILogger<EBikeController> logger, IServi-
ceProvider serviceProvider)
    {
        _client = client;
        _logger = logger;
        _serviceProvider = serviceProvider;
```

```
    }

    [HttpPost("event")]
    public async Task<IActionResult> ReportBikeStatusAsync()
    {
        var requestContent = await new StreamReader(Request.Body).ReadToEndAsync();
        _logger.LogInformation($"Received events: {requestContent}");
        var eventGridSubscriber = new EventGridSubscriber();
        var eventGridEvents = eventGridSubscriber.DeserializeEventGridEvents(requestContent);
        foreach (var eventGridEvent in eventGridEvents)
        {
            switch (eventGridEvent.Data)
            {
                // 处理 Azure IoT Hub 平台自动发起的 Webhook 地址验证请求
                case SubscriptionValidationEventData validationEventData:
                {
                    var responseData = new SubscriptionValidationResponse()
                    {
                        ValidationResponse = validationEventData.ValidationCode
                    };
                    return new OkObjectResult(responseData);
                }
                // 处理 IoT Hub 设备上报的遥测数据
                case IotHubDeviceTelemetryEventData telemetryEventData:
                {
                    // 通过 iothub-connection-device-id 字段解析设备 ID
                    var bikeId = Guid.Parse(telemetryEventData.SystemProperties["iothub-
connection-device-id"]);
                    var client = _serviceProvider.GetService<IClusterClient>();
                    // 将设备遥测数据写入 Orleans 设备数据流中，由对应的 Bike Grain 进行处理
                     await client.GetStreamProvider("cloudStream").GetStream<BikeEvent>
(bikeId, nameof(BikeEvent))
                            .OnNextAsync(JsonConvert.DeserializeObject<BikeEvent>(teleme-
tryEventData.Body.ToString() ?? string.Empty));
                    break;
                }
            }
        }
        return new OkResult();
    }

    private IBikeGrain ResolveGrain(Guid bikeId)
    {
        return _client.GetGrain<IBikeGrain>(bikeId);
    }
}
}
```

在完成 **Azure IoT Hub** 遥测信息接入后，可以参照 **Actor** 模型的设计范式及共享单车租赁/解锁业务流程，在 **EBike. Interfacce. csproj** 项目中定义用户、车辆及行程 Grain 的服务接口，并在 **EBike. Implementation. csproj** 工程内完成业务逻辑的串联与实现。其中 **Grain** 服务接口的定义如下。

```csharp
/// <summary>
/// 用户 Grain
/// </summary>
public interface IUserGrain: IGrainWithGuidKey
{
    /// <summary>
    /// 用户创建行程,由用户客户端通过 Web API 调用
    /// </summary>
    /// <param name = "bikeId">行程使用的车辆 ID</param>
    public Task<Guid?> StartTripAsync(Guid bikeId);

    /// <summary>
    /// 完成用户行程,由 Trip Grain 调用
    /// </summary>
    /// <param name = "tripId">待结束的行程 ID</param>
    public Task<bool> FinishTripAsync(Guid tripId);

    /// <summary>
    /// 分页列出用户的历史行程信息
    /// </summary>
    /// <param name = "pageSize">分页大小</param>
    /// <param name = "pageIndex">分页号</param>
    public Task<PaginationData<TripInformation>> ListTripInformationAsync(int pageSize,
int pageIndex);
}

/// <summary>
/// 车辆 Grain
/// </summary>
public interface IBikeGrain: IGrainWithGuidKey
{
    /// <summary>
    /// 读取当前车辆状态
    /// </summary>
    public Task<BikeStatus> CheckStatusAsync();
```

```
    ///<summary>
    /// 解锁车辆,并向车辆传递当前绑定的行程 ID,当行程对象初始化完成后由 Trip Grain 调用
    ///</summary>
    ///<param name = "tripId">行程 ID</param>
    public Task<BikeStatus> UnlockAsync(Guid tripId);
}


///<summary>
///行程 Grain
///</summary>
public interface ITripGrain: IGrainWithGuidKey
{
    ///<summary>
    /// 创建行程,由 User Grain 调用
    ///</summary>
    ///<param name = "userId">用户 ID</param>
    ///<param name = "bikeId">车辆 ID</param>
    public Task<bool> StartTripAsync(Guid userId, Guid bikeId);

    ///<summary>
    /// 结束行程,由 Bike Grain 调用
    ///</summary>
    ///<param name = "bikeId">车辆 ID</param>
    ///<param name = "bikeStatus">车辆当前状态对象</param>
    public Task<bool> FinishTripAsync(Guid bikeId, BikeStatus bikeStatus);

    ///<summary>
    /// 读取行程信息
    ///</summary>
    ///<returns>行程详细信息</returns>
    public Task<TripInformation> GetInformationAsync();
}
```

　　UserGrain 负责处理用户主动发起的行程开始请求，并根据行程状态更新行程列表，每个用户的数据都以 user_info 作为状态名，由 Orleans 运行时负责序列化及存储，每个用户的状态信息中包含了用户的历史行程 ID。

```
public class UserGrain: Grain, IUserGrain
{
    private readonly IPersistentState<UserInformation> _userInformation;
    private readonly ILogger<UserGrain> _logger;

    public UserGrain(
        [PersistentState("user_info", "cloudStorage")]
```

```
        IPersistentState<UserInformation> userInformation, ILogger<UserGrain> logger)
    {
        _userInformation = userInformation;
        _logger = logger;
    }

    public async Task<Guid?> StartTripAsync(Guid bikeId)
    {
        var attempt = 3;
        while (attempt-->=0)
        {
            var newTrip = Guid.NewGuid();
            if (await GrainFactory.GetGrain<ITripGrain>(newTrip).StartTripAsync(this.
GetPrimaryKey(), bikeId))
            {
                _userInformation.State.CurrentTripId = bikeId;
                await _userInformation.WriteStateAsync();
                return newTrip;
            }
            _logger.LogWarning($"failed to start trip, {attempt} attempt remaining");
        }

        return null;
    }

    public async Task<bool> FinishTripAsync(Guid tripId)
    {
        if (!_userInformation.State.CurrentTripId.HasValue || _userInformation.State.
CurrentTripId != tripId)
        {
            return false;
        }
_userInformation.State.Trips.Add(_userInformation.State.CurrentTripId.Value);
        _userInformation.State.CurrentTripId = null;
        await _userInformation.WriteStateAsync();
        return true;
    }

    public async Task<PaginationData<TripInformation>> ListTripInformationAsync(int pag-
eSize, int pageIndex)
    {
        var retVal = new PaginationData<TripInformation>()
        {
            Total = _userInformation.State.Trips.Count,
```

```
            };
        var tripIds = _userInformation.State.Trips.Skip((pageIndex -1) * pageSize).Take
(pageSize).ToList();
        retVal.Data = tripIds.Select(x => (TripInformation) null).ToList();
        await Task.WhenAll(tripIds.Select(async (id, index) =>
            retVal.Data[index] = await GrainFactory.GetGrain<ITripGrain>(id).GetInforma-
tionAsync()));
        return retVal;
    }
}
```

TripGrain 负责描述单次行程，提供 StartTripAsync 和 FinishTripAsync 方法初始化及结束行程，在 FinishTripAsync 方法内部，TripGrain 还调用了 SignalR 服务向用户客户端推送实时行程完成消息，其他对象还可以通过 GetInformationAsync 方法读取 TripGrain 的状态（即当前行程的起始信息），该状态数据以 trip_ info 作为状态名，由 Orleans 运行时负责序列化及存储。

```
public class TripGrain: Grain, ITripGrain
{

    private readonly IPersistentState<TripInformation> _tripInformation;
    private readonly ILogger<TripGrain> _logger;
    private readonly IHubContext<AppNotificationHub, IEBikeAppClient> _hubContext;
    public TripGrain(
        [PersistentState("trip_info", "cloudStorage")]
        IPersistentState<TripInformation> tripInformation,
        ILogger<TripGrain> logger, IHubContext<AppNotificationHub, IEBikeAppClient> hub-
Context)
    {
        _tripInformation = tripInformation;
        _logger = logger;
        _hubContext = hubContext;
    }

    public async Task<bool> StartTripAsync(Guid userId, Guid bikeId)
    {
        try
        {
            if (_tripInformation.State != null)
            {
                _logger.LogWarning(
                    $"cannot start duplicate trip {this.GetPrimaryKey()} for user {userId}
with bike {bikeId} due to unlock error");
                return false;
            }
```

```
            var unlockBikeStatus =
            await GrainFactory.GetGrain<IBikeGrain>(bikeId).UnlockAsync(this.GetPrima-
ryKey());
            if (unlockBikeStatus != null)
            {
                _tripInformation.State = new TripInformation()
                {
                UserId = userId,
                BikeId = bikeId,
                StartTime = DateTimeOffset.UtcNow,
                StartPosition = unlockBikeStatus.CurrentPosition,
            };
                await _tripInformation.WriteStateAsync();
                _logger.LogInformation(
                    $"successfully start trip {this.GetPrimaryKey()} for user {userId} with
bike {bikeId}");
                return true;
            }

            _logger.LogWarning(
                $"failed start trip {this.GetPrimaryKey()} for user {userId} with bike
{bikeId} due to unlock error");
            }
            catch (Exception e)
            {
                _logger.LogWarning(e,
                    $"failed start trip {this.GetPrimaryKey()} for user {userId} with bike
{bikeId} with exception");
            }

        return false;
    }

    public async Task<bool> FinishTripAsync(Guid bikeId, BikeStatus bikeStatus)
    {
        if (bikeId != _tripInformation.State.BikeId ||
            ! await GrainFactory.GetGrain<IUserGrain>(_tripInformation.State.UserId).
FinishTripAsync(this.GetPrimaryKey()))
        {
            _logger.LogWarning($"failed finish trip {this.GetPrimaryKey()} with incorrect
bike {bikeId}");
            return false;
        }

        _tripInformation.State.EndTime = DateTimeOffset.UtcNow;
```

```
        _tripInformation.State.EndPosition = bikeStatus.CurrentPosition;
        await _tripInformation.WriteStateAsync();
        try
        {
            // 调用 SignalR 服务通知用户行程结束
            await _hubContext.Clients.User(_tripInformation.State.UserId.ToString())
                .PushRealtimeMessageAsync($"Successfully finished your trip!");

        }
        catch (Exception e)
        {
            _logger.LogWarning(e, $"failed send trip finished notification through SignalR
with exception");
        }

        return true;
    }

    public async Task<TripInformation> GetInformationAsync()
    {
        return _tripInformation.State;
    }
}
```

BikeGrain 使用特性标注隐式订阅了 BikeEvent 设备遥测事件流，在事件响应函数中根据 Bi-keEventType 类型及当前设备锁状态触发特定行程的结束处理；在处理设备远程解锁请求时，通过 Azure IoT Hub "Cloud-To-Device" 能力调用 IoT 设备本地的 UnlockAsync 服务接口下发实际解锁指令，并根据返回值通知调用方是否继续后续操作，BikeGrain 的内部状态以 bike_ status 作为状态名进行存储。

```
[ImplicitStreamSubscription(nameof(BikeEvent))]
public class BikeGrain: Grain, IBikeGrain
{
    private readonly IPersistentState<BikeStatus> _currentStatus;
    private readonly ServiceClient _bikeServiceClient;
    private readonly ILogger<BikeGrain> _logger;
    public BikeGrain(
        [PersistentState("bike_status", "cloudStorage")]
        IPersistentState<BikeStatus> status,
        ServiceClient bikeServiceClient,
        ILogger<BikeGrain> logger)
    {
        _currentStatus = status;
        _bikeServiceClient = bikeServiceClient;
```

```
        _logger = logger;
    }

    public override async Task OnActivateAsync()
    {
        // Grain 激活时重新注册设备遥测数据流订阅
        var streamProvider = GetStreamProvider("cloudStream");
        // 根据 NamedImplicitStreamSubscriptionAttribute 特性中指定的用户活动事件类型,订阅对
应的设备遥测数据流
        await streamProvider.GetStream<BikeEvent>(this.GetPrimaryKey(), nameof(Bi-
keEvent))
            .SubscribeAsync(HandleEventsAsync);
    }

    public async Task<BikeStatus> CheckStatusAsync()
    {
        return _currentStatus.State;
    }

    ///<summary>
    /// 解锁设备
    ///</summary>
    ///<param name="tripId">行程 ID</param>
    ///<returns></returns>
    public async Task<BikeStatus> UnlockAsync(Guid tripId)
    {
        // 发起 Cloud-To-Device 远程过程调用,解锁远程设备
        var methodInfo = new CloudToDeviceMethod("UnlockAsync", TimeSpan.FromSeconds(10),
TimeSpan.FromSeconds(2));
methodInfo.SetPayloadJson(JsonConvert.SerializeObject(tripId.ToString()));
        var unlockResult =
            await _bikeServiceClient.InvokeDeviceMethodAsync(this.GetPrimaryKey().ToS-
tring(), methodInfo);
        if (unlockResult.Status == 200)
        {
            _logger.LogInformation($"successfully unlock bike for trip {tripId}");
            var latestStatus = JsonConvert.DeserializeObject<BikeStatus>(unlockResult.
GetPayloadAsJson());
            _currentStatus.State = latestStatus;
            await _currentStatus.WriteStateAsync();
            return latestStatus;
        }

        _logger.LogWarning($"failed to unlock bike for trip {tripId} with code {unlockRe-
sult.Status}");
```

```
        return null;
    }


    /// <summary>
    /// 设备遥测事件响应函数
    /// </summary>
    private async Task HandleEventsAsync(BikeEvent bikeEvent, StreamSequenceToken token =
null)
    {
        switch (bikeEvent.EventType)
        {
            // 处理远程设备上锁事件,触发行程结束处理流程
            case BikeEventType.LockChanged:
                if(bikeEvent.BikeStatus.LockStatus == LockStatus.Locked && _currentStatus.
State.CurrentTripId.HasValue)
                {
                    if(! await FinishTripAsync(bikeEvent.BikeStatus))
                    {
                        _logger.LogWarning("failed to handle bike trip finished event");
                    }
                }
                break;
        }
        // 记录设备当前状态
        await RecordStatusAsync(bikeEvent.BikeStatus);
    }


    /// <summary>
    /// 行程结束流程处理逻辑
    /// </summary>
    /// <param name = "currentStatus"> 当前设备状态</param>
    private async Task<bool> FinishTripAsync(BikeStatus currentStatus)
    {
        if (currentStatus.LockStatus != LockStatus.Locked)
        {
            _logger.LogError($"invalid lock status");
            return false;
        }


        if (! _currentStatus.State.CurrentTripId.HasValue)
        {
            _logger.LogError($"invalid trip id");
            return false;
        }
        // 通知行程对象结束计费并开始处理后续流程
```

```
        if (await GrainFactory.GetGrain<ITripGrain>(_currentStatus.State.CurrentTripId.
Value).FinishTripAsync(this.GetPrimaryKey(), currentStatus))
        {
            _logger.LogInformation($"successfully finish trip {_currentStatus.State.Cur-
rentTripId.Value}");
            return true;
        }
        _logger.LogWarning($"failed to finish trip {_currentStatus.State.CurrentTripId.
Value}");
        return false;
    }


    private async Task RecordStatusAsync(BikeStatus currentStatus)
    {
        _currentStatus.State = currentStatus;
        await _currentStatus.WriteStateAsync();
    }
}
```

为了模拟实际 IoT 设备的远程解锁过程，开发人员可以在设备模拟程序中向 Azure IoT Hub
设备客户端注册相应的 UnlockAsync 方法。

```
//注册设备解锁服务接口
await client.SetMethodHandlerAsync("UnlockAsync", async (req, ctx) =>
{
    // 模拟解锁逻辑
    if (Guid.TryParse(req.DataAsJson, out var guid))
    {
        _currentTripId = guid;
        await Task.Delay(500).ConfigureAwait(false);
        return new MethodResponse(200);
    }
    return new MethodResponse(500);
}, null).ConfigureAwait(false);
//启动 IoT Hub 客户端连接
await client.OpenAsync(ServiceTokenSource.Token).ConfigureAwait(false);
```

在完成 Orleans 核心业务逻辑实现后，开发人员只需在 EBike. Service 服务内为 UserGrain 服
务接口实现相应的 Web API 控制器逻辑，并向 ASP. NET Core 服务主机注册 SignalR 连接中心对
象、Orleans 运行时服务（状态存储及流处理依赖的服务组件）及其他依赖的 Azure 服务组件
（Azure SignalR 服务、Iot Hub 服务及 Application Insights 等）后，即可完成基于 Azure 的 Orle-
ans/ASP. NET Core Web API Co-hosting 服务的搭建。以下代码示范了一种基于本地 Azure 存储账
号模拟器搭建的 EBike. Service 服务初始化过程（其中仍然需要开发人员补充 Application In-
sights 服务授权码及 Azure IoT Hub 连接字符串等配置信息）。

```
static Task Main(string[] args)
{
    //初始化默认通用主机构建器
    var hostBuilder = Host.CreateDefaultBuilder(args).
        ConfigureServices(services =>
        {
            services.Configure<ConsoleLifetimeOptions>(options =>
            {
                options.SuppressStatusMessages = true; //关闭主机生存期状态消息提示
            });
        })
        .ConfigureLogging(builder =>
        {
            builder.AddConsole(); //将主机日志定向为使用命令行输出
        });

    // 配置 ASP.NET Core Web 主机
    hostBuilder = hostBuilder.ConfigureWebHostDefaults(webBuilder =>
        {
            webBuilder.Configure((ctx, app) =>
            {
                if (ctx.HostingEnvironment.IsDevelopment())
                {
                    // 在开发环境中捕获同步及异步异常对象
                    app.UseDeveloperExceptionPage();
                }

                app.UseRouting(); // 使用 ASP.NET 路由中间件
                app.UseAuthorization(); // 使用 ASP.NET 授权中间件

                app.UseEndpoints(endpoints =>
                {
                    // 使用 AppNotificationHub 进行 SignalR 连接
endpoints.MapHub<AppNotificationHub>("/AppNotificationHub", opt =>
                    {
                        opt.Transports = Microsoft.AspNetCore.Http.Connections.HttpTrans-
portType.WebSockets |
Microsoft.AspNetCore.Http.Connections.HttpTransportType.ServerSentEvents |
Microsoft.AspNetCore.Http.Connections.HttpTransportType.LongPolling;
                    });
                    endpoints.MapControllers(); //将控制器配置为 ASP.NET 终结点
                });
            });
        })
        .ConfigureServices(services =>
        {
```

```
        services
            .AddSignalR() // 启用 SignalR
            .AddAzureSignalR("<Azure-SignalR-连接字符串 >") // 启用 Azure SignalR
            .AddMessagePackProtocol();

        services.AddControllers(); //向托管服务注册控制器对象
    });

    // 配置 Orleans 服务
    hostBuilder = hostBuilder.UseOrleans(builder =>
    {
        builder
            .UseLocalhostClustering()
            .Configure<ClusterOptions> (options =>
            {
                options.ClusterId = "dev"; //配置集群 ID
                options.ServiceId = nameof(EBike.Service); //配置服务 ID
            })
            .ConfigureApplicationParts(parts =>
                parts.AddApplicationPart(typeof(BikeGrain).Assembly)
                    .WithReferences()) //向 Silo 节点注册 Grain 服务
            .AddAzureQueueStreams("cloudStream", ob => ob.Configure<IOptions<Azure-
QueueOptions>> (
                (options, dep) =>
                {
                    options.ConnectionString = "UseDevelopmentStorage=true";
                })) // 使用本地 Azure 存储账号模拟器实现 Azure Queue 存储
            .AddAzureTableGrainStorage(
                name: "cloudStorage",
    configureOptions: options =>
                {
                    options.UseJson = true;
                    options.ConnectionString = "UseDevelopmentStorage=true";
                }) // 使用本地 Azure 存储账号模拟器实现 Azure Table 存储
            .Configure<EndpointOptions> (options => options.AdvertisedIPAddress =
IPAddress.Loopback); //配置集群终结点
    });
    return hostBuilder.RunConsoleAsync(); //启动服务主机
}
```

▶▶9.4.4　搭建可靠的应用服务集群

1. 构建服务集群

Orleans 作为 . NET Core 应用服务框架，可以部署在任意支持 . NET Core 运行时的环境中，在 Azure 平台上，开发人员可以选用多种类型的基础设施架设 Orleans 服务集群，包括 Azure VM Scale Set 虚拟机集群、Azure Kubernetes 服务集群和 Azure Service Fabric 微服务集群等。

使用 Azure VM Scale Set 虚拟机集群作为应用服务基础设施时，应用集群能最大限度地利用系统资源，但应用服务的持续交付能力及运维灵活性最弱：在进行服务升级时，开发人员必须重新构建 Windows 或 Linux 虚拟机镜像（需要支持异地部署时还需将虚拟机镜像文件上传至 Azure 共享映像库内），或使用启动脚本或批量命令行执行等虚拟机服务内置功能，触发应用服务的镜像更新与重启；而 Azure Kubernetes 服务集群和 Azure Service Fabric 微服务则在 Azure VM Scale Set 虚拟机集群之上提供了更加易于管理及维护的部署方式。

开发人员使用 Azure Kubernetes 服务集群构建应用服务时，只需在完成应用服务持续集成流程后，在 Azure 容器注册表中生成 Orleans 应用服务的最新镜像，即可利用 Azure Kubernetes 的集群管理能力在托管 Kubernetes 集群内完成服务集群的升级与迭代；而采用 Azure Service Fabric 微服务集群部署 Orleans 应用服务时，需要对 Orleans 应用服务进行改造：开发人员需要在服务中添加 Microsoft. Orleans. Hosting. ServiceFabric 包（主要完成了 Orleans Silo 与 ICommunicationListener 服务间的生命周期管理逻辑及状态兼容），使 Service Fabric 框架将 Orleans 应用服务识别为 ICommunicationListener 进行状态管理与监控，再通过 OrleansServiceListener. CreateStateless 方法配置 Orleans Silo 节点。注意，由于 Orleans 框架内部提供了应用状态的可靠管理，因此在 Service Fabric 集群中需要将 Orleans 应用程序注册为无状态服务。

2. 服务监控与研发流程管理

在 Azure 平台上，开发人员既可以使用 Orleans Dashboard 直接观测 Orleans 服务集群的运行时性能及资源使用情况，也可通过 Application Insights 基于服务性能及运行日志，构建自定义报表及监控，对应用服务进行自动化监测。Application Insights 使用灵活的 KQL（Kusto Query Language）对服务日志进行数据的查询并直接根据结果数据集绘制可视化报表。例如，以下 KQL 语句绘制了过去 5 天内 EBike 应用服务的异常日志中的各类系统异常数量统计曲线。

```
exceptions
| where timestamp>= ago(5d)
| where cloud_RoleName == "EBike"
| summarize Count = count() by bin(timestamp, 1h), ['type']
| render timechart
```

Azure 平台还为开发人员提供给了性能卓越的 CI/CD（持续集成/持续交付）平台 Azure DevOps，在 Azure DevOps 上，研发团队可以通过托管代码仓库 Azure Repo 及任务流水线 Azure Pipeline 实现包括源代码管理及审查、系统构建、产物交付、自动化测试及服务部署在内的全托管的研发流程。

9.5 本章小结

　　.NET Core 的跨平台特性使 Orleans 应用程序可以部署在几乎所有主流操作系统中，而容器化技术可以让开发人员更加灵活地管理 Orleans 应用服务集群，高效便捷地完成系统集成与管理；在 Azure 公有云平台上，Azure Service Fabric 服务提供了一套与 Orleans 十分类似的全托管 Actor 服务框架，并内置了高可靠托管存储服务；Orleans 框架的高度扩展性允许开发人员根据实际业务场景，按需选择公用云平台所提供的各类服务组件，快速搭建经济、可靠且易于维护的大型互联网应用。